Linux
OpenLDAP
實戰指南

對本書的讚譽

作者是 51CTO 專家博主，也是 51CTO 學院知名講師，他發表的文章在技術論壇深受同行關注和認可，其課程也在 51CTO 學院深受學員歡迎。他不但幫助學員學習企業實用的技術，而且還帶領學員順利取得了紅帽相關證書（RHCE、RHCA）。

隨著雲端時代的到來，自動維護成為發展趨勢，帳號管理面臨瓶頸。本書介紹了如何實現系統、應用的使用者集中認證管理開源解決方案。本書是作者近 6 年工作實踐經驗的總結和結晶，可以帶領你遨遊 OpenLDAP 的知識海洋，從基礎到實戰，玩轉 UNIX & Linux 帳號安全自動化維護管理。

——孫琪，51CTO 學院高級運營經理

資訊技術已經成為現代人類社會及商業活動的基礎，並將會扮演越來越重要的作用。適合一個組織或企業使用的資訊系統通常由眾多具有不同功能的子系統構成，為了保證資源的合理利用，如果每個子系統都各自實現使用者資訊管理，則勢必割裂整個大系統，從而導致使用者在各子系統間的切換變得障礙重重，此時就需要一個單點認證系統以及強大的資訊儲存檢索工具來支撐。

雖然諸如 MySQL 等關聯式資料庫亦能實現使用者資訊的儲存功能，但對於一次或有限次的寫入，而需要無數次讀取的使用情境來說，其並非是最佳解決方案。LDAP 即是為此而設計。利用 LDAP 實現系統的單點登錄已然成為一種行業標準，而常見的絕大多數系統也均支援 LDAP 的認證方式。

然而，要想弄懂 LDAP 相關的技術並能夠有效地利用 LDAP 來解決實際問題，還是需要完備地瞭解 LDAP 協定的原理及常用的實踐方法。本書以 LDAP 開源、OpenLDAP 實現為主線，循序漸進地講解了 LDAP 協定及 OpenLDAP 的管理技術，尤其對目前企業級應用中涉及的安全傳輸、同步、負載平衡及高可用等技術都提供了詳細的實現方案，這是相當難能可貴的。為了進一步展示 OpenLDAP 的應用，作者還透過將 OpenLDAP 整合於 FTP、Samba、Zabbix 及 Apache 等時下主流的應用來給出可直接借鑒和參考的實踐案例，其將數年浸淫於 LDAP 應用的經驗予以無私分享之誠可見一斑。

如果你想瞭解 LDAP 協定並嘗試理解其在使用者認證管理方面的優秀表現，或者想深入學習 LDAP 及其實現，那麼本書將會帶給你驚喜！

——馬永亮，馬哥教育創始人

隨著網路技術的進步，LDAP 技術迅速發展。在企業範圍內透過 LDAP 技術可以讓運行在幾乎所有電腦平臺上的所有應用程式從 LDAP 目錄中獲取資訊。LDAP 目錄中可以儲存各種類型的資料：電子郵寄地址、路由資訊、人力資源資料、公鑰、連絡人列表等。透過把 LDAP 技術作為系統集成中的一個重要環節，可以簡化企業應用系統內部查詢資訊的步驟，主要的資料來源甚至可以放在任何地方。

本書正是講述 LDAP 技術應用方面的書籍。作者由淺入深、循序漸進地講述了 OpenLDAP 的原理、安裝配置、實戰案例等 LDAP 各個方面的具體應用。

在寫作特點上，本書通俗易懂；在內容上，本書非常注重實戰化，從多個方面以近似真實的環境介紹 OpenLDAP 的應用。放眼同類技術書籍，本書應該是國內第一本深入介紹 OpenLDAP 應用實戰的圖書。因此，向大家強烈推薦本書。

縱觀全域，本書對於廣大 OpenLDAP 技術愛好者以及 OpenLDAP 技術相關從業者人員來說，具有非常實用的指導意義。

——高俊峰，《高性能 Linux 伺服器構建實戰》作者

微軟公司的 Active Directory 網域控制站早已廣為人知，它在企業 IT 系統中的作用不可小覷。那麼，Linux 下類似 Active Directory 的開源實現就是 OpenLDAP 軟體，可惜的是，目前市面上的 OpenLDAP 書籍極其罕見。能夠立足企業實戰講解 OpenLDAP 的中文版書籍目前我還沒發現，在我曾經的大規模維護工作及現在的教育教學工作中，都在極力推廣使用 OpenLDAP 開源軟體，它是實現企業大規模 IT 維護自動化管理必不可少的解決方案之一。

不久前，本書作者大勇兄弟和我講他在寫 OpenLDAP 書籍，並且悉心和我探討了相關難點問題，這使得我眼前一亮。他能有這樣的用心並且願意分享自己的實戰經驗，並且努力寫書來填補 Linux 世界 OpenLDAP 書籍的空白，對網管的朋友來說是一件極其難得的大事。OpenLDAP 是一個比較複雜的知識體系，限於作者的時間、精力、經驗，本書難免有不盡如人意的地方，但無論如何，作為 Linux 世界的

一員，我仍然毫不猶豫地向所有讀者隆重推薦本書，並願意為閱讀本書的讀者助一臂之力。

——老男孩，北京老男孩 Linux 高薪培訓創始人

本書作者是 51CTO 的部落格之星，也是資歷豐富的系統架構設計師，他根據自己寶貴的維護經驗所寫的技術文章在 51CTO 社區深受朋友歡迎，他寫的這本書應該是市面上第一本關於 OpenLDAP 的書籍。OpenLDAP 在大規模網站架構和自動化領域的作用舉足輕重，希望大家能認真閱讀和學習本書。

——余洪春，融貫資訊系統架構師、《構建高可用 Linux 伺服器》作者

本書是目前為數不多的專門講解 OpenLDAP 的圖書。本書針對 Linux 環境下 OpenLDAP 目錄服務及諸多網路服務整合方案進行了系統介紹，涵蓋了 OpenLDAP 的工作原理、安裝部署、基本 GUI 配置、管理、負載平衡等各個方面，並借助於貼近實戰的案例，展示了 OpenLDAP 目錄服務與 Zabbix、FTP、Apache 等應用進行整合的技巧。本書注重實際操作，特別適合 UNIX/Linux 維護人員參考學習。

——李晨光，《UNIX/Linux 網路日誌分析與流量監控》作者

作者簡介

郭大勇（Sandy），資深系統架構師，從事 Linux 系統維護管理工作近 6 年。曾任職於浪潮，擔任高級系統維護工程師一職。目前就職於某知名物流公司，擔任資深系統架構師一職，主要負責核心系統架構設計及優化。

擅長領域有 Linux 網站架構規劃、Linux 應用叢集部署、Linux 系統安全、MySQL 架構設計、自動化維護管理（OpenLDAP、Puppet、Cobbler）、監控平臺架構（Zabbix、Nagios+Cacti）、分散式儲存（Ceph）、OpenStack 雲端計算、EMC 儲存架構優化。目前主要關注自動化維護、雲端計算、大數據相關研究。

主要活躍於 51CTO 社區，目前兼任 51CTO 簽約 Linux 講師，主要培訓領域為 Linux 開源架構、自動化維護領域。

致謝

感謝 OpenLDAP 開發團隊，為 Linux & UNIX 維護管理提供開源集中帳號管理軟體。

感謝孫琪、馬永亮（馬哥）、余洪春（撫琴煮酒）、李晨光、高俊峰（南非螞蟻）、老男孩在百忙之中閱讀本書草稿，並為本書撰寫推薦語。

感謝人民郵電出版社編輯傅道坤，為本書寫作中的幫助和引導，直到順利完成本書全部書稿。

感謝我的愛人許情女士在我寫作過程中對我父母及兒子的照顧，感謝在工作上幫助我的夥伴們，正因有了你們的支持，本書才能得以出版，並將此書獻給熱愛開源技術的夥伴們。

郭大勇（Sandy）

中國上海

前言

為什麼撰寫本書

隨著網路行業的不斷發展，企業也在不斷壯大，為了滿足客戶需求，後端伺服器數量日益增加。此時對於後端維護管理人員而言，工作量也在不斷增加，許多資源管理人力已經無法滿足，重複性的工作也使維護管理人員變得枯燥無味。此時開源自動化維護管理就受到維護人員關注，例如帳號統一管理的 OpenLDAP、自動化部署的 Puppet、自動化安裝伺服器的 Cobbler、雲端管理的 OpenStack 等。

由於筆者工作環境設備數量達 1000+、應用管理平臺 40 套 +，同時由於伺服器設備的增加，帳號的數量也在不斷增加，帳號管理員已無法透過人工對伺服器以及應用帳號進行管理。此時一款開源帳號集中管理軟體就出現在筆者的系統架構設計中，也就是本書所介紹的 OpenLDAP。

本書基於 OpenLDAP 軟體講解如何實現帳號管理以及安全性原則管理。例如帳號管理、權限控制管理、密碼策略管理、密碼稽核管理、主機控制管理、資料同步架構、高可用負載架構以及透過 Puppet 實現批次部署用戶端等。

目前自動化維護能幫我們做到的事：如自動化部署工具 Puppet、Ansible、批次安裝系統 Cobbler、帳號集中管理軟體 OpenLDAP 等，由於市面上關於 OpenLDAP 的資料非常缺乏，因此筆者將本書分為三篇詳細介紹 OpenLDAP 工作原理、安裝部署、權限控制、密碼策略、稽核、備份還原、高可用負載架構，以及與企業中各種應用平臺的結合實現帳號統一管理部署等功能。

筆者秉承以理論與實踐相結合的理念撰寫本書，更多從企業實戰角度講解 OpenLDAP 開源集中帳號管理軟體的實現。

如何閱讀本書

本書分為基礎篇、進階篇、實戰篇，其每篇的章節組成和內容介紹如下。

⊚ 基礎篇

包含第 1 章～第 5 章，介紹 OpenLDAP 的產生、工作原理、OpenLDAP 伺服器的安裝與配置、OpenLDAP 的命令、用戶端部署以及 GUI 管理（phpLDAPadmin、LDAPadmin、LAM），幫助讀者快速地瞭解 OpenLDAP 原理、配置及管理。

⊚ 進階篇

包含第 6 章～第 10 章，介紹 OpenLDAP 進階主題，如使用者權限的控制、密碼策略及稽核、資料加密傳輸原理、自建憑證授權實現 OpenLDAP 資料通過 SSL 加密傳輸、主機存取控制策略、OpenLDAP 同步原理及實現方式、OpenLDAP 高可用負載平衡架構及實現方式，讓讀者根據生產環境的需求快速部署 OpenLDAP 系統架構。

⊚ 實戰篇

包含第 11 章～第 17 章，介紹 OpenLDAP 實戰主題，包括 OpenLDAP 優化、故障解決方案以及與各種應用架構進行整合實現使用者的統一管理及授權。詳細介紹常見的 LAMP、LNMP、Samba（共用服務）、Zabbix（監控平臺）、FTP（檔案共用）、開源跳板機的實現、Postfix（郵件服務）、Git（原始碼管理）、Hadoop（大數據）以及自動化部署 Puppet 解決方案等。讓讀者從零到一、從不懂到精通 OpenLDAP 的一本實戰指南手冊。

本書讀者對象

▸ UNIX & Linux 系統架構師

▸ UNIX & Linux 自動化維護管理人員

▸ OpenLDAP 使用者及開源愛好者

▸ UNIX & Linux 開發維護工程師

聯繫作者

儘管筆者花費大量時間對本書中所有內容及案例進行核實，但是由於水準有限，本書難免會出現紕漏與錯誤。當讀者在閱讀中發現問題時，請將相關資訊透過郵件形式發送到筆者的郵箱 dayong_guo@126.com，且將郵件主題命名為 "OpenLDAP 勘誤 / 建議" 回饋給筆者。筆者會在第一時間內進行確認，並把勘誤透過部落格的形式發佈，部落格：guodayong.blog.51cto.com。

目錄

第 I 篇　基礎篇

第 2 章　OpenLDAP 伺服器安裝與設定

第 3 章　　OpenLDAP 命令詳解

第 4 章　　OpenLDAP 用戶端部署

第 5 章　OpenLDAP GUI 管理部署

第 II 篇　進階篇

第 6 章　OpenLDAP 權限、密碼策略控制

第 8 章　　OpenLDAP 加密傳輸與憑證授權

第 III 篇　實戰篇

第 11 章　FTP 與 OpenLDAP 整合案例

第 14 章　Apache 與 OpenLDAP 整合驗證

第 15 章　Jumpserver 開源跳板機整合案例

第 1 篇
基礎篇

OpenLDAP 是目前用於實現帳號集中管理的開放原始碼軟體，可以讓帳號管理人員、系統維護工程師的工作變得靈活輕鬆，提高工作效率，並且透過一台機器控制上千台機器帳號權限的管理，如新增、刪除、修改等操作。

要根據需求設計成熟的架構，我們需要學習 OpenLDAP 的原理、語法、軟體的安裝及設定，並透過監控軟體監控程式運行情況，如 Zabbix、Cacti、Nagios、BMC 等進行監控管理。說到這裡，您還在為成百上千台機器的帳號管理愁眉苦臉嗎？那就讓筆者帶領您瞭解並深究 OpenLDAP 自動化帳號管理的神奇之處吧！

本篇為基礎篇，主要分為 5 章。

▶ 第 1 章介紹 OpenLDAP 應用場景及工作原理，讓讀者對 OpenLDAP 有一定的認識和瞭解，為後續章節學習鋪路。

▶ 第 2 章講述 OpenLDAP 安裝方式以及設定檔。最後透過安裝部署 OpenLDAP 實例，讓讀者瞭解 OpenLDAP 安裝過程。

▶ 第 3 章討論 OpenLDAP 如何透過命令管理設定目錄樹 entry，如查詢、新增、刪除、修改等操作。

▶ 第 4 章介紹用戶端如何透過伺服器端實現，以及如何將用戶端加入 OpenLDAP 實現使用者的授權登入。

▶ 第 5 章揭示如何透過圖形介面實現對 OpenLDAP 的管理，透過視覺化介面管理有助於讀者加深對 OpenLDAP 的瞭解。

OpenLDAP 介紹及
工作原理詳解

實務案例

系統維護人員入職新公司後，營運經理將維護的伺服器清單、帳號、密碼、遠端系統管理卡等相關資訊進行交付。維護人員透過位址、使用者名稱以及密碼瞭解設備應用環境設定資訊，此時透過機器清單、帳號和密碼嘗試登入系統，發現大部分機器無法登入。

登入過程中發現大量以 root 進行登入，無論是測試環境還是工作環境，為了保障系統、應用服務安全，都不建議以 root 身份登入系統進行操作。

透過伺服器清單發現大部分密碼設定過於簡單，極其容易被攻擊者所破解。同時使用者權限沒有得到靈活控制，大部分使用者都有 root 權限，這在維護中增加了系統潛在操作的風險。

當系統、應用出現異常時，透過伺服器清單提供的位址、帳號和密碼無法登入系統，只好透過離職人員取得帳號和密碼進行故障處理，處理時效大大延遲，且帳號安全無法得到保障。

從以上案例解讀，讀者不難發現帳號管理存在以下問題：

- 系統帳號身份無法集中管理；
- 系統帳號稽核無法集中管理；
- 系統帳號權限無法集中控制；
- 系統帳號密碼策略無法集中控制。
- 系統帳號授權無法集中管理；

為了規避以上問題存在的風險點及維護管理帶來的異常，一般可以透過商業化軟體以及開放原始碼軟體實現帳號集中管理。由於商業化軟體價格昂貴，此時透過開源集中帳號管理（OpenLDAP）軟體是不錯的選擇，且它功能強大、靈活性強、架構成熟，其中的權限控制、存取控制、主機權限策略、密碼稽核、同步機制以及透過協力廠商開源工具實現高負載高可用等，提供一整套安全的帳號統一管理機制。

使用者透過集中認證管理平臺實現身份、權限的驗證，獲得伺服器授權之後登入系統及應用管理平臺，此時使用者可自我管理帳號、密碼，且無須管理員干涉密碼修改，實現使用者帳號自身安全性。使用者透過驗證伺服器取得主機登入策略，取得 OpenLDAP 伺服器的授權，從而實現使用者登入主機的靈活控制。

本書將透過三篇一步步帶領讀者瞭解 OpenLDAP 及其工作原理和實現方式、安裝設定、用戶端部署、命令 GUI 管理、加密演算法、進階功能模組實現以及企業應用案例等模組。本章介紹什麼是 OpenLDAP、它的工作原理以及相關術語。

1.1 ｜關於 OpenLDAP

1.1.1 OpenLDAP 是什麼

OpenLDAP 是一款羽量級目錄存取協定（Lightweight Directory Access Protocol，LDAP），屬於開源集中帳號管理架構的實現，且支援眾多系統版本，被廣大網際網路公司所採用。

LDAP 具有兩個國家標準，分別是 X.500 和 LDAP。OpenLDAP 是基於 X.500 標準的，而且去除了 X.500 複雜的功能並且可以根據自我需求客製額外擴展功能，但與 X.500 也有不同之處，例如 OpenLDAP 支援 TCP/IP 協定等，目前 TCP/IP 是 Internet 網路的存取協定。

OpenLDAP 則直接運行在更簡單和更通用的 TCP/IP 或其他可靠的傳輸協定層上，避免了在 OSI 工作階段層和展示層的消耗，使連接的建立和封包的處理更簡單、更快，對於網際網路和企業網應用更理想。LDAP 提供並實現目錄服務的資訊服務，目錄服務是一種特殊的資料庫系統，對於資料的讀取、瀏覽、搜索有很好的效果。目錄服務一般用來包含基於屬性的描述性資訊並支援精細複雜的過濾功能，但

OpenLDAP 目錄服務不支援通用資料庫的大量更新操作所需要的複雜的交易管理（Transaction Management）或交易回復（Rollback Transaction）策略等。

OpenLDAP 預設以 Berkeley DB 作為後端資料庫，Berkeley DB 資料庫主要以雜湊（hash）的資料類型進行資料儲存，如以鍵值對（Key-Value Pair）的方式進行儲存。Berkeley DB 是一種特殊的資料庫，主要用於搜索、瀏覽、更新查詢操作，一般對於一次寫入資料、多次查詢和搜索有很好的效果。Berkeley DB 資料庫是對查詢進行最佳化，對讀取進行最佳化的資料庫。Berkeley DB 不支援交易型資料庫（MySQL、MariaDB、Oracle 等）所支援的高並行傳輸量以及複雜的交易操作。

OpenLDAP 目錄中的資訊是按照樹形結構進行組織的，具體資訊儲存在 entry（記錄項）中，entry 可以看成關聯式資料庫中的表記錄，它具有識別名稱（Distinguished Name，DN）的屬性（attribute），DN 是用來引用 entry，DN 相當於關聯式資料庫（Oracle/MySQL）中的主鍵（primary key），是唯一的。屬性由類型（type）和一個或者多個值（value）組成，相當於關聯式資料庫中欄位的概念。

1.1.2 為什麼選擇 OpenLDAP 產品

我們知道，帳號是登入系統的唯一入口。要登入系統，首先系統要存在登入所使用的帳號（/etc/passwd）及密碼資訊（/etc/shadow），然後經過系統查找順序（/etc/nsswith.conf）及認證模組（/etc/pam.d/*）驗證，得到授權後方可登入系統。如果多個使用者登入系統，就需要在每個系統上建立使用者名稱和密碼；否則就無法登入系統。

對於帳號管理人員而言，維護 10 台、100 台機器的帳號，或許勉強可以維護、管理。如果機器數量達到 1000 以上時，對於帳號的建立、回收、權限的分配、密碼策略、帳號安全稽核等一系列操作，帳號管理人員就心有餘而力不足了。此時 OpenLDAP 帳號集中管理軟體就因應而生，它可以實現帳號集中維護、管理，只需要將被管理的機器加入到伺服器端即可，此後所有與帳號相關的策略均在伺服器端實現，從而解決了維護案例所產生的眾多管理問題。

關於帳號的新增、刪除、修改、權限的賦予等一系列操作只需要在伺服端操作即可，無須在用戶端機器進行單獨操作。用戶端帳號及密碼均透過 OpenLDAP 伺服器進行驗證，從而實現帳號集中認證管理，此時帳號管理員只須維護 OpenLDAP 伺服器 entry 即可。

OpenLDAP 屬於開放原始碼軟體，且 OpenLDAP 支援 LDAP 最新標準、更多模組擴展功能、自訂 schema 滿足需求、權限管理、密碼策略及稽核管理、主機控制策略管理、協力廠商應用平臺管理以及與協力廠商開放原始碼軟體結合，實現高可用負載平衡平臺等諸多功能，這也是商業化管理軟體無可比擬的。所以關於帳號的管理 OpenLDAP 是企業唯一的選擇。目前各大著名公司都在使用 OpenLDAP 實現帳號的集中管理，如 PPTv、金山、Google、Facebook 等，這也是選擇 OpenLDAP 實現帳號統一管理的原因之一。

1.1.3 OpenLDAP 目錄服務優點

OpenLDAP 目錄服務有以下十個優點：

▶ OpenLDAP 是一個跨平臺的標準網路協定，它基於 X.500 標準協定。

▶ OpenLDAP 提供靜態資料查詢，不需要像在關聯式資料庫中那樣透過 SQL 語言管理資料庫。

▶ OpenLDAP 基於 push 和 pull 的機制實現節點間資料同步，簡稱複製（replication）並提供基於 TLS、SASL 的安全認證機制，實現資料加密傳輸以及 Kerberos 密碼驗證功能。

▶ OpenLDAP 可以基於協力廠商開放原始碼軟體實現負載平衡（LVS、HAProxy）及高可用性解決方案，24 小時提供驗證服務，如 Headbeat、Corosync、Keepalived 等。

▶ OpenLDAP 資料元素使用簡單的純文字字串（簡稱 LDIF 檔）而非一些特殊字元，便於維護管理目錄樹 entry。

▶ OpenLDAP 可以實現使用者的集中認證管理，所有關於帳號的變更，只須在 OpenLDAP 伺服器端直接操作，無須到每台用戶端進行操作，影響範圍為全域。

▶ OpenLDAP 支援 TCP/IP 協定傳輸 entry 資料，透過使用查詢操作實現對目錄樹 entry 資訊的讀寫操作，同樣可以透過加密的方式進行取得目錄樹 entry 資訊。

▶ OpenLDAP 產品應用於各大應用平臺（Nginx、HTTP、vsftpd、Samba、SVN、Postfix、OpenStack、Hadoop 等）、伺服器（HP、IBM、Dell 等）以及儲存（EMC、NetApp 等）控制台，負責管理帳號驗證功能，實現帳號統一管理。

▶ OpenLDAP 具有費用低、設定簡單、功能強大、管理容易及開源的特點。

▶ OpenLDAP 透過 ACL（Access Control List）靈活控制使用者存取資料的權限，從而保證資料的安全性。

1.1.4 OpenLDAP 功能

在 LDAP 的功能模型中定義了一系列利用 LDAP 協定的操作，主要包含以下四個部分：

▶ 查詢操作（ldapsearch）：允許查詢目錄並取得 entry，其查詢效能比關聯式資料庫好。

▶ 更新操作（ldapupdate）：目錄樹支援 entry 的新增、刪除、修改等操作。

▶ 同步操作：OpenLDAP 是一種典型的分散式結構，提供複製同步，可將主要伺服器上的資料透過 push 或 pull 的機制在伺服器上更新，完成資料的同步，從而避免 OpenLDAP 伺服器出現單點故障，影響使用者驗證。

▶ 認證和管理操作：允許用戶端在目錄中識別自己，並且能夠控制一個連線對話過程（session）的性質。

1.1.5 OpenLDAP 協定版本概述

目前 OpenLDAP 2.4 版本使用 V2 和 V3 兩個版本，其 V3 特點如下：

▶ RFC 2251：LDAP V3 核心協定，定義 LDAP V3 協定的基本模型和基本操作。

▶ RFC 2252：定義 LDAPV3 中的基本資料模式（schema）來保證資料的存取規範。

▶ RFC 2253：定義 LDAP V3 中的識別名稱（DN）表達方式。

▶ RFC 2254：定義 LDAP V3 中的篩檢程式的表達方式。

▶ RFC 2255：LDAP 統一資源位址的格式。

▶ RFC 2256：在 LDAP V3 中使用 X.500 的 Schema 清單。

▶ RFC 2820：LDAP 透過存取控制清單來控制目錄的存取權限。

▶ RFC 2829：定義 LDAP V3 中的認證方式。

▶ RFC 2830：定義如何透過擴展使用 TLS 服務。

▶ RFC 2847：定義 LDAP 資料滙入、匯出檔案介面 LDIF。

1.1.6 LDAP 產品匯總

LDAP 帳號集中管理產品匯總見表 1-1。

表 1-1 LDAP 帳號集中管理產品匯總

廠商	產品名稱	產品特點
SUN	SUNONE Directory Server	基於純文字資料庫的儲存,速度快
IBM	IBM Directory Server	基於 DB2 的資料庫儲存,速度一般
Oracle	Oracle Internet Directory	基於 Oracle 的資料庫,速度一般
Microsoft	Microsoft Active Directory	基於 Windows 系統使用者,資料管理 / 權限不靈活
Opensource	Opensource OpenLDAP	開源專案、速度快、應用廣泛

每一款產品無論是商務軟體還是開放原始碼軟體,都有它們的應用場景。本書主要講解以開源方式實現帳號統一管理的軟體 OpenLDAP 在 UNIX/Linux 主機上的應用場景及企業應用實例。對於其他 LDAP 產品,讀者可以透過搜尋引擎進行瞭解,在此不作過多闡述。

1.1.7 OpenLDAP 適用場景

OpenLDAP 帳號管理軟體適用於所有不同發行版本的 UNIX 系統、Windows 系統以及各種應用平臺的用戶管理,如 Apache、Nginx、Zabbix、Postfix、Samba、FTP、SVN、Openvpn、Git、Hadoop、OpenStack 以及儲存設備控制台等。OpenLDAP 適用於少則一台機器,多則千台機器的系統,可實現帳號集中式統一管理。

1.1.8 OpenLDAP 支援的系統平臺

OpenLDAP 支援的系統平臺如圖 1-1 所示。

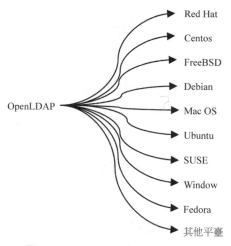

圖 1-1 OpenLDAP 支援的系統平臺

註：透過圖 1-1 可以瞭解到，OpenLDAP 支援眾多系統平臺，例如各種 UNIX 發行版本本、微軟 Windows、Mac OS、IBM AIX 等眾多平臺。本書重點以紅帽系統為藍本，並以理論與實務結合的思維帶領讀者熟悉並在企業中熟練使用 OpenLDAP 產品。

1.1.9 OpenLDAP 進階功能

OpenLDAP 具有下述進階功能：

▶ 實現帳號統一集中管理

▶ 權限控制管理（sudo）

▶ 密碼控制策略管理

▶ 密碼稽核管理

▶ 密碼控制策略

▶ 主機控制管理

▶ 同步機制管理

▶ TLS/SASL 加密傳輸

▶ 高可用負載平衡架構

▶ 自訂 schema

▶ 各種應用平臺集中式帳號管理

筆者會在進階篇和實戰篇中詳解每個功能模組的原理、實現方式以及在企業中如何應用，讓讀者透過本書詳細瞭解 OpenLDAP 產品、架構以及與各種應用的結合實現統一帳號管理。

1.2 | OpenLDAP 目錄架構

1.2.1 OpenLDAP 目錄架構介紹

目前 OpenLDAP 目錄架構分為兩種：一種為網際網路命名組織架構；另一種為企業級命名組織架構。本節分別介紹兩種架構的用途，但本書主要以企業級命名組織架構為核心進行闡述 OpenLDAP 內部邏輯結構、工作原理以及企業實踐等相關知識。

1.2.2 網際網路命名組織架構

LDAP 的目錄資訊是以樹形結構進行儲存的，在樹根一般定義國家（c=CN）或者功能變數名稱（dc=com），其次往往定義一個或多個組織（organization，o）或組織單元（organization unit，ou）。一個組織單元可以包含員工、設備資訊（電腦／印表機等）相關資訊。例如 uid=babs，ou=People，dc=example，dc=com，如圖 1-2 所示。

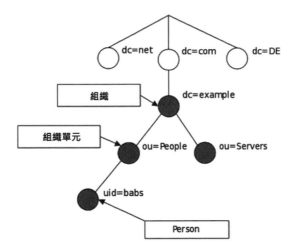

圖 1-2 LDAP 網際網路命名組織架構（此圖來自 http://www.openldap.org）

1.2.3 企業級命名組織架構

企業級命名組織架構的範例如圖 1-3 所示。

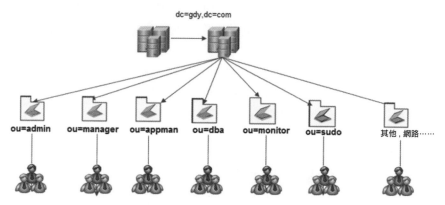

圖 1-3 LDAP 企業規劃命名方式

1.2.4 OpenLDAP 的系統架構

OpenLDAP 目前是一款開源帳號集中管理軟體，且屬於 C/S 架構（見圖 1-4）。透過設定伺服器和用戶端，實現帳號的管理，並透過與協力廠商應用相結合，實現用戶端所有帳號均可透過伺服端進行驗證，例如 Samba、Apache、Zabbix、FTP、Postfix、EMC 儲存以及系統登入驗證並授權。

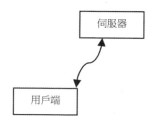

圖 1-4 OpenLDAP 的 C/S 架構

1.2.5 OpenLDAP 的工作模型

OpenLDAP 的工作模型如圖 1-5 所示。

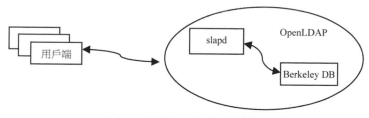

圖 1-5 OpenLDAP 的工作模型

OpenLDAP 工作模型解釋如下：

▶ 用戶端向 OpenLDAP 伺服器發起驗證請求；

▶ 伺服器接收使用者請求後，並透過 slapd 行程向後端的資料庫進行查詢；

▶ slapd 將查詢的結果返回給用戶端即可。如果有快取機制，伺服器端會先將查詢的 entry 進行快取，然後再發給用戶端。

1.3 | OpenLDAP schema 概念

1.3.1 schema 介紹及用途

schema 是 OpenLDAP 軟體的重要組成部分，主要用於控制目錄樹中各種 entry 所擁有的物件類別以及各種屬性的定義，並透過自身內部規範機制限定目錄樹 entry 所遵循的邏輯結構以及定義規範，保證整個目錄樹沒有非法 entry 資料，避免不合法的 entry 存在目錄樹中，從而保障整個目錄樹資訊的完整性及唯一性。

在 OpenLDAP 目錄樹中，schema 用來指定一個 entry 所包含的物件類別（objectClass）以及每一個物件類別所包含的屬性值（attribute value）。其屬性又分為必要屬性和可選屬性兩種，一般必要屬性是指新增 entry 時必須指定的屬性，可選屬性是可以選擇或不選擇的。schema 定義物件類別，物件類別包含屬性的定義，物件類別和屬性組合成 entry。

目錄樹中 entry 可理解為是一個具體的物件，它們均是透過 schema 建立的，並符合 schema 的標準規範，如對您所新增的資料 entry 中所包含的物件類別級屬性進行檢測，檢測通過完成新增，否則列印錯誤資訊。因此，schema 是一個資料模型，資料模型可以理解為關聯式資料庫的儲存引擎，如 MyISAM、InnoDB，主要用來決定資料按照什麼方式進行儲存，並定義儲存在目錄樹不同 entry 中資料類型之間的關係。

schema 是一個標準，定義了 OpenLDAP 目錄樹物件和屬性存取方式，這也是 OpenLDAP 能夠儲存什麼資料類型的取決因素。因此，資料有什麼屬性等均根據 schema 來實現。OpenLDAP 預設的 schema 檔一般存放在 /etc/openldap/schema/ 目錄下，此目錄下每個檔案定義了不同的物件類別和屬性。如果想引用額外的 schema，只需要在設定檔中透過 include 包含所指定的 schema 即可。

以下原始碼可用於取得當前系統 OpenLDAP 所使用的 schema 規範，瞭解當前所使用的 schema 檔，這有助於新增目錄樹中的 entry 資訊，如物件類別以及包含哪些屬性及值，減少新增 entry 提示的各種語法錯誤。

```
[root@mldap01 schema]# cat /etc/openldap/slapd.conf | grep '^incl*'
include         /etc/openldap/schema/corba.schema
include         /etc/openldap/schema/core.schema
include         /etc/openldap/schema/cosine.schema
include         /etc/openldap/schema/duaconf.schema
include         /etc/openldap/schema/dyngroup.schema
include         /etc/openldap/schema/inetorgperson.schema
include         /etc/openldap/schema/java.schema
include         /etc/openldap/schema/misc.schema
include         /etc/openldap/schema/nis.schema        #定義網路資訊服務
include         /etc/openldap/schema/openldap.schema   #OpenLDAP自身
include         /etc/openldap/schema/ppolicy.schema    #定義使用者密碼規則，例如密碼長度
                                                        及複雜度
include         /etc/openldap/schema/collective.schema
```

schema 在 OpenLDAP 目錄樹中承接規範、對 entry 所包含的 objectClass 以及資料位元組數、格式等來保證整個目錄樹的完整性。

1.3.2 取得 schema 的途徑

預設安裝 OpenLDAP 元件後，系統設定已定義一組常用的 schema 檔，這組檔案一般存放在 /etc/openldap/schema 目錄內，可透過 include 引用。當所定義的 objectClass 不存在時，該如何取得 objectClass？下面就介紹如何取得 schema 來包含 objectClass。

❶ 伺服器自身產生的 schema 檔

透過伺服器自身套件的安裝來產生 schema 檔，本節以 sudo 為例，示範其過程。

▶ 查看套件產生的檔案清單，原始碼如下：

```
# rpm -ql sudo-1.8.6p3 | grep -i schema
/usr/share/doc/sudo-1.8.6p3/schema.ActiveDirectory
/usr/share/doc/sudo-1.8.6p3/schema.OpenLDAP
/usr/share/doc/sudo-1.8.6p3/schema.iPlanet
```

▶ 透過設定檔引入 schema，原始碼如下：

```
# cp -f /usr/share/doc/sudo-1.8.6p3/schema.OpenLDAP /etc/openldap/schema/sudo.schema
# echo "include /etc/openldap/schema/sudo.schema" > /etc/openldap/slapd.conf
```

▶ 透過 schema 產生 ldif 檔，原始碼如下：

```
# slapcat -f ~/sudo/sudoSchema.conf -F /tmp/ -n0 -s "cn={0}sudo,cn=schema,cn=config" >
~/sudo/sudo.ldif
# sed -i "s/{0}sudo/{12}sudo/g" ~/sudo/sudo.ldif
# head -n-8 ~/sudo/sudo.ldif > ~/sudo/sudo-config.ldif
```

▶ 透過 OpenLDAP 指令導入目錄樹，原始碼如下：

```
ldapadd -Y EXTERNAL -H ldapi:/// -f ~/sudo/sudo-config.ldif
```

此時就可以透過 sudo schema 檔定義各種 sudo 規則從而實現使用者權限的控制。

❷ 自訂 schema 檔

當所定義的 objectClass 不在規定範圍內，就需要定義 schema 檔來包含 objectClass。關於自訂 schema 在此不作過多的介紹。

關於自訂 schema，需要注意以下幾點：

▶ 保證屬性名稱唯一性；

▶ 透過 OID 識別碼定義 objectClass；

▶ 屬性的描述；

▶ 必選屬性以及可選屬性集合定義。

1.4 | OpenLDAP 目錄 entry 概述

1.4.1 objectClass 分類

objectClass 通常分三類：結構型、輔助型、抽象型。

▶ 結構型（structural）：如 person 和 organizationUnit。

▶ 輔助型（auxiliary）：如 extensibleObject。

▶ 抽象型（abstract）：如 top，抽象型的 objectClass 不能直接使用。

1.4.2 OpenLDAP 常見的 objectClass

OpenLDAP 常見的 objectClass 類別如下：

▶ alias

▶ applicationEntity

▶ dSA

▶ applicationProcess

▶ bootableDevice

▶ certificationAuthority

▶ certificationAuthority-V2

▶ country

▶ cRLDistributionPoint

▶ dcObject

▶ device

▶ dmd

▶ domain

▶ domainNameForm

▶ extensibleObject

▶ groupOfNames

▶ groupOfUniqueNames

▶ ieee802Device

▶ ipHost

▶ ipNetwork

▶ ipProtocol

▶ ipService

▶ locality

▶ dcLocalityNameForm

▶ nisMap

▶ nisNetgroup

▶ nisObject

▶ oncRpc

▶ organization

▶ dcOrganizationNameForm

▶ organizationalRole

▶ organizationalUnit

▶ dcOrganizationalUnitNameForm

▶ person

▶ organizationalPerson

▶ inetOrgPerson

▶ uidOrganizationalPersonNameForm

▶ residentialPerson

▶ posixAccount

▶ posixGroup

▶ shadowAccount

▶ strongAuthenticationUser

▶ uidObject

▶ userSecurityInformation

如上物件類別由 OpenLDAP 官方所提供，以滿足大部分企業的需求，OpenLDAP 還支援系統所提供的物件類別，例如 sudo、samba 等。後續章節將對企業中常用的物件類別進行闡述並透過案例示範其實現過程，讓讀者熟悉其原理及實現過程。

當 OpenLDAP 官方以及系統提供的物件類別無法滿足企業的特殊需求時，讀者可根據 OpenLDAP schema 內部結構制定 schema 規範並產生物件類別，來滿足當前需求。

1.4.3 objectClass 詳解

在 OpenLDAP 目錄樹中，每個 entry 必須包含一個屬於自身條件的物件類別，然後再定義其 entry 屬性及對應的值。

OpenLDAP Entry 的屬性能否新增取決於 entry 所繼承的 objectClass 是否包含此屬性。objectClass 具有繼承關係，也就是說，entry 新增的屬性最終取決於自身所繼承的所有 objectClass 的集合。如果所新增的屬性不在 objectClass 範圍內，此時目錄伺服器不允許新增此屬性。如果要新增，就必須新增 schema 檔產生 objectClass 所對應的屬性。objectClass 和 Attribute 由 schema 檔來規定，存放在 /etc/openldap/schema 目錄下，schema 檔規範 objectClass 的構成以及屬性和值在目錄樹中的對應關係。後面章節會介紹如何透過定義 schema 檔來產生 objectClass，從而產生所需要的屬性。

每一個屬性和值將用作每個 entry 在目錄樹中儲存資訊的標準，例如能包含哪些屬性資訊。對於 objectClass 的理解，讀者可以將 objectClass 的屬性值理解為一種範本。範本定義哪些資訊可以存取，哪些資訊不可以儲存在目錄樹中。

1.4.4 objectClass 案例分析

以下提供兩個物件類別案例分析案例。

▶ objectClass 案例分析案例 1

所有的 objectClass 定義都存放在 /etc/openldap/schema/*.schema 中。例如，person 屬性的定義就存放在 core.schema 檔中。

```
objectclass ( 2.5.6.6 NAME 'person'
        DESC 'RFC2256: a person'
        SUP top STRUCTURAL
        MUST ( sn $ cn )
        MAY ( userPassword $ telephoneNumber $ seeAlso $ description ) )
```

分析：

如果要定義 person 類型，需要定義頂級為 top，並且必須定義 sn 和 cn 兩個屬性，還可以附加 userPassword、telephoneNumber、seeAlso、description 四個屬性值。郵寄地址、國家等屬性不可以定義，除非讀者新增相關的 objectClass entry，否則提示相關屬性不允許新增。

▶ objectClass 案例分析案例 2

```
objectClass: (2.5.6.0 NAME 'top'
ABSTRACT
MUST (objectClass))

objectClass: ( 2.5.6.6 NAME 'person'
SUP top STRUCTURAL
MUST (sn $ cn )
MAY (userPassword $ telephoneNumber $
seeAlso $ description ))
```

分析：

對於此案例，如果要定義 top 屬性，必須定義一個 objectClass 屬性。因為此案例中還定義了 person 屬性，所以必須要定義 sn 和 cn 屬性，以及可以附加的屬性（userPassword、telephoneNumber、seeAlso、description）。此案例中必須要定義的有 3 個屬性分別是 objectClass、sn 以及 cn。透過此案例下一級的 objectClass 可以繼承上一級 objectClass 的屬性資訊。

註：根據定義，對於不同的 objectClass，屬性的相關資訊也不同。希望透過上面兩個案例的介紹，能讓讀者瞭解 objectClass 的含義以及屬性的含義。

1.5 | 屬性

1.5.1 屬性概述

屬性（Attribute）在目錄樹中主要用於描述 entry 相關資訊，例如使用者 entry 的用途、聯繫方式、郵件、uid、gid、公司地址等輔助資訊。屬性由 objectClass 所控制，一個 objectClass 的節點具有一系列 Attribute，Attribute 可以理解為 Linux 系統當中的變數，每個變數都有對應的值，OpenLDAP Attribute 也是有對應的值。這些屬性的對應值表示每個物件的特點，但有些屬性在新增時是必須指定的，有些屬性是非必要的（類似於 entry 更詳細的描述）。在目錄樹中常用的 Attribute 有 uid、sn、giveName、I、objectClass、dc、ou、cn、mail、telephoneNumber、c 等。

1.5.2 Attribute 詳解

目錄樹中常用的屬性及其描述見表 1-2。

表 1-2 OpenLDAP Attribute 及其描述

屬性	描述
dn（distinguished name）	唯一標識名，類似於 Linux 檔案系統中的絕對路徑，每個物件都有唯一標識名。 例如，uid=dpgdy、ou=People、dc=gdy、dc=com
rdn（relative dn）	通常指相對標識名，類似於 Linux 檔案系統中的相對路徑。 例如，uid=dpgdy
uid（user id）	通常指使用者的登入名稱。 例如，uid=dpgdy，與系統中的 uid 不同
sn（sur name）	通常指一個人的姓氏。例如，sn：Guo
giveName	通常指一個人的名字。例如，giveName：Guodayong，但不能指姓氏
I	通常指一個地方的地名。例如，I：Shanghai
objectClass	objectClass 是特殊的屬性，包含資料儲存的方式以及相關屬性資訊
dc（domain component）	通常指定一個功能變數名稱。例如，dc=example，dc=com
ou (organization unit)	通常指定一個組織單元的名稱。 例如，ou=people，dc=example，dc=com
cn（common name）	通常指一個物件的名稱，如果是人，需要使用全名
mail	通常指登入帳號的電子郵件，例如， mail：dayong_guo@126.com
telephoneNumber	通常指登入帳號的手機號碼，例如， telephoneNumber：xxxxxxxxxxx

屬性	描述
c（country）	通常指二個字母的國家名稱，例如 CN、US 等國家代號。例如，c：CN

註：為了方便大家理解 OpenLDAP 中每個 Attribute 的含義，讀者可透過 Linux 系統對使用者及使用者屬性的定義（/etc/passwd）來輔助瞭解，例如：

```
sandy:x:501:501:Check administrator:/home/sandy:/bin/bash
```

1.6 | LDIF 詳解

1.6.1 LDIF 用途

LDIF（LDAP Data Interchanged Format）的羽量級目錄存取協定資料交換格式的簡稱，是儲存 LDAP 設定資訊及目錄內容的標準文字檔格式，之所以使用文字檔來儲存這些資訊是為了方便讀取和修改，這也是其他大多數服務設定檔所採取的格式。通常用來交換資料並在 OpenLDAP 伺服器之間互相交換資料，並且可以透過 LDIF 實現資料檔案的導入、匯出以及資料檔案的新增、修改、重命名等操作，這些資訊需要按照 LDAP 中 schema 的規範進行操作，並會接受 schema 的檢查，如果不符合 OpenLDAP schema 規範要求，則會提示相關語法錯誤。

1.6.2 LDIF 檔特點

▶ LDIF 檔每行的結尾不允許有空格或者定位字元。

▶ LDIF 檔允許相關屬性可以重複賦值並使用。

▶ LDIF 檔以 .ldif 結尾命名。

▶ LDIF 檔中以 # 號開頭的一行為注釋，可以作為解釋使用。

▶ LDIF 檔所有的賦值方式為：屬性 :[空格] 屬性值。

▶ LDIF 檔利用空行來定義一個 entry，空格前為一個 entry，空格後為另一個 entry 的開始。

註：如果讀者要手動定義 LDIF 檔新增修改 entry，需要瞭解以上相關特點；否則，會提示各式各樣的語法錯誤。而且 OpenLDAP 伺服器中定義 LDIF 檔，每個 entry 必須包含一個 objectClass 屬性，並且需要定義值，objectClass 屬性有頂級之分，在定義 objectClass 之前需要瞭解 objectClass 的相依性，否則在新增或者修改時也會提示相關語法錯誤。

1.6.3 LDIF 格式語法

▶ LDIF 檔存取 OpenLDAP Entry 標準格式：

```
# 注釋，用於對entry進行解釋
dn：entry名稱
objectClass（物件類別）：屬性值
objectClass（物件類別）：屬性值
......
```

▶ LDIF 格式範例如下：

```
dn: uid=Guodayong,ou=people,dc=gdy,dc=com      //DN描述項，在整個目錄樹上為唯一的
objectClass: top
objectClass: posixAccount
objectClass: shadowAccount
objectClass: person
objectClass: inetOrgPerson
objectClass: hostObject
sn: Guo
cn: Guodayong
telephoneNumber：xxxxxxxxxxx
mail: dayong_guo@126.com
```

註：冒號後面有一個空格，然後才是屬性的值，schema 規範定義要求很嚴格。（這點請讀者切記！）

1.7 物件識別碼講解

物件識別碼（object identifier）是被 LDAP 內部資料庫引用的數位識別碼。Attribute 的名字是為了方便人們讀取，但為了方便電腦的處理，通常會使用一組數字來標示這些物件，類似 SNMP 中的 MIB2。例如，當電腦接收到 dc 這個 Attribute 時，它會將這個名字轉換為對應的 OID：1.3.6.1.4.1.1466.115.121.1.26。

schema 定義了 OpenLDAP 框架目錄所應遵循的結構和規則，保障整個目錄樹的完整性。主要包括 4 個部分，分別是 OID、objectClass、匹配規則、屬性，本小節主要介紹 OID 相關知識點。

每個 schema 中，都具有合法而全域唯一的物件識別碼，簡稱 OID。主要用於被 LDAP 內部資料庫引用的識別，schema 產生 objectClass，objectClass 產生 Attribute，Attribute 的產生主要是為了方便人們所理解，但為了方便電腦處理，通常會使用一組數字來標示這些物件，類似於 SNMP 中 MIB2 概念。

OID 在 OpenLDAP 的 Entry 中擔任重要角色，是存在層級關係的。由表 1-3 得知，entry 的 ID 為 1.1，分為 6 個層級，分別是 SNMP 元素定義、LDAP 元素定義、屬性類型、屬性名稱、物件類別型、物件名稱。如果你要定義一個 OID，需要到 http://www.iana.org/ 申請免費已註冊的 OID 或者透過 http://pen.iana.org/pen/PenApplication.page 填寫資訊並提交來完成 OID 的申請。

表 1-3　OID 層級關係

OID	Assignment
1.1	Organization's OID
1.1.1	SNMP Elements
1.1.2	LDAP Elements
1.1.2.1	AttributeTypes
1.1.2.1.1	x-my-Attribute
1.1.2.2	objectClasses
1.1.2.2.1	x-my-objectClass

關於 OID 相關的更多知識，讀者可以透過 www.openldap.org 官網進行詳細瞭解，在此不做過多闡述。

1.8 | 自動化維護解決方案

1.8.1 網際網路面臨的問題

當今區網、網際網路不斷發展,其網路規模也在不斷擴大,為了集中管理主機及其相關資源,我們可以透過 DHCP 及 DNS 伺服器來自動分配 IP 位址、子網路遮罩、閘道、主機名稱等相關網路設定資訊。隨著企業規模不斷發展,系統規模不斷增加,那麼作為系統維護人員維護伺服器有些力不從心,比如:

▶ 當公司業務不斷發展,當前業務系統無法滿足需求,這時該如何快速部署系統並且應用到當前的業務系統?

▶ 分批對業務系統進行變更以及管理,傳統方式需要透過登入每台機器進行操作管理,那麼如何在短時間內完成各種應用的變更及日常管理,提高工作效率?

▶ 隨著維護團隊的不斷擴大,為了保證系統帳號安全性,帳號管理員需要在線上系統的所有機器進行建立個人帳號(useradd account && echo "password" | passwd --stdin account || echo "account add failed")。當系統維護人員異動或者離職時,帳號管理員需要登入線上系統,做同樣的操作(userdel –r account),這不但容易出錯,而且寶貴的時間不知不覺中就浪費。那麼如何對帳號進行集中管理,提高保障系統帳號的安全性?

▶ 為了保證線上系統的安全性,通常登入堡壘機及跳板機對線上伺服器的登入進行維護以及各種變更操作,這透過購買商務軟體可以實現,例如帕拉迪軟體。那麼如何透過開源的方式實現堡壘機以及跳板機的功能?

我們瞭解了目前企業中面臨的各式各樣的問題,瞭解了問題的所在,那就帶著這些問題讓我們一起看看透過自動化維護是如何解決的。

1.8.2 自動化解決方案

目前,自動化維護解決方案有以下幾種。

▶ 系統安裝

企業中批次安裝系統是難免的事情,如何在短時間內安裝大量系統?為了提高工作效率,一般維護管理員通常會使用 PXE +Kickstart、Cobbler 開放原始碼軟體來實現系統的自動安裝部署。PXE+Kickstart 架構不適合同時安裝在不同系統平臺。目前 Cobbler 軟體在企業中應用比較廣泛。

▶ 自動化部署

對於自動化部署平臺的管理，一般會採用開放原始碼軟體，如 Puppet（C/S 架構）、Ansible（SSH 互信實現）、Saltstack 等開源架構實現統一管理以及各種應用變更部署。針對每一款產品都有一定的應用場景，大多數企業混合使用，針對不同的場景使用不同的產品，例如，使用 Puppet 進行推送，利用 Saltstack 遠端執行命令等，目前 Puppet 深受維護人員喜愛。

▶ 帳號集中管理

對於線上系統及各種應用平臺實現帳號統一管理，執行方式有開放原始碼軟體以及商務軟體。例如 OpenLDAP（開放原始碼軟體）、NIS、IBM Tivoli Directory Server（商業管理軟體）。針對 OpenLDAP 軟體有眾多功能模組，同樣也可以透過自訂 schema 實現企業中特殊的需求以及透過協力廠商軟體實現高可用負載架構等，這是商務軟體所沒有的特點。商務軟體價格比較昂貴，這對中小型企業是一項不菲的開支。

目前 OpenLDAP 主要在中大（型）企業得到廣泛應用，使用 LDAP 實現各種系統及平臺使用者集中身份驗證，降低帳號管理複雜度，增強系統及帳號安全性，實現帳號統一集中管理。同樣本書重點講解 OpenLDAP 產品以及在企業中應用的場景。

▶ 堡壘機、跳板機實現

為了保證線上伺服器的安全性，一般會在前端設立安全關卡。滿足條件才允許你使用帳號進行登入線上伺服器。目前堡壘機、跳板機的執行方式可採用 OpenLDAP+Jumpserver（開源架構）、帕拉迪軟體（商務軟體）等。對於小型企業，採用商務軟體無疑會給企業帶來不菲的開支，選擇開源的架構無疑是不錯的選擇。實戰章節會介紹 Jumpserver 軟體的使用及其在企業中的應用場景。

1.9 本章總結

本章介紹了 OpenLDAP 產品、功能及優點、適用場景，讓讀者慢慢對陌生而強大的自動化帳號管理軟體進行系統的瞭解。並針對 OpenLDAP 的組織架構、OpenLDAP 關鍵術語（schema、objectClass、attribute、LDIF）及相關實現方式進行詳細介紹。最後介紹企業中自動化維護解決方案。

OpenLDAP 術語對於後期進階設定以及應用平臺整合起到非常重要的鋪路作用，希望讀者能夠認認真真閱讀本章。

下面的章節將會介紹 OpenLDAP 伺服器的安裝、設定檔組成及含義、搭建案例等相關實戰操作。請讀者拭目以待。

## 第 2 章

OpenLDAP 伺服器
安裝與設定

藉由第 1 章的介紹，相信讀者對 OpenLDAP 的工作原理、應用場景以及相關術語有了一定的瞭解和認識。

本章將說明如何在 Linux 平臺下構建 OpenLDAP 應用，提供集中帳號認證管理。

2.1 | OpenLDAP 平臺支援

OpenLDAP 屬於開源集中帳號管理軟體。由於支援眾多系統平臺（Windows、Linux、Centos、Debian、Ubuntu、SUSE、Gentoo、openSUSE、Fedora、FreeBSD 等），它被眾多網際網路企業、證券、銀行、物流實現系統等用於帳號的集中分配管理。

本書主要以 Linux 6.5 為例介紹 OpenLDAP 各個模組所執行的功能。本章主要介紹 OpenLDAP 的安裝和設定，後續章節會介紹 OpenLDAP 的管理、進階功能（權限控制、密碼策略及稽核、主機控制策略、同步、高可用負載平衡架構以及應用平臺整合案例講解等）。

2.2 | OpenLDAP 安裝

2.2.1　OpenLDAP 安裝方式

在 UNIX 發行作業系統環境下安裝 OpenLDAP 軟體一般有兩種方式：一種是透過原始碼編譯安裝，另一種則是透過光碟本身的 rpm 套件進行安裝。下面會分別介紹這兩種安裝方式。安裝 OpenLDAP 伺服器需要提供守護行程和傳統的 OpenLDAP 管理設定工具，主要是 slapd 和 ldap-utils 套件。

2.2.2　OpenLDAP 安裝步驟

要安裝 OpenLDAP，步驟如下。

1. 取得 OpenLDAP 套件。
2. 安裝 OpenLDAP 套件（透過 rpm 或原始碼編譯安裝）。
3. 準備 OpenLDAP 設定檔及資料函式庫。
4. 設定 OpenLDAP。
5. 新增目錄樹 entry。
6. 載入 slapd 行程。
7. 驗證。

2.3 | Linux 平臺安裝

2.3.1 yum 用途及語法

yum 軟體庫主要用於解決套件相依關係（這裡以本地 yum 源為例進行設定）。

yum 軟體庫設定檔的語法及參數如下。

❶ yum 設定檔語法

yum 設定檔語法如下：

```
# cat /etc/yum.repos.d/define.repo
[repo_name]
name=
baseurl=
enabled=
gpgcheck=
gpgkey=
```

❷ yum 設定檔語法解釋

yum 設定檔的語法解釋如下：

```
[repo_name]
含義：[   ]內是yum軟體庫的名稱，用於區別不同yum軟體庫及功能
name=yum server
含義：name=後面跟的是軟體庫描述的資訊
baseurl=path
含義：baseurl=後面跟軟體庫的路徑
enabled=[0|1]
含義：enabled=後面跟的數字表示是否啟用該軟體庫，[1]表示啟用，[0]表示禁用
gpgcheck=[0|1]
含義：gpgcheck=後面跟的數字表示是否檢查套件的md5sum，用於驗證套件的安全性，[1]表示檢查，[0]表示不
檢查
gpgkey=path
含義：gpgkey=後面跟套件所使用的簽名，一般啟用gpgcheck時才設定。例如：
gpgkey=/etc/pki/rpm-gpg/RPM-GPG-KEY-redhat-release
```

❸ yum 基本命令參數介紹

讀者可以透過 man yum 來詳細瞭解每個參數的具體說明，在此不做過多解釋。

```
* install package1 [package2] [...]
套件的安裝
* update [package1] [package2] [...]
套件的更新
* check-update
檢測最新的套件
* remove | erase package1 [package2] [...]
移除安裝的套件
* list [...]
查看安裝的套件清單
* info [...]
查看套件的相關資訊
* provides | whatprovides feature1 [feature2] [...]
查看檔由哪個套件提供
* clean [ packages | metadata | expire-cache | rpmdb | plugins | all ]
清除快取訊息
* makecache
重建快取檔案，一般新建yum軟體庫時以及使用clean參數時，使用makecache重建快取
* groupinstall group1 [group2] [...]
以群組的形式安裝套件元件
* groupupdate group1 [group2] [...]
更新群組相關套件
* grouplist [hidden] [groupwildcard] [...]
取得已安裝和沒安裝的套件元件
* groupremove group1 [group2] [...]
移除套件元件
* groupinfo group1 [...]
查看套件元件相關資訊
* search string1 [string2] [...]
以套件名稱在軟體庫中進行搜索
* localinstall rpmfile1 [rpmfile2] [...]
(maintained for legacy reasons only - use install)
本地安裝套件
* localupdate rpmfile1 [rpmfile2] [...]
本地更新套件
```

2.3.2　以套件形式安裝

為了簡化 OpenLDAP 的安裝複雜度，筆者建議使用系統內建的 rpm 套件安裝。除非有特殊需求，需要客製化安裝，才使用編譯方式安裝 OpenLDAP。

❶ 安裝操作步驟

要以套件 rpm 形式安裝 OpenLDAP，步驟如下。

1. 設定 yum 來源。

2. 安裝 OpenLDAP 元件。

3. 初始化 OpenLDAP 設定。

4. 載入 slapd 行程。

5. 取得 slapd 資訊。

❷ 設定 yum 軟體庫

要設定 yum 軟體庫，需要先掛載光碟 ISO，命令如下：

```
# mount /dev/cdrom /mnt
```

設定 yun 軟體庫的命令如下：

```
# cat  >>  /etc/yum.repos.d/rhel-source.repo << EOF
[source-cdrom]
name=software
baseurl=file:///mnt
enabled=1
gpgcheck=1
gpgkey=file:///etc/pki/rpm-gpg/RPM-GPG-KEY-redhat-release
EOF
```

❸ 清除並建立快取

清除和建立快取的命令如下：

```
# yum clean all  &&  yum makecache
```

❹ 安裝 OpenLDAP 元件

安裝 OpenLDAP 元件的命令如下：

```
# yum install openldap openldap-servers openldap-clients openldap-devel compat-openldap -y
```

此時透過光碟本身的套件安裝 OpenLDAP 元件完成。

❺ 初始化 OpenLDAP 設定

初始化 OpenLDAP 設定的命令如下：

```
# cp /usr/share/openldap-servers/DB_CONFIG.example  /var/lib/ldap/DB_CONFIG
# cp /usr/share/openldap-servers/slapd.conf.obsolete /etc/openldap/slapd.conf
# chown -R ldap.ldap /etc/openldap/
# chown -R ldap.ldapa /var/lib/ldap
```

❻ 啟動 LDAP 行程 slapd

OpenLDAP 軟體安裝完成後，要使用它，需要啟動 slapd 行程來調用程式：

```
# service slapd restart
Stopping slapd:                                         [FAILED]
Starting slapd:                                         [  OK  ]
# chkconfig slapd on
```

❼ 取得 OpenLDAP 預設監聽埠

要取得 OpenLDAP 預設監聽埠，命令如下：

```
[root@mldap01 ~]# netstat -ntplu | grep -i :389
tcp       0      0 0.0.0.0:389              0.0.0.0:*               LISTEN      1567/slapd
tcp       0      0 :::389                   :::*                    LISTEN      1567/slapd
```

預設 OpenLDAP 服務所使用的通訊埠為 389，此埠採用明碼（plain text）傳輸資料，資料資訊得不到保障。所以可以透過設定 CA 及結合 TLS/SASL 實現資料加密傳輸，所使用埠為 636，後面章節會詳細介紹實現過程。

❽ 取得 OpenLDAP 處理程序的狀態

要取得 OpenLDAP 處理程序的狀態，命令如下：

```
[root@mldap01 ~]# ps aux | grep slapd | grep -v grep
ldap      1567  0.0  1.8 1128948 71880 ?       Ssl  Nov27   0:07 /usr/sbin/slapd -h
ldap:/// ldapi:/// -u ldap
```

至此，透過光碟自帶的套件安裝 OpenLDAP 就結束了。後續的操作就是設定並新增 entry，這部分在本章最後透過案例再來介紹。

2.3.3　透過原始碼編譯安裝

❶ 透過原始碼編譯安裝 OpenLDAP 軟體準備工作

由於編譯安裝 OpenLDAP 需要資料庫支援，因此 OpenLDAP 軟體後端資料庫可採用 Berkeley DB（BDB）、Oracle、MySQL、MariaDB、GDBM 等資料庫系統實現資料的儲存。預設 OpenLDAP 採用 Berkeley DB 資料庫作為後端儲存引擎，而且 OpenLDAP 對套件包 Berkeley DB 的版本有一定要求，以 OpenLDAP 2.4 為例，需要 Berkeley DB 4.4 版本以上，所以在編譯 OpenLDAP 原始碼套件包時需要先下載 Brekeley DB 原始程式碼套件包，並進行編譯安裝即可。

Berkeley DB 是由美國 Sleepycat Software 公司開發的開放原始碼資料庫系統，具有高效能、嵌入式資料庫程式設計庫，可存取任意類型的鍵（key）/ 值（value）對，一鍵可以儲存多個值，且支援大量之同時連線數的資料查詢請求。

❷ 安裝步驟

根據環境需求，讀者可以下載相應的原始碼套件包（source package）進行編譯安裝，筆者所使用的系統為紅帽 Linux 6.5 版本，Berkey DB 原始碼套件包版本為 4.6.21。安裝步驟如下：

1. 取得原始碼套件包。
2. 安裝編譯相依環境。
3. 解壓並定義安裝屬性。
4. 編譯及編譯安裝原始碼套件包。
5. 新增函式庫及標頭檔。

❸ 編譯安裝 Berkeley DB 原始碼套件包

▶ 取得 Brekeley DB 原始碼套件包。

可以從 http://www.oracle.com/technetwork/database/database-technologies/berkeleydb/downloads 取得 Berkeley DB 原始碼套件包。

要點：

在編譯安裝任何開放原始碼軟體時，解壓完成後都會在相應的目錄下產生 INSTALLT 和 README 文件，裡面介紹安裝方法以及注意事項，同樣可以到官方網站查看軟體的安裝手冊，提高使用者安裝的靈活性，降低編譯複雜度。

▶ 編譯安裝前，先透過 yum 安裝並解決編譯 OpenLDAP 及 BDB 的相依套件。

```
# yum install libtool-ltdl  libtool-ltdl-devel gcc openssl openssl-devel  -y  安裝相依
套件
```

▶ 解壓 db-4.6.21 套件至指定目錄。

```
# tar xfzv db-4.6.21.tar.gz -C /usr/local/src
```

解壓 Berkeley DB 原始碼套件包到 /usr/local/src 目錄下，此時會在該目錄下產生 build_unix 目錄，然後執行下列命令進行設定安裝即可。

▶ 定義編譯安裝屬性。

```
# cd /usr/local/src/db-4.6.21/build_unix  &&  mkdir  /usr/local/BDB
# ../dist/configure  --prefix=/usr/local/BDB
================================================================= //華麗的省略線
configure: creating ./config.status
config.status: creating Makefile
config.status: creating db_cxx.h
config.status: creating db_int.h
config.status: creating clib_port.h
config.status: creating include.tcl
config.status: creating db.h
config.status: creating db_config.h
```

透過 --prefix 指定 Berkeley DB 安裝路徑，讀者可透過 ../dist/configure –help 命令取得 Berkeley DB 詳細的設定選項。

▶ 編譯定義安裝屬性及編譯安裝到指定的屬性中。

```
# make && make install     //編譯並進行安裝
========================================================================= //華麗的分割線
Installing DB utilities: /usr/local/BDB//bin ...
cp -p .libs/db_archive /usr/local/BDB//bin/db_archive
cp -p .libs/db_checkpoint /usr/local/BDB//bin/db_checkpoint
cp -p .libs/db_codegen /usr/local/BDB//bin/db_codegen
cp -p .libs/db_deadlock /usr/local/BDB//bin/db_deadlock
cp -p .libs/db_dump /usr/local/BDB//bin/db_dump
cp -p .libs/db_hotbackup /usr/local/BDB//bin/db_hotbackup
cp -p .libs/db_load /usr/local/BDB//bin/db_load
cp -p .libs/db_printlog /usr/local/BDB//bin/db_printlog
cp -p .libs/db_recover /usr/local/BDB//bin/db_recover
cp -p .libs/db_stat /usr/local/BDB//bin/db_stat
cp -p .libs/db_upgrade /usr/local/BDB//bin/db_upgrade
```

```
cp -p .libs/db_verify /usr/local/BDB//bin/db_verify
Installing documentation: /usr/local/BDB//docs ...
```

▶ 新增 Berkeley DB 相關函式庫。

新增的函式庫和標頭檔主要作為其他程式編譯安裝所調用的函式庫和標頭檔。

```
# cat >> /etc/ld.so.conf.d/bdb.conf << EOF
/usr/local/BDB/lib/
EOF
# ldconfig  -v        //重新讓核心讀取函式庫
```

透過在 ld.so.conf.d 目錄下建立以 .conf 設定檔載入 Berkeley DB 的函式庫，同樣也可在 ld.so.conf 裡面新增配檔進行載入，ld.so.conf 是系統動態連結程式庫設定檔。設定完成後，使用 ldconfig –v 重新載入函式庫，使系統核心重新識別，然後在編譯 OpenLDAP 時，才能找到 Berkeley DB 相關函式庫。

▶ 新增 Berkeley DB 相關標頭檔。

```
# ln -sv /usr/local/BDB/include /usr/include/bdb
`/usr/include/bdb' -> `/usr/local/BDB/include'
```

至此，恭喜您！ Berkeley DB 編譯安裝到此就完成了。下面我們一起學習如何編譯安裝 OpenLDAP 軟體。但讀者一定要注意，在編譯安裝 OpenLDAP 軟體時，要確認後端資料庫是否安裝，例如 Berkeley DB，否則會提示找不到資料庫等錯誤。

❹ 編譯安裝 OpenLDAP 原始碼套件包

▶ 取得 OpenLDAP 原始碼套件包。

讀者可透過 http://www.openldap.org/software/download/ 取得 OpenLDAP 原始碼套件包。

▶ 解壓 OpenLDAP 原始碼套件包至指定目錄。

```
# tar xf openldap-2.4.15.tgz  -C /usr/local/src/
# cd /usr/local/src/openldap-2.4.15/
# ldconfig -v
```

編譯安裝 OpenLDAP 軟體時，需要指明函式庫（include 和 lib）的路徑，否則編譯時會提示 BDB 資料庫版本不相容而中斷編譯操作。

▶ 定義編譯安裝屬性。

```
# ./configure --prefix=/usr/local/openldap2.4
Making servers/slapd/backends.c
    Add config ...
    Add ldif ...
    Add monitor ...
    Add bdb ...
    Add hdb ...
    Add relay ...
Making servers/slapd/overlays/statover.c
    Add seqmod ...
    Add syncprov ...
Please run "make depend" to build dependencies
# make depend
```

▶ 編譯安裝 OpenLDAP 軟體。

```
# make  &&  make test &> /dev/null && make install
installing slapacl.8 in /usr/local/openldap2.4/share/man/man8
installing slapadd.8 in /usr/local/openldap2.4/share/man/man8
installing slapauth.8 in /usr/local/openldap2.4/share/man/man8
installing slapcat.8 in /usr/local/openldap2.4/share/man/man8
installing slapd.8 in /usr/local/openldap2.4/share/man/man8
installing slapdn.8 in /usr/local/openldap2.4/share/man/man8
installing slapindex.8 in /usr/local/openldap2.4/share/man/man8
installing slappasswd.8 in /usr/local/openldap2.4/share/man/man8
installing slaptest.8 in /usr/local/openldap2.4/share/man/man8
make[3]: Leaving directory `/usr/local/src/openldap-2.4.15/doc/man/man8'

make[2]: Leaving directory `/usr/local/src/openldap-2.4.15/doc/man'

make[1]: Leaving directory `/usr/local/src/openldap-2.4.15/doc'
```

執行 make test 時，可能需要花點時間進行檢測，如果存在錯誤，make test 會
提示錯誤類型。所以筆者建議讀者在編譯安裝時，一定要執行 make test 進行檢
測，以保證軟體的穩定性和可靠性。

▶ 新增 OpenLDAP 函式庫。

```
# cat >> /etc/ld.so.conf.d/ldap.conf << EOF
/usr/local/openldap2.4/lib/
EOF
# ldconfig  -v
```

▶ 新增 OpenLDAP 標頭檔。

```
# ln -sv /usr/local/openldap2.4/include /usr/include/ldap2.4
`/usr/include/ldap2.4' -> `/usr/local/openldap2.4/include'
```

至此，恭喜您！ OpenLDAP 編譯安裝就完成了。

2.3.4 錯誤分析、解決

如果在執行 make 時出現如下錯誤，可以透過以下方法進行解決。

```
getpeereid.c: In function `lutil_getpeereid':
getpeereid.c:65: error: storage size of `peercred' isn't known
make[2]: *** [getpeereid.o] Error 1
make[2]: Leaving directory `/usr/local/src/openldap-2.4.15/libraries/liblutil'
make[1]: *** [all-common] Error 1
make[1]: Leaving directory `/usr/local/src/openldap-2.4.15/libraries'
make: *** [all-common] Error 1
```

▶ 錯誤分析

在編譯時沒有指明函式庫和 lib 的路徑，所以在編譯時會出現 Error，可透過下面的方法進行解決。

▶ 解決方法

```
# export CPPFLAGS="-I/usr/local/BDB/include  -D_GNU_SOURCE"
# make     //編譯前準備相關屬性，如果沒有設定任何屬性資訊，就會使用預設定義的屬性
# make install    //編譯安裝
```

2.4 | OpenLDAP 設定

在 OpenLDAP 2.4 版本中，設定 OpenLDAP 的方法有兩種：一種透過設定檔的修改來實現，另一種透過修改資料庫的形式來完成設定。

透過設定資料庫完成各種設定，屬於動態設定且不需要重新開啟 slapd 程式服務。此設定資料庫（cn=config）包含一個基於純文字的集合 LDIF 檔（位於 /etc/openldap/slapd.d 目錄下）。當前仍然可以使用傳統的設定檔（slapd.conf）方式進行設定，透過設定檔來實現 slapd 的設定方式。slapd.conf 可以透過編輯器進行設定，但 cn=config 不建議直接編輯修改，而是採用 ldap 命令進行修改。

本書中兩種設定方式均有介紹，旨在讓讀者瞭解兩種方法的本質區別。

2.4.1 OpenLDAP 相關資訊

設定檔路徑包括以下幾個：

▶ /etc/openldap/slapd.conf（OpenLDAP 主設定檔，記錄根功能變數名稱、管理員名稱、密碼、日誌、權限等相關資訊）。

▶ /var/lib/ldap/*（OpenLDAP 資料檔案儲存位置，可以根據需求進行調整。但為了保證資料的安全，筆者建議放到儲存設備上或獨立的分區上）。

▶ /etc/openldap/slapd.d/*

▶ /usr/share/openldap-servers/slapd.conf.obsolete（設定範例檔）。

▶ /usr/share/openldap-servers/DB_CONFIG.example（資料庫設定檔 schema 範例路徑）。

▶ /etc/openldap/schema/*（OpenLDAP schema 規範存放位置）

OpenLDAP 監聽的通訊埠有以下兩個。

▶ 預設監聽埠：389（明碼資料傳輸）。

▶ 加密監聽埠：636（加密資料傳輸）。

2.4.2 slapd.conf 設定檔

OpenLDAP 主設定檔為 /etc/openldap/slapd.conf。此檔預設不存在，需要複製安裝 OpenLDAP 套件安裝所產生的設定檔範本並重命名它為 slapd.conf 檔，這同樣可以透過修改資料函式庫實現設定。

❶ 取得 openldap-servers 套件產生的檔案

要取得 openldap-servers 套件產生的檔案，命令如下：

```
[root@mldap01 ~]# rpm -ql openldap-servers | egrep -i '(slapd\.conf\.*|DB_CONFIG.
example)'
/etc/openldap/slapd.conf
/etc/openldap/slapd.conf.bak
/usr/share/man/man5/slapd.conf.5.gz
/usr/share/openldap-servers/DB_CONFIG.example
```

```
/usr/share/openldap-servers/slapd.conf.obsolete
[root@mldap01 ~]#
```

❷ 套件所產生檔案的用途

▶ /usr/share/openldap-servers/slapd.conf.obsolete 為 OpenLDAP 設定檔範本。

▶ /usr/share/openldap-servers/DB_CONFIG.example 為 OpenLDAP 資料庫設定檔範本。

要設定 OpenLDAP 伺服端，需要將如上設定檔範本複製到 /etc/openldap/ 目錄下並命名為 slapd.conf，同時將資料庫設定檔範本複製到 /var/lib/ldap/ 目錄中並將其命名為 DB_CONFIG，且 /var/lib/ldap/ 目錄權限使用人（owner），所屬群組（group）必須為 ldap 使用者可讀寫，否則會在載入 slapd 行程時顯示權限警告。

❸ slapd.conf 設定檔參數

/etc/openldap/slapd.conf 為 OpenLDAP 主設定檔，以 # 號開頭的為注釋說明。

```
include        /etc/openldap/schema/corba.schema
include        /etc/openldap/schema/core.schema
include        /etc/openldap/schema/cosine.schema
include        /etc/openldap/schema/duaconf.schema
include        /etc/openldap/schema/dyngroup.schema
```

include 行代表當前 OpenLDAP 服務包含的 schema 檔。schema 是整個 OpenLDAP 目錄樹的標準規範，標識資料和類型的關係。例如，要使 OpenLDAP 伺服端支援 Samba 服務使用者驗證，此時就需要包含 Samba 對應的 schema 檔（samba.schema），關於 schema，第 1 章已經介紹，在此不做過多的解釋。

▶ OpenLDAP 服務允許連接的用戶端版本。

```
allow bind_v2
```

▶ OpenLDAP 行程啟動時，pid 檔存放路徑。

```
pidfile        /var/run/openldap/slapd.pid
```

▶ OpenLDAP 參數檔存放的路徑。

```
argsfile       /var/run/openldap/slapd.args
```

▶ OpenLDAP 指定需要載入額外的模組。

```
moduleload ppolicy.la
```

▶ OpenLDAP 模組檔存放的路徑。

```
modulepath /usr/lib/openldap        //32bit的模組檔路徑
modulepath /usr/lib64/openldap      //64bit的模組檔路徑
```

▶ OpenLDAP 透過加密傳輸所載入的設定檔時。預設 OpenLDAP 伺服器採用明碼傳輸資料。

在網路上傳輸極其不安全，所以需透過如下設定將資料加密傳輸，前提是需要協力廠商合法的證書機構頒發的數位憑證（關於證書的構建及頒發，第 8 章詳細介紹如何透過自建證書實現資料加密傳輸）。

```
TLSCACertificatePath /etc/openldap/certs
TLSCertificateFile "\"OpenLDAP Server\""
TLSCertificateKeyFile /etc/openldap/certs/password
```

▶ 指定 OpenLDAP 資料庫類型。

OpenLDAP 服務後端儲存資料庫引擎支援的資料庫類型有 MySQL、DB2、Oracle 等關聯式資料庫，預設為 bdb 資料庫。

```
database bdb
```

▶ 指定 OpenLDAP 服務功能變數名稱（DN）。

指定要搜索或查詢 OpenLDAP 目錄樹的後綴名稱等同於 AD 功能變數名稱。

```
suffix          "dc=example,dc=com"
```

▶ 指定 OpenLDAP 服務管理員資訊。

OpenLDAP 服務管理員對目錄樹進行管理，如插入、更新、修改及刪除等管理操作，要求系統管理員具有 root 身份權限，此管理員使用者名稱可以自我修改。

```
rootdn          "cn=Manager,dc=example,dc=com"
```

▶ 指定 OpenLDAP 服務管理員密碼。

要設定管理員密碼，密碼可以透過明碼新增，也可以藉由 slappasswd -s gdy@123! 來取得加密字串，然後將加密字串黏貼在 roopw 後面，實現密文新增。屬性與值之間通常使用三個 Tab 鍵進行分開。設定檔要求非常嚴格，後面不能有任何空格或者定位字元。

```
# rootpw                 secret
root      gdy@123！     #明碼新增，不建議使用
rootpw        {SSHA}dXWdy83Gn8eg5oD2yUECQzgDnr8LrDqW   #密文新增，建議使用
```

▶ 透過修改 cn=config 來實現管理員的修改以及密碼的修改。

```
# cat << EOF | ldapadd -Y EXTERNAL -H ldapi:///
dn: olcDatabase={0}config,cn=config
changetype: modify
delete: olcRootDN

dn: olcDatabase={0}config,cn=config
changetype: modify
add: olcRootDN
olcRootDN: cn=Admin,cn=config

dn: olcDatabase={0}config,cn=config
changetype: modify
add: olcRootPW
olcRootPW: {SSHA}tDTQMzxQZjv+W2QRnt0Os2KHNp/lbqEQ
EOF
SASL/EXTERNAL authentication started
SASL username: gidNumber=0+uidNumber=0,cn=peercred,cn=external,cn=auth
SASL SSF: 0
modifying entry "olcDatabase={0}config,cn=config"

modifying entry "olcDatabase={0}config,cn=config"

modifying entry "olcDatabase={0}config,cn=config"
```

此時管理員由 "cn=Manager,dc=gdy, dc=com" 修改為 "cn=Admin,dc=gdy,dc=com"。密碼由原來的 "gdy@123!" 修改為 "redhat@123!"。

▶ 指定 OpenLDAP 資料函式庫的存放目錄。

指定一個目錄用於存放 OpenLDAP 目錄樹所有資料，如使用者及群組資訊、sudo 規則、密碼策略等資料。

```
directory        /var/lib/ldap
```

▶ 建立 OpenLDAP 索引。

透過建立索引（index），提高讀寫效率，這類似於關聯式資料庫中索引的概念。

```
index objectClass                         eq,pres
index ou,cn,mail,surname,givenname        eq,pres,sub
index uidNumber,gidNumber,loginShell      eq,pres
```

2.5 | OpenLDAP 單節點設定案例

2.5.1 安裝環境規劃

安裝環境的拓撲圖如圖 2-1 所示。

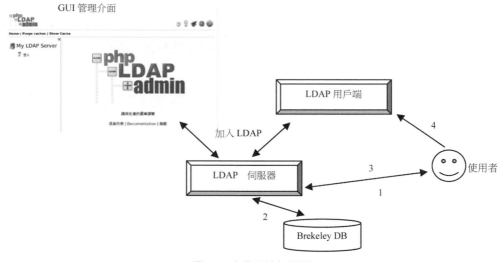

圖 2-1 安裝環境拓撲圖

安裝環境要求如下：

▶ 環境平臺：VMware ESXi 5.0.0

▶ 系統版本：Red Hat Enterprise Linux Server release 6.5 (Santiago)

▶ 軟體版本：OpenLDAP-2.4.23-32

IP 位址及主機名稱規劃如表 2-1 所示。

表 2-1 IP 位址及主機名稱規劃

主機	系統版本	IP 位址	主機名稱
LDAP 伺服端	RHEL Server release 6.5	192.168.218.206	mldap01.gdy.com
LDAP 用戶端	RHEL Server release 5.5	192.168.218.207	test02.gdy.com
LDAP 用戶端	RHEL Server release 6.5	192.168.218.208	test01.gdy.com

OpenLDAP 相關套件如表 2-2 所示。

表 2-2 OpenLDAP 相關套件

套件名稱	套件功能描述
openldap	OpenLDAP 伺服端和用戶端必須用的函式庫
openldap-clients	在 LDAP 伺服端上使用，用於查看和修改目錄的命令列的套件
openldap-servers	用於啟動服務和設定，包含單獨的 LDAP 後台守護程式
openldap-servers-sql	支援 sql 模組
compat-openldap	OpenLDAP 相容性函式庫

2.5.2 主機名稱規劃設定

LDAP 伺服端和用戶端主機名稱及對應的 IP 位址解析服務正常工作，且每個節點的主機名稱需要跟 "uname –n" 命令執行的結果保持一致。這可以透過搭建 DNS 服務來完成，也可以透過修改兩個節點的 hosts 檔來保持 IP 位址和主機名稱之間，互相解析。

```
[root@localhost ~ ]# sed -i 's@\(HOSTNAME=\).*@\1mldap01.gdy.com@g'//開機生效 (永久生效)
[root@localhost ~ ]# hostname mldap01.gdy.com        //臨時生效
[root@localhost ~ ]# exit       //退出，重新登入
[root@mldap01 ~ ]#
```

2.5.3 網路校時設定

OpenLDAP 為 C/S 架構，加密傳輸需要使用 CA 證書，所以需要設定伺服端和用戶端時間保持同步。可以透過設定 NTP 服務來提供時間源，然後利用 Puppet 軟體分

發功能批次設定 NTP 用戶端，實現網路的校時。本章使用 ntpdate+crontab 實現主機自動網路校時，在工作環境中建議採用 NTP Service 來完成網路的校時。

```
[root@mldap01 ~]# ntpdate 0.rhel.pool.ntp.org
13 Nov 19:46:35 ntpdate[2394]: step time server 202.112.10.36 offset 2.202509 sec
[root@mldap01 ~]# echo "0/5  *  *  *  * root /usr/sbin/ntpdate 0.rhel.pool.ntp.org"  >>
                         /var/spool/cron/root
[root@mldap01 ~]# crontab -l
0/5  *  *  *  * root /usr/sbin/ntpdate0.rhel.pool.ntp.org
```

要設定網路校時，可以使用 NTP 服務實現網路的校時，也可以透過定義排程來實現網路校時。一般建議搭建 NTP 服務進行校時，防止出現大量時間片（空白時間），本節以排程方式進行設定。

2.5.4 防火牆、SELinux 設定

一般工作環境中防火牆和 SELinux 均處於關閉狀態，如果讀者要開啟伺服器防火牆過濾功能以及 SELinux，將對應的通訊埠（389/636）開放即可。具體步驟如下。

1. 關閉防火牆和 SELinux 規則。

```
[root@mldap01 ~ ]# service iptables stop && chkconfig iptables off
iptables: Setting chains to policy ACCEPT: filter      [  OK  ]
iptables: Flushing firewall rules:                     [  OK  ]
iptables: Unloading modules:                           [  OK  ]
[root@mldap01 ~ ]# getenforce
Enforcing
[root@mldap01 ~ ]# sed -i 's/SELINUX=enforcing/SELINUX=disabled/g' /etc/selinux/
config
[root@mldap01 ~ ]# setenforce 0
[root@mldap01 ~ ]# getenforce
Permissive
[root@mldap01 ~ ]# cat /etc/selinux/config  | grep -i '^SELINUX'
SELINUX=disabled
SELINUXTYPE=targeted
```

2. 開啟防火牆，並設定過濾規則。

- 明碼資料傳輸規則設定如下：

```
# iptables -A INPUT -p tcp -m state -state NEW -dport 389 -j ACCEPT
# iptables -A OUTPUT -p tcp -m state -state NEW -sport 389 -j ACCEPT
```

```
# service iptables save
# service iptables restart && chkconfig iptables on
```

● 密文資料傳輸規則設定如下：

```
# iptables -A INPUT -p tcp -m state -state NEW -dport 636 -j ACCEPT
# iptables -A OUTPUT -p tcp -m state -state NEW -sport 636 -j ACCEPT
# service iptables save
# service iptables restart && chkconfig iptables on
```

2.5.5 FQDN 功能變數名稱解析設定

因為這裡使用 hosts 來解析主機名稱，所以伺服端和用戶端都需要設定。如果使用 DNS 來解析，此步驟可以忽略，也可以作為備用，防止 OpenLDAP 伺服端無法正常解析。如果批次修改 hosts 檔，可以選擇 Puppet 或者 Ansible 等自動化部署工具來實現。

```
[root@mldap01 ~ ]# cat >> /etc/hosts << EOF
>192.168.218.206 mldap01.gdy.com  mldap01
>192.168.218.208 test01.gdy.com   test01
>192.168.218.207 test02.gdy.com   test02
>EOF
```

2.5.6 安裝 OpenLDAP 元件

透過 yum 安裝 OpenLDAP 元件，解析套件的相依關係。

```
[root@mldap01 ~ ]# yum install openldap openldap-servers openldap-clients -y
```

2.5.7 初始化 OpenLDAP 設定

初始化 OpenLDAP 設定的步驟如下。

1. 複製設定範本至 /etc/openldap 目錄下，命令如下：

```
[root@mldap01 openldap]# cp /usr/share/openldap-servers/slapd.conf.obsolete /etc/
                         openldap/slapd.conf
[root@mldap01 openldap]# cp slapd.d /tmp/slapd.d.bak    //備份預設資料函式庫
[root@mldap01 openldap]# rm -rf /etc/openldap/slapd.d/*
```

2. 建立資料函式庫（從範本進行複製），產生 DB_CONFIG 及啟動 OpenLDAP 行程 slapd，命令如下：

```
[root@mldap01 openldap]# cp /usr/share/openldap-servers/DB_CONFIG.example /var/lib/
                        ldap/DB_CONFIG
[root@mldap01 openldap]# chown -R ldap.ldap /var/lib/*
```

要點：

只有 root 使用者可以使用 /usr/sbin/slapadd，然而目錄伺服器以 ldap 使用者運行，目錄伺服器不能透過 slapadd 修改任何檔案。因此，需要將 /va/lib/ldap 的所屬使用者及群組修改為 ldap。

3. 查看 OpenLDAP 是否開啟 SSL 加密功能。

這裡保持原預設值，第 8 章將介紹如何設定 SSL 相關設定以及如何自建 CA 來完成 SSL 加密驗證功能。

```
[root@mldap01 ~ ]# cat  /etc/sysconfig/ldap | grep -v -E "^$|^#"
SLAPD_LDAP=yes
SLAPD_LDAPI=yes
SLAPD_LDAPS=no
```

此處未開啟 SSL，如果開啟 SSL 功能，可以再使用 SLAPD_LDAPS=yes，或者使用 SLAPD_URLS 進行指定即可。

例如：SLAPD_URLS=ldaps://ldap01.deppon.com。

4. OpenLDAP 主設定檔設定。

- schema 檔的引入

  例如，為了使 Samba 支援 OpenLDAP 使用者驗證登入，此時就需要包含 Samba 的 schema 檔。

```
include                 /etc/openldap/schema/samba.schema
```

- PID 檔路徑定義

```
pidfile    /var/run/openldap/slapd.pid
```

- 參數檔路徑定義

```
argsfile   /var/run/openldap/slapd.args
```

- 模組路徑定義

  因為系統分為 32 位元和 64 位元系統，所以要新增 32 位元和 64 位元模組存放的位置。

```
modulepath /usr/lib/openldap
modulepath /usr/lib64/openldap
```

- 載入額外模組

  例如，如果要讓 OpenLDAP 能夠同步，需要載入 syncprov.la 模組，透過 moduleload 引用即可。

```
moduleload syncprov.la
```

- 後端資料庫的定義

```
database bdb
```

- suffix 功能變數名稱定義

  suffix 功能變數名稱類似於微軟的 AD 的功能變數名稱。

```
suffix          "dc=gdy,dc=com"
```

- 定義 OpenLDAP 管理員

  OpenLDAP 管理員類似於系統使用者 root，具有對 OpenLDAP 伺服器做任何修改操作的權限，管理員名稱可以自我定義。

```
rootdn          "cn=Manager,dc=gdy,dc=com"
```

- 建立 OpenLDAP 的管理員密碼

  預設 OpenLDAP 管理員密碼使用明碼進行管理，在工作環境中，建議加密管理。透過使用 slappasswd 命令建立密碼串，然後將密碼串複製到 rootpw 即可。

```
# slappasswd
New password:
Re-enter new password:
{SSHA}pUr8/1VDGOODRCtaQbMrFa4LYpMLmqXs
# sed -i \'s/rootpw*/rootpw{SSHA}pUr8/1VDGOODRCtaQbMrFa4LYpMLmqXs/g'/etc/openldap/
slapd.conf
# cat /etc/openldap/slapd.conf
rootpw          {SSHA}pUr8/1VDGOODRCtaQbMrFa4LYpMLmqXs
```

- 定義資料存放目錄

```
directory        /var/lib/ldap
```

2.5.8 slaptest 檢測、建立資料庫

▶ 當完成對 slapd.conf 的設定時，需要對設定檔的語法進行檢測。

```
# slaptest -f /etc/openldap/slapd.conf
config file testing succeeded
```

如果設定檔存在語法錯誤，透過 slaptest –u 命令有相應的提示，根據提示對 slapd.conf 設定檔進行調整即可。

▶ 透過 slapd.conf 設定檔建立資料庫。

```
# slaptest -f /etc/openldap/slapd.conf -F /etc/openldap/slapd.d
config file testing succeeded
```

返回 config file testing succeeded 表示設定檔建立資料庫成功，後面會介紹如何透過修改資料庫（cn=config）來完成 OpenLDAP 的設定，這也是 2.4 版本推薦設定 OpenLDAP 的一種方式。

2.5.9 OpenLDAP 日誌設定

▶ OpenLDAP 日誌等級的類型介紹

透過 "slapd –d ?" 來取得 OpenLDAP 的日誌等級，日誌主要用於對 OpenLDAP 進行故障排除：

```
[root@mldap01 ~]# slapd -d ?
Installed log subsystems:

    Any                (-1, 0xffffffff)    //開啓所有的dug資訊
    Trace              (1, 0x1)            //跟蹤trace函式呼叫
    Packets            (2, 0x2)            //與套件的處理相關的dug資訊
    Args               (4, 0x4)            //全面的debug資訊
    Conns              (8, 0x8)            //連線數管理的相關資訊
    BER                (16, 0x10)          //記錄封包發送和接收的資訊
    Filter             (32, 0x20)          //記錄過濾處理的過程
    Config             (64, 0x40)          //記錄設定檔的相關資訊
    ACL                (128, 0x80)         //記錄存取控制清單的相關資訊
```

```
      Stats                 (256, 0x100)            //記錄連線、操作以及統計資訊
      Stats2                (512, 0x200)            //記錄向用戶端回應的統計資訊
      Shell                 (1024, 0x400)           //記錄與shell後端的通信資訊
      Parse                 (2048, 0x800)           //記錄entry的分析結果資訊
      Sync                  (16384, 0x4000)         //記錄資料同步資源消耗的資訊
      None                  (32768, 0x8000)         //不記錄

NOTE: custom log subsystems may be later installed by specific code
```

▶ OpenLDAP 服務日誌設定

透過日誌設定，瞭解 OpenLDAP 服務運作情況，用於檢視各種錯誤。設定
OpenLDAP 日誌時，需要修改 rsyslog 設定檔，在設定檔中新增：local4.*/var/
log/slapd.log，slapd.log 要提前存在且 ldap 使用者具有讀寫權限，然後重啟
rsyslog 行程重新讀取設定檔。

根據以上資訊，瞭解 OpenLDAP 的日誌等級，然後根據自己的需求按以下步驟來
設定 OpenLDAP 日誌。日誌主要可以對 OpenLDAP 出現的異常、錯誤進行分析、
定位，如行程啟動失敗、entry 同步失敗及用戶端無法取得使用者 entry 資訊等，都
會記錄到日誌中。

1. 建立目錄及調整權限，用於存放日誌檔。

```
[root@mldap01 openldap]# touch /var/log/slapd.log
[root@mldap01 openldap]# chown ldap.ldap /var/log/slapd.log
[root@mldap01 openldap]# mkdir /var/log/slapd
[root@mldap01 openldap]# chmod 755 /var/log/slapd/
[root@mldap01 openldap]# chown ldap:ldap /var/log/slapd/
```

2. 修改日誌檔，使其載入 OpenLDAP 參數。

```
[root@mldap01 openldap]# sed -i "/local4.*/d" /etc/rsyslog.conf
[root@mldap01 openldap]# cat >> /etc/rsyslog.conf << EOF
local4.*                    /var/log/slapd/slapd.log
EOF
[root@mldap01 slapd.d]# cat /etc/openldap/slapd.conf | grep -i  loglevel
loglevel 256
```

3. 重新載入 rsyslog 使其設定生效。

```
[root@mldap01 ~]# service rsyslog restart
Shutting down system logger:                    [  OK  ]
Starting system logger:                         [  OK  ]
```

2.5.10 透過 cn=config 設定 OpenLDAP 日誌

要設定 OpenLDAP 日誌,按以下步驟操作:

1. 透過修改 cn=config 設定 OpenLDAP 日誌記錄的修改及新增,透過 cat 命令查看資料庫配合檔日誌等級資訊。

```
[root@mldap01 slapd.d]# cat cn\=config.ldif | grep olcLogLevel
olcLogLevel: Stats
```

2. 透過 ldapmodify 命令將原來的日誌等級進行清除。

```
[root@mldap01 slapd.d]# cat << EOF | ldapmodify -Y EXTERNAL -H ldapi:///
> dn: cn=config
> changetype: modify
> delete: olcLogLevel
> olcLogLevel: Stats
> EOF
SASL/EXTERNAL authentication started
SASL username: gidNumber=0+uidNumber=0,cn=peercred,cn=external,cn=auth
SASL SSF: 0
modifying entry "cn=config"
[root@mldap01 slapd.d]# cat cn\=config.ldif | grep olcLogLevel
[root@mldap01 slapd.d]#
```

3. 透過 ldapmodify 命令重新新增 OpenLDAP 日誌等級。

```
[root@mldap01 slapd.d]# cat << EOF | ldapmodify -Y EXTERNAL -H ldapi:///
> dn: cn=config
> changetype: modify
> add: olcLogLevel
> olcLogLevel: 32
> EOF
SASL/EXTERNAL authentication started
SASL username: gidNumber=0+uidNumber=0,cn=peercred,cn=external,cn=auth
SASL SSF: 0
modifying entry "cn=config"

[root@mldap01 slapd.d]# cat cn\=config.ldif | grep olcLogLevel
olcLogLevel: 32
[root@mldap01slapd.d]#
```

此時以上操作無須重啟 slapd 服務即可生效,如果透過設定檔進行修改,需要重新產生資料函式庫,且重新開啟 slapd 服務行程。

2.5.11 OpenLDAP 日誌切割設定

本章介紹如何透過 logrotate 執行對 OpenLDAP 日誌的切割，預防日誌過大不便於進行故障排除以及效能分析。下面透過客製腳本執行當日誌大於 10MB 時，進行切割，便於故障排除。範例如下：

```bash
#!/bin/bash
########### 透過logrotate實現對OpenLDAP日誌進行切割 #################
FILE= /var/log/slapd/slapd.log
if [ ! -f $FILE ];then
 /bin/touch $FILE && /bin/chmod 666 $FILE && /usr/bin/chattr +a $FILE &> /dev/null
cat > /etc/logrotate.d/ldap << "EOF"
/var/log/slapd/slapd.log {
      prerotate
              /usr/bin/chattr -a  /var/log/slapd/slapd.log
      endscript
      compress
      delaycompress
      notifempty
      rotate 100
      size 10M
      postrotate
              /usr/bin/chattr +a  /var/log/slapd/slapd.log
      endscript
}
EOF
    service rsyslog restart   &&    chkconfig  rsyslog on
else
    echo "slapd log is exsit"
fi
```

以上設定完成後，當 OpenLDAP 日誌超過 10MB 後，系統會自動進行切割並重新產生新檔，保存 OpenLDAP 日誌，防止單個日誌檔過大，不便分析查看。

2.5.12 載入 slapd 服務、埠狀態

要載入 slapd 服務、埠狀態，可以按如下步驟進行操作。

1. 啟動 OpenLDAP 服務 slapd 行程。

```
[root@mldap01 openldap]# service slapd restart
Stopping slapd:                                    [FAILED]
Starting slapd:                                    [  OK  ]
```

2. 設定 OpenLDAP slapd 行程，系統啟動時運行等級。

```
[root@mldap01 ~]# chkconfig slapd on
[root@mldap01 ~]# chkconfig --list slapd
slapd           0:off   1:off   2:on    3:on    4:on    5:on    6:off
```

3. 檢查 OpenLDAP 服務啟動所產生的 PID 檔及參數檔。

```
[root@mldap01 ~]# ls -l /var/run/openldap/
total 8
-rw-r--r--. 1 ldap ldap 48 Nov 27 08:18 slapd.args
-rw-r--r--. 2 ldap ldap  5 Nov 27 08:18 slapd.pid
```

4. 檢查 OpenLDAP 服務是否正常啟動。

```
[root@mldap01 ~]# netstat -ntplu | grep slapd
tcp        0      0 0.0.0.0:389             0.0.0.0:*               LISTEN
1890/slapd
tcp        0      0 :::389                  :::*                    LISTEN
1890/slapd
```

透過 netstat -ntplu 命令的運行結果可知，OpenLDAP 服務行程 slapd 在後端正常運行，預設 slapd 行程使用 TCP 協定，預設使用的通訊埠為 389（透過 SSL 協定加密後，slapd 行程使用 663 埠）。

2.6 | OpenLDAP 目錄樹規劃

2.6.1 規劃 OpenLDAP 目錄樹組織架構

要規劃 OpenLDAP 目錄樹組織架構，可按以下步驟操作：

1. 將規劃的 DN 新增到 OpenLDAP 目錄樹中。也可以將如下內容新增至 ldif 檔中，然後透過 ldapadd 進行導入即可。

```
[root@mldap01 ~]# cat << EOF |  ldapadd -x -D cn=Manager,dc=gdy,dc=com -W
dn: dc=gdy, dc=com
dc: gdy
objectClass: top
objectClass: domain
```

```
dn: ou=people, dc=gdy, dc=com
ou: people
objectClass: top
objectClass: organizationalUnit

dn: ou=group, dc=gdy, dc=com
ou: group
objectClass: top
objectClass: organizationalUnit
EOF
Enter LDAP Password:
adding new entry "dc=gdy, dc=com"

adding new entry "ou=people, dc=gdy, dc=com          "

adding new entry "ou=group, dc=gdy, dc=com"
```

ldif 格式的檔案嚴格要求每一行純文字後面都不能有空格，否則會提示相應的語法錯誤。

2. 透過 ldapsearch 查看目前的目錄樹架構。

```
[root@mldap01 ~]# ldapsearch -x -ALL
dn: dc=gdy,dc=com
dc: gdy
objectClass: top
objectClass: domain

dn: ou=people,dc=gdy,dc=com
ou: people
objectClass: top
objectClass: organizationalUnit

dn: ou=group,dc=gdy,dc=com
ou: group
objectClass: top
objectClass: organizationalUnit
```

2.6.2 故障分析

當執行 ldapsearch -x –LLL 顯示如下結果時，可採用如下方法進行解決。

▶ 故障描述

```
[root@mldap01 ~]# ldapsearch -x -ALL
No such object (32)
```

▶ 故障分析

當使用 ldapsearch 查詢目錄樹 entry 時，ldapsearch 會透過 /etc/openldap/ldap.conf 設定檔讀取 base 和 url 值進行查詢。預設沒有設定這兩項，所以需要新增 base 和 url。

▶ 解決方法

編輯 /etc/openldap/ldap.conf 檔，新增如下內容。

```
[root@mldap01 ~]# cat >> /etc/openldap/ldap.conf  << EOF
BASE      dc=gdy,dc=com     #suffix功能變數名稱
URI       ldap://192.168.218.206    #伺服器位址或使用功能變數名稱形式（能夠解析即可）
EOF
```

2.7 | OpenLDAP 使用者以及與群組相關的設定

新增使用者和群組的方式有兩種。一種是將系統使用者透過 migrationtools 工具產生 LDIF 檔並結合 ldapadd 命令導入 OpenLDAP 目錄樹中，產生 OpenLDAP 使用者。另一種透過自訂 LDIF 檔並透過 OpenLDAP 命令進行新增或者修改操作。本節分別介紹兩種方法來完成 OpenLDAP 使用者的新增。

2.7.1 透過 migrationtools 實現 OpenLDAP 使用者及群組的新增

migrationtools 開源工具透過查找 /etc/passwd、/etc/shadow、/etc/groups 產生 LDIF 檔，並透過 ldapadd 命令更新資料庫資料，完成使用者新增。具體步驟如下。

1. 安裝 migrationtools 工具。

```
# yum install migrationtools -y
```

2. 建立 OpenLDAP 根網域 entry。

```
# /usr/share/migrationtools/migrate_base.pl > base.ldif
```

讀者可以編輯 base.ldif 進行修改，將不需要的 entry 刪除，然後透過 ldapadd 導入至 OpenLDAP 目錄樹。

3. 新增產生 OpenLDAP 使用者。

此處新增系統一般使用者。透過以下範例新增 user1~user5。

```
# vim adduser.sh
#!/bin/bash
# Add system user
for ldap in {1..5};do
        if id user${ldap} &> /dev/null;then
                echo "System account already exists"
        else
                adduser user${ldap}
                echo user${ldap} | passwd --stdin user${ldap} &> /dev/null
                echo "user${ldap} system add finish"
        fi
done
# chmod +x adduser.sh
# ./adduser.sh
# id user1
uid=502(user1) gid=502(user1) groups=502(user1)
```

4. 設定 migrationtools 設定檔。

```
編輯migrationtoold設定檔/usr/share/migrationtools/migrate_common.ph
$DEFAULT_MAIL_DOMAIN = "padl.com";

# Default base
$DEFAULT_BASE = "dc=padl,dc=com";
```

將以上內容修改為自己所定義的功能變數名稱，例如本章以 gdy.com 為準。

```
$DEFAULT_MAIL_DOMAIN = "gdy.com";

# Default base
$DEFAULT_BASE = "dc=gdy,dc=com";
```

5. 透過 migrationtools 工具產生 LDIF 範本檔並產生系統使用者及群組 LDIF 檔。

```
# tail -n 5 /etc/passwd > system
# /usr/share/migrationtools/migrate_passwd.pl system people.ldif
# tail -n 10 /etc/group > group
# /usr/share/migrationtools/migrate_group.pl group group.ldif
```

6. 查看產生的 LDIF 檔。

- 查看產生的 people.ldif entry 資訊。

```
# head -n 5 people.ldif
dn: uid=user1,ou=People,dc=gdy,dc=com
uid: user1
cn: user1
objectClass: account
objectClass: posixAccount
objectClass: top
objectClass: shadowAccount
userPassword: {crypt}$6$HtmehKu8$g.vhVs1PjCwzvpO7PiWxaY1E0sQH4M2fOwr/NKAI20q/
                 c3rWgEbdzPfQS/Bxznhi1IpwMZbQrcNDTt5NFUEYd.
shadowLastCh ange: 16497
shadowMin: 0
shadowMax: 99999
shadowWarning: 7
loginShell: /bin/bash
uidNumber: 502
gidNumber: 502
homeDirectory: /home/user1
```

- 查看產生的 group.ldif entry 資訊。

```
# head -n 20 group.ldif
dn: cn=user1,ou=Group,dc=gdy,dc=com
objectClass: posixGroup
objectClass: top
cn: user1
gidNumber: 502

dn: cn=user2,ou=Group,dc=gdy,dc=com
objectClass: posixGroup
objectClass: top
cn: user2
gidNumber: 503
```

讀者可以將不需要的 entry 資訊進行修改，滿足當前需求，然後透過 ldapdd 導入。

7. 利用 ldapadd 導入範本檔中的內容。

- 導入使用者 LDIF 檔至 OpenLDAP 目錄樹中，產生使用者。

```
# ldapadd -x -W -D "cn=Manager,dc=gdy,dc=com" -f people.ldif
Enter LDAP Password:  輸入OpenLDAP管理員帳號密碼  (cn=Manager)
adding new entry "uid=user1,ou=People,dc=gdy,dc=com"

adding new entry "uid=user2,ou=People,dc=gdy,dc=com"

adding new entry "uid=user3,ou=People,dc=gdy,dc=com"

adding new entry "uid=user4,ou=People,dc=gdy,dc=com"

adding new entry "uid=user5,ou=People,dc=gdy,dc=com"
```

- 導入 Group 的 LDIF 檔至 OpenLDAP 目錄樹中，產生使用者群組。

```
# ldapadd -x -W -D "cn=Manager,dc=gdy,dc=com" -f group.ldif
Enter LDAP Password:     #輸入OpenLDAP管理員帳號密碼(cn=Manager)
adding new entry "cn=user1,ou=Group,dc=gdy,dc=com"

adding new entry "cn=user2,ou=Group,dc=gdy,dc=com"

adding new entry "cn=user3,ou=Group,dc=gdy,dc=com"

adding new entry "cn=user4,ou=Group,dc=gdy,dc=com"

adding new entry "cn=user5,ou=Group,dc=gdy,dc=com"
```

8. 查詢新增的 OpenLDAP 使用者資訊。

```
# ldapsearch -LLL -x -D 'cn=Manager,dc=gdy,dc=com' -W -b 'dc=gdy,dc=com' 'uid=user1'
Enter LDAP Password:
dn: uid=user1,ou=People,dc=gdy,dc=com
uid: user1
cn: user1
objectClass: account
objectClass: posixAccount
objectClass: top
objectClass: shadowAccount
userPassword:: e2NyeXB0fSQ2JEh0bWVoS3U4JGcudmhWczFQakN3enZwTzdQaVd4YVkxRTBzUUg
shadowLastChange: 16497
```

```
shadowMin: 0
shadowMax: 99999
shadowWarning: 7
loginShell: /bin/bash
uidNumber: 502
gidNumber: 502
homeDirectory: /home/user1
```

至此透過 migrationtools 工具完成了本地使用者和本機群組的遷移，並且透過 ldapsearch 成功過濾（filter）查詢匹配 user1 的使用者屬性資訊。關於 filter 的更多資訊，可以透過查詢 ldapsearch 的手冊來瞭解。

2.7.2 自訂 LDIF 檔新增使用者及群組 entry

前面透過定義 LDIF 檔新增使用者和群組資訊，然後透過 ldapdd 進行新增，同樣也可透過下面的方法進行新增。筆者強力建議透過客製 LDIF 檔新增目錄樹 entry。具體步驟如下。

1. 定義 LDIF 使用者。

   前面透過 head –n 20 people.ldif 定義符合要求的使用者屬性資訊，然後透過 ldapadd 進行導入即可，這裡不做過多闡述。同樣可以透過下面這種方法來實現使用者和群組的新增。

```
cat << EOF |  ldapadd -x -D cn=Manager,dc=gdy,dc=com -W
dn: uid=gdy,ou=people,dc=gdy,dc=com
objectClass: posixAccount
objectClass: shadowAccount
objectClass: person
objectClass: inetOrgPerson
cn: System
sn: 郭
givenName: 大勇
displayName: 郭大勇
uid: gdy                    //OpenLDAP的uid資訊
userPassword: password@123  //帳號的密碼，可以使用密文也可以使用明碼，這裡使用明碼進行示範
uidNumber: 1001             //帳號的UID
gidNumber: 1001             //帳號的GID
gecos: System Manager
homeDirectory: /home/gdy    //使用者的主目錄指定
loginShell: /bin/nologin    //使用者登入的SHELL
shadowLastChange: 16020     //使用者最後一次修改密碼的時間，自1970/1/1起，密碼被修改的天數
shadowMin: 0                //密碼將允許修改的天數（0代表任何時間都可以進行修改）
```

```
shadowMax: 999999            //系統強制使用者修改為新密碼的天數（1代表永遠都不能進行修改）
shadowWarning: 7             //密碼過期7天進行報告
shadowExpire: -1             //密碼過期後，帳號狀態
employeeNumber: ******       //工號相關資訊
homePhone: 0512********       //家庭電話
mobile: **************       //手機號碼資訊
mail: dayong_guo@126.com     //郵箱地址
postalAddress: 上海          //住址相關資訊
initials: Test
EOF
Enter LDAP Password:  ===  此處要輸入Manager使用者的密碼
adding new entry "uid=gdy,ou=people,dc=gdy,dc=com"
```

此 LDIF 檔中存在中文字元，建議使用 Linux dos2unix 命令進行轉換，例如 dos2unix -k –n file new_file。筆者建議盡可能不要使用中文字元進行新增，而使用英文新增。

2. 查看當前 OpenLDAP 伺服器目錄樹資訊。

```
[root@mldap01 ~]# ldapsearch -x -ALL -H ldap:/// -b dc=gdy,dc=com dn
dn: dc=gdy,dc=com
//基準目錄樹資訊
dn: ou=people,dc=gdy,dc=com
//使用者或人員群組，相當於系統群組概念
```

2.8 | OpenLDAP 索引

2.8.1 索引介紹

OpenLDAP 索引（index）可以提高使用者對 OpenLDAP 目錄樹查詢的速度，減輕 OpenLDAP 伺服器的壓力，提高效能。那麼如何建立 OpenLDAP 索引呢？

可透過 ldapmodify 命令完成索引的建立和修改。下面透過為 olcDatabase={2}hdb 資料函式庫建立一個 "sn pres,eq,sub" 索引來進行介紹。

2.8.2 建立索引

建立索引的具體步驟如下。

1. 透過 ldapsearch 命令查看當前 olcDatabase={2}hdb 有哪些索引。

```
[root@mldap01 cn=config]# ldapsearch -Q -LLL -Y EXTERNAL -H ldapi:/// -b cn=config
             '(olcDatabase={2}bdb)' olcDbIndex
dn: olcDatabase={2}bdb,cn=config
olcDbIndex: objectClass pres,eq
olcDbIndex: cn pres,eq,sub
olcDbIndex: uid pres,eq,sub
olcDbIndex: uidNumber pres,eq
olcDbIndex: gidNumber pres,eq
olcDbIndex: loginShell pres,eq
olcDbIndex: ou pres,eq,sub
olcDbIndex: mail pres,eq,sub
olcDbIndex: givenName pres,eq,sub
olcDbIndex: memberUid pres,eq,sub
olcDbIndex: nisMapName pres,eq,sub
olcDbIndex: nisMapEntry pres,eq,sub
```

上述結果顯示當前資料函式庫沒有關於 "sn pres,eq,sub" 索引的資訊。

2. 建立一個 ldif 檔，用於存放索引命令。

```
[root@mldap01 cn=config]# cat >> hdb-index.ldif << EOF
dn: olcDatabase={2}bdb,cn=config
changetype: modify
add: olcDbIndex
olcDbIndex: sn pres,eq,sub
EOF
```

3. 透過 ldapmodify 命令建立 olcDatabase={2}hdb 資料庫相關索引 entry。

```
[root@mldap01 ~]# ldapmodify -Q -Y EXTERNAL -H ldapi:/// -f hdb-index.ldif
modifying entry "olcDatabase={2}bdb,cn=config"
```

4. 透過 ldapsearch 進行驗證，是否 "sn pres,eq sub" 新增成功。

```
[root@mldap01 ~]# ldapsearch -Q -LLL -Y EXTERNAL -H ldapi:/// -b cn=config
             '(olcDatabase={2}bdb)' olcDbIndex | grep -i 'sn'
olcDbIndex: sn pres,eq,sub
```

從上述結果得知，索引新增成功。後期針對 OpenLDAP 伺服器效能監控，適當新增索引，不僅能提高查詢請求，還能提高伺服器的效能。

2.9 | OpenLDAP 控制策略

2.9.1 透過 slapd.conf 定義帳號策略控制

預設情況下，不允許 OpenLDAP 使用者自身修改密碼，僅管理員具有修改權限。為了提高個人帳號的安全性，需要讓使用者自身可以修改並更新密碼資訊，不需要管理員干涉。具體步驟如下。

1. 定義存取控制策略。

   編輯 slapd.conf 設定檔，定位 access 行，新增如下內容：

```
access to attrs=shadowLastChange,userPassword
    by self write      #只允許自身修改
    by * auth
access to *
    by * read     #允許授權使用者查看資訊
```

2. 重新載入 slapd 行程。

```
# rm -rf /etc/openldap/slapd.d/*
# slaptest -f /etc/openldap/slapd.conf -F /etc/openldap/slapd.d/
# chown -R ldap.ldap /etc/openldap/
# chown -R ldap.ldap /var/lib/ldap
# service slapd restart
```

2.9.2 透過 cn=config 定義使用者控制策略

要定義使用者控制策略，可執行以下原始碼。

```
# cat << EOF | ldapmodify -x -D cn=Manager,cn=config -W redhat@123!
dn: olcDatabase={2}bdb,cn=config
add: olcAccess
olcAccess: to attrs=userPassword,shadowLastChange by dn="cn=Manager,dc=gdy,dc=com"
          write by anonymous auth by self write by * none
olcAccess: to dn.base="" by * read
olcAccess: to * by dn="cn=Manager,dc=gdy,dc=com" write by * read
EOF
modifying entry "olcDatabase={2}bdb,cn=config"
```

2.10 ｜本章總結

本章首先介紹了 OpenLDAP 軟體的兩種安裝方式，讀者可根據自己的環境選擇適合自己的安裝方式。然後介紹了 slapd.conf 設定檔的語法，讓讀者熟悉 OpenLDAP 設定檔的邏輯組成部分。最後透過案例介紹 OpenLDAP 伺服端的安裝、設定、單節點設定、目錄樹規劃、使用者及群組設定、存取控制、索引建立，讓讀者再次熟悉 OpenLDAP 伺服端的安裝過程以及 slapd.conf 設定檔的語法，並對在過程中出現的故障進行分析，同時提供解決方案。

透過 slapd.conf 及 cn=config 兩種方式定義存取控制策略，實現使用者自己修改密碼、更換管理員操作，此時無須管理員干涉。筆者希望讀者能夠在透過 slapd.conf 設定檔實現的前提下，然後嘗試使用 cn=config 資料庫方式維護 entry 資訊。

後面的章節將介紹如何透過 OpenLDAP 自帶的二進位命令進行維護管理。例如 ldapadd、ldapsearch、ldapdelete、ldapmodify、ldapwhoami 等命令的使用。

## 第 3 章

OpenLDAP 命令詳解

前一章介紹了關於 OpenLDAP 基於 Linux 系統常見的兩種 OpenLDAP 安裝方式。當 OpenLDAP 套件安裝完成、相關設定操作以及行程啟動完成後，OpenLDAP 伺服端就完成部署了。那麼我們可以透過哪些方式管理 OpenLDAP 服務？例如建立、查詢、插入、刪除目錄樹 entry。

當系統安裝、部署 OpenLDAP 服務後，OpenLDAP 套件會提供一些二進位命令，透過這些命令可以實現對 OpenLDAP 伺服端新增 entry、修改 entry、查詢 entry、刪除 entry 等一系列維護操作。

目前管理 OpenLDAP 服務可以藉由命令列，以及協力廠商開放原始碼軟體來實現圖形化維護管理。例如，phpLDAPadmin、LDAPAdmin、LAM 等開放原始碼軟體實現。對於 Linux 系統維護人員，日常操作幾乎都能透過 Linux 命令完成。藉由 OpenLDAP 套件所提供的命令來維護，雖然執行效率高，但存在一定難度，所以我們要瞭解 OpenLDAP 常用的命令。關於利用協力廠商開放原始碼軟體實現維護管理的方式將在第 5 章進行詳細介紹。本章針對 OpenLDAP 自身的指令如何實現各種管理進行詳細介紹。

3.1 | OpenLDAP 命令介紹

3.1.1 OpenLDAP 管理命令

OpenLDAP 包含以下管理命令。

▶ ldapsearch：搜索 OpenLDAP 目錄樹 entry。

▶ ldapadd：透過 LDIF 格式，新增目錄樹 entry。

▶ ldapdelete：刪除 OpenLDAP 目錄樹 entry。

▶ ldapmodify：修改 OpenLDAP 目錄樹 entry。

▶ ldapwhoami：檢驗 OpenLDAP 使用者的身份。

▶ ldapmodrdn：修改 OpenLDAP 目錄樹的 RDN Entry。

▶ ldapcompare：判斷 DN 值和指定參數值是否屬於同一個 entry。

▶ ldappasswd：修改 OpenLDAP 目錄樹使用者 entry 實現密碼重置。

▶ slaptest：驗證 slapd.conf 檔或 cn＝設定目錄（slapd.d）。

▶ slapindex：建立 OpenLDAP 目錄樹索引，提高查詢效率。

▶ slapcat：將資料 entry 轉換為 OpenLDAP 的 LDIF 檔。

3.2 | OpenLDAP 命令講解及案例分析

3.2.1 ldapsearch 命令

ldapsearch 命令可根據使用者定義的查詢準則，對 OpenLDAP 目錄樹進行查找以及檢索目錄樹相關 entry。後期維護 OpenLDAP 伺服器，會經常用到此命令以取得詳細資訊。

同樣可以透過過濾查詢，設定符合條件的 entry。例如，可以透過 =、>=、<=、~= 進行匹配。也可以透過指定 entry 的屬性查詢精確或模糊的 entry，例如，uid、ou 或者 objectClass 等都可以進行精確匹配。

語法：ldapsearch [參數] ＜過濾條件＞

```
ldapsearch [-V[V]] [-d debuglevel] [-n] [-v] [-c] [-u] [-t[t]] [-T path] [-F
prefix]
[-A] [-L[L[L]]] [-S attribute] [-b searchbase] [-s {base|one|sub|children}] [-a
{never|always|search|find}] [-f file] [-M[M]] [-x] [-D binddn] [-W] [-w passwd] [-y
passwdfile] [-H ldapuri] [-h ldaphost] [-p ldapport] [-P {2|3}]
```

下面介紹 ldapsearch 常用參數。

-b ＜searchbase＞：指定查找的節點。

-D ＜binddn＞：指定查找的 DN，DN 是整個 OpenLDAP 樹的唯一識別名稱，類似於系統中根的概念。

-v：詳細輸出資訊。

-x：使用簡單的認證，不使用任何加密的演算法，例如，TLS、SASL 等相關加密演算法。

-W：在查詢時，會提示輸入密碼，如果不想輸入密碼，使用 -w password 即可。

-h（OpenLDAP 主機）：使用指定的 ldaphost，可以使用 FQDN 或 IP 位址。

-H（LDAP-URI）：使用 LDAP 伺服器的 URI 位址進行操作。

-p（port）：指定 OpenLDAP 監聽的通訊埠（預設埠為 389，加密埠為 636）。

下面提供了一個 ldapsearch 操作案例。

```
[root@mldap01 ~]# ldapsearch -x -D "cn=Manager,dc=gdy,dc=com" -H ldap://mldap01.gdy.
com
    -b "ou=people,dc=gdy,dc=com" -W
Enter LDAP Password:      //輸入Manager的管理密碼即可，就是透過slappasswd產生的密碼
# extended LDIF
#
# LDAPv3
# base <ou=people,dc=gdy,dc=com> with scope subtree
# filter: (objectClass=*)
# requesting: ALL
#

# people, deppon.com
dn: ou=people,dc=gdy,dc=com
objectClass: organizationalUnit
ou: people
```

透過 ldapsearch 配合一些參數以及過濾條件查看使用者資訊。例如：查看當前 OpenLDAP 目錄樹關於 Guodayong 使用者的資訊（cn 以及 gidNumber）。

```
[root@mldap01 ~]# ldapsearch -x -ALL -b dc=gdy,dc=com 'uid=Guodayong' cn gidNumber
dn: uid=Guodayong,ou=people,dc=gdy,dc=com
gidNumber: 10002
cn: Guodayong
[root@mldap01 ~]#
```

其中，參數的含義如下所示。

  -x：簡單認證模式，不使用預設的 SASL 認證方法。

  -ALL：禁止輸出與過濾條件不符合的資訊。

  -b：目錄樹的基準目錄樹資訊。

  uid：過濾條件，找到包含 Guodayong 的使用者。

  cn、gidNumber：將 Guodayong 使用者的資訊再次進行過濾，顯示出相關 cn 及 gidNumber 資訊。

3.2.2 ldapadd 命令

ldapadd 命令用於透過 LDIF 格式新增目錄樹 entry。透過 man 指令查看說明文件可發現，ldapadd 實際上是 ldapmodify 的軟連接，兩條命令的相關參數幾乎沒有多大區別，ldapadd 在功能上等同於 ldapmodify –a 命令。

以下提供一個 ldapadd 操作案例。

```
# ldapadd -x -D "cn=Manager,dc=gdy,dc=com" -W -h 192.168.68.234 -f base.ldif
# cat base.ldif
dn: dc=gdy,dc=com
objectClass: top
objectClass: domain
dc: gdy

dn: ou=People,dc=gdy,dc=com
ou: People
objectClass: top
objectClass: organizationalUnit
```

```
dn: ou=Group, dc=gdy,dc=com ou: Group
objectClass: top
objectClass: organizationalUnit
```

下面為 ldapadd 操作案例，可指定更改類型。

```
# cat << EOF |  ldapadd -x -D cn=Manager,dc=gdy,dc=com -W -H ldap://mldap01.gdy.com/
> dn: uid=tlin,ou=people,dc=gdy,dc=com
> changetype: delete
> EOF
Enter LDAP Password:
deleting entry "uid=tlin,ou=people,dc=gdy,dc=com"
```

3.2.3 ldapdelete 命令

ldapdelete 命令用於從目錄樹中刪除指定 entry，並根據 DN Entry 刪除一個或多個 entry，但必須提供所要刪除指定 entry 的權限所綁定的 DN（整個目錄樹的唯一標識名稱）。

語法：ldapdelete [參數]

```
ldapdelete  [-V[V]]  [-d debuglevel]  [-n]  [-v]  [-c] [-f file] [-r] [-M[M]] [-x] [-D
  binddn] [-W] [-w passwd] [-y passwdfile]  [-H ldapuri]  [-h ldaphost]   [-p ldapport]
```

下面介紹 ldapdelete 常用參數。

-c：持續操作模式，例如，在操作過程中出現錯誤，也會進行後續相關操作。

-D <binddn>：指定查找的 DN，DN 是整個 OpenLDAP 樹的唯一識別名稱。

-n：顯示正在進行的相關操作，但不實際修改資料，一般用於測試。

-x：使用簡單的認證，不使用任何加密的演算法，例如，TLS、SASL 等相關加密演算法。

-f：使用目的檔名作為命令的輸入。

-W：提示輸入密碼。

-w passwd：可以在 -w 後面加上密碼，但一般不建議這樣做，因為這樣容易洩露管理密碼。

-y passwdfile：可以透過將密碼寫在檔案裡進行簡單驗證。

-r：遞迴刪除，這個操作會從目錄樹刪除指定的 DN 的所有子 entry。

-h（OpenLDAP 主機）：使用指定的 ldaphost，可以使用 FQDN 或 IP 位址。

-H（LDAP-URI）：使用 LDAP 伺服器的 URI 位址進行操作。

-p（port）：指定 OpenLDAP 監聽的通訊埠（預設埠為 389，加密埠為 636）。

以下提供一個 ldapdelete 案例。

從目前的目錄樹中刪除 uid 為 dpgdy 的使用者，刪除前需要使用 ldapsearch 查詢 dpgdy 的 DN 名稱。

```
[root@mldap01 ~]# ldapdelete -D "cn=Manager,dc=gdy,dc=com" -W -h 192.168.218.206 -x
Enter LDAP Password:        //輸入Manager的密碼
uid=dpgdy,ou=people,dc=gdy,dc=com      //要刪除的entry資訊,按回車鍵後再按Ctrl+D複合鍵結束即可
[root@mldap01 ~]# ldapsearch -x -ALL uid=dpgdy  //查詢帳號dpgdy的相關資訊
[root@mldap01 ~]# echo $?
0
[root@mldap01 ~]#
```

透過 ldapdelete 刪除使用者及群組的另一種方法如下所示：

```
# ldapdelete -x -w gdy@123! -D 'cn=Manager,dc=gdy,dc=com' "uid=user1,ou=people,dc=gdy,
          dc=com"
# ldapdelete -x -w gdy@123! -D 'cn=Manager,dc=gdy,dc=com' "cn=user1,ou=group,dc=gdy,
          dc=com"
```

從以上結果不難發現，關於 dpgdy 的帳號資訊已經被成功刪除。這裡提醒大家，當使用 ldapdelete 刪除 OU 時要先確認 OU 下所有的物件清單。

3.2.4 ldapmodify 命令

ldapmodify 命令可以對 OpenLDAP 資料庫中的 entry 進行修改操作，它可以視為編輯器。也可以透過設定 chanagetype 屬性的值為 delete 關鍵字來實現 entry 的刪除。

語法：ldapmodify [參數]

```
ldapmodify [-V[V]] [-d debuglevel] [-n] [-v] [-a] [-c] [-f file] [-S file] [-M[M]] [-x]
  [-D binddn] [-W] [-w passwd] [-y passwdfile] [-H ldapuri] [-h ldaphost] [-p ldapport]
  [-P {2|3}]  [-e [!]ext[=extparam]]
```

下面介紹 ldapmodify 常用參數。

-a：新增 entry。

-D <binddn>：指定一個 DN，代表整個樹的唯一識別名稱。

-n：顯示正在進行操作的步驟，但不直接修改資料庫中的資料，測試語法中經常用到它。

-v：詳細輸出結果。

-x：使用簡單的驗證，不使用任何加密的驗證。

-f（檔名 .ldif）：根據指定的檔案，對資料庫進行操作。

-wpasswd：使用密碼檔進行簡單驗證。

-W：在進行相關操作時，會提示輸入密碼，否則不進行任何資料函式庫的操作。

-h（OpenLDAP 主機）：使用指定的 ldaphost，可以使用 FQDN 或 IP 位址。

-H（LDAP-URI）：使用 LDAP 伺服器的 URI 位址進行操作。

-p（port）：指定 OpenLDAP 監聽的通訊埠（預設埠為 389，加密埠為 636）。

以下為一個 ldapmodify 操作案例。

```
#  ldapmodify -x -D "cn=Manager,dc=gdy,dc=com"  -w  gdy@123  -H  ldap://mldap01.gdy.
com
    -f  modify.ldif
# cat modify.ldif
dn: uid=dpgdy,ou=people,dc=gdy,dc=com
changetype: modify
replace: pwdReset
pwdReset: TRUE
```

以下再提供一個 ldapmodify 操作案例。

當 OpenLDAP 使用者嘗試輸入的次數超出伺服器規定的次數後，此帳戶會被伺服器鎖定，無法登入系統。例如，系統使用者密碼輸入錯誤次數超出系統定義次數後，可以透過 pam_tally2 命令對其帳號實現解鎖。OpenLDAP 帳號被鎖之後，可透過 ldapmodify 命令進行解鎖。要解鎖帳戶，刪除 uid 所對應使用者帳號的 pwdAccountLockedTime 屬性即可。

相關命令如下：

```
# cat  << EOF | ldapmodify -x -H ldap://mldap01.gdy.com  -D cn=config -w gdy@123
dn: uid=lisi,ou=people,dc=gdy,dc=com
changetype: modify
delete: pwdAccountLockedTime
EOF
```

以下為第三個 ldapmodify 操作案例。

```
# cat <<EOF | ldapmodify -x -H ldap://mldap01.deppon.com/ -D cn=config -w gdy@123!
dn: cn=default,ou=pwpolicies,dc=gdy,dc=com
changetype: modify
replace: pwdMustChange
pwdMustChange: TRUE
EOF
```

此 ldif 檔主要結合 pwdMustChange 讓使用者登入機器時必須修改初始密碼，保證
帳號安全性，否則無法透過身份驗證登入系統。關於如何結合 pwdMustChange 屬
性完成使用者登入時提示修改初始密碼，會在後續章節中進行介紹。

3.2.5 ldapwhoami 命令

ldapwhoami 命令用於驗證 OpenLDAP 伺服器的身份。

語法：ldapwhoami ［參數］

```
ldapwhoami [-n]  [-v]  [-z]  [-d debuglevel]  [-D binddn]  [-W] [-w passwd] [-y
  passwdfile] [-H ldapuri] [-h ldaphost] [-p ldapport]
```

相關參數和 ldapadd、ldapmodify、ldapsearch 基本相似，可以透過 man 命令查詢
ldapwhoami 操作案例。

```
[root@mldap01 ~]# ldapwhoami -x -D "uid=dpgdy,ou=people,dc=gdy,dc=com" -W -h
  192.168.218.206
Enter LDAP Password:       ------>  這裡輸入的是dpgdy使用者的密碼，而不是OpenLDAP的管理密碼
dn:uid=dpgdy,ou=people,dc=gdy,dc=com
```

使用者輸入正確密碼後，會顯示 dpgdy 使用者在 OpenLDAP 目錄樹中的 DN，否則
會提示 ldap_bind: Invalid credentials (49) 錯誤，通常是由於密碼錯誤所造成，輸入
正確密碼即可。

3.2.6 ldapmodrdn 命令

ldapmodrdn 命令用於對 OpenLDAP 目錄樹中 entry 的 RDN 做修改，可以從標準的 entry 資訊輸入或者使用 -f 指定 LDIF 檔的格式輸入。

語法：ldapmodrdn [參數]

```
ldapmodrdn  [-V[V]]  [-d debuglevel] [-n] [-v] [-r] [-s newsup] [-c] [-f file]
[-M[M]] [-x] [-D binddn] [-W] [-w passwd] [-y passwdfile] [-H ldapuri] [-h ldaphost]
[-p ldapport] [-e [!]ext[=extparam]] [-E [!]ext[=extparam]] [-o opt[=optparam]] [-O
security-properties] [-I] [-Q] [-N] [-U authcid] [-R realm] [-X authzid] [-Y mech]
[-Z[Z]] [dn rdn]
```

下面介紹 ldapmodrdn 常用參數。

-c：持續操作模式，例如，在操作過程中出現錯誤，也會進行後續相關操作。

-D <binddn>：指定查找的 DN，DN 是整個 OpenLDAP 樹的唯一識別名稱。

-n：顯示正在進行的相關操作，但不實際修改資料，一般用於測試。

-x：使用簡單的認證，不使用任何加密的演算法，例如，TLS、SASL 等相關加密演算法。

-f：使用目的檔名作為命令的輸入。

-W：提示輸入 OpenLDAP 管理員密碼。

-w passwd：可以在 -w 後面加上密碼，一般不建議這樣做，這樣容易洩露管理密碼。

-y passwdfile：可以直接將密碼寫在檔案裡進行簡單驗證。

-r：刪除 OpenLDAP 目錄樹中 rdn（相對 Linux 而言，理解為相對路徑）entry 的唯一標識名稱。

-h（OpenLDAP 主機）：使用指定的 ldap-host，可以使用 FQDN 或 IP 位址。

-H（LDAP-URI）：使用 LDAP 伺服器的 URI 位址進行操作。

-p（ldapport）：指定 OpenLDAP 監聽的通訊埠（預設埠為 389，加密埠為 636）。

-P（Version Number）：這裡指的是 OpenLDAP 的版本號，如 V2 或 V3。

-O props：指定 SASL 安全屬性。

以下為 ldapmodrdn 案例。

```
[root@mldap01 ~]# ldapmodrdn -x -D "cn=Manager,dc=gdy,dc=com"  -W -h 192.168.218.206
   "uid=dpgdy,ou=people,dc=gdy,dc=com" uid=Guodayong
Enter LDAP Password:
```

ldapmodrdn 執行後，由於沒有使用 -r 選項，原來的 uid entry 不會被刪除。如果後期需要刪除以前的 uid: dpgdy，可以透過 ldapmodify 來刪除 uid: dpgdyentry。

```
[root@mldap01 ~]# cat <<EOF | ldapmodify -x -D  "cn=Manager,dc=gdy,dc=com" -W -h
   192.168.218.206
> dn: uid=Guodayong,ou=people,dc=gdy,dc=com
> changetype: modify
> delete: uid
> uid: dpgdy
> EOF
Enter LDAP Password:
modifying entry "uid=Guodayong,ou=people,dc=gdy,dc=com"
```

3.2.7 ldapcompare 命令

ldapcompare 命令用於判斷 OpenLDAP 目錄樹中 DN 值和指定 entry 值是否屬於同一個 entry。

語法：ldapcompare [參數]

```
ldapcompare  [-V[V]] [-d debuglevel] [-n] [-v] [-z] [-M[M]] [-x] [-D binddn] [-W] [-w
  passwd] [-y passwd file] [-H ldapuri] [-h ldaphost] [-p ldapport] [-P {2|3}]
DN {attr:value  | attr::b64value}
```

下面介紹 ldapcompare 常用參數。

-D <binddn>：指定查找的 DN，DN 是整個 OpenLDAP 樹的唯一識別名稱。

-n：顯示正在進行的相關操作，但不實際修改資料，一般用於測試。

-x：使用簡單的認證，不使用任何加密的演算法，例如，TLS、SASL 等相關加密演算法。

-W：提示輸入 OpenLDAP 管理員密碼。

-w passwd：可以在 -w 後面加上密碼，但一般不建議這樣做，因為這樣容易洩露管理密碼。

-y passwdfile：可以直接將密碼寫在檔案裡進行簡單驗證。

-h（OpenLDAP 主機）：使用指定的 ldap-host，可以使用 FQDN 或 IP 位址。

-H（LDAP-URI）：使用 LDAP 伺服器的 URI 位址進行操作。

-p（ldapport）：指定 OpenLDAP 監聽的通訊埠（預設埠為 389，加密埠為 636）。

-P（Version Number）：這裡指的是 OpenLDAP 的版本號，如 V2 或 V3。

以下提供 ldapcompare 案例。

```
[root@mldap01 ~]# ldapcompare -x -D "cn=Manager,dc=gdy,dc=com" -W -h 192.168.218.206
    "uid=dpgdy,ou=people,dc=gdy,dc=com" "uid:ada"
Enter LDAP Password:
FALSE
```

註：當 OpenLDAP DN 與 RDN 不符合時，會顯示 FALSE（假）。

```
[root@mldap01 ~]# ldapcompare -x -D "cn=Manager,dc=gdy,dc=com" -W -h 192.168.218.206
    "uid=dpgdy,ou=people,dc=gdy,dc=com" "uid:dpgdy"
Enter LDAP Password:
TRUE
```

註：當 OpenLDAP DN 與 RDN 符合時，會顯示 TRUE（真）。

```
[root@mldap01 ~]# ldapcompare -x -D "cn=Manager,dc=gdy,dc=com" -W -h 192.168.218.206
    "uid=testaccount,ou=people,dc=gdy,dc=com" "uid:dpgdy"
Enter LDAP Password:
Compare Result: No such object (32)
Matched DN: ou=people,dc=gdy,dc=com
UNDEFINED
```

註：當 OpenLDAP DN 在整個 OpenLDAP 目錄樹中無法檢索到 DN 時，會顯示 UNDEFINED（未定義）。

3.2.8 ldappasswd 命令

ldappasswd 命令用於判斷 OpenLDAP 目錄樹中 DN 值和指定 entry 值是否屬於同一個 entry。

語法：ldapcompare [參數]

```
ldappasswd [-V[V]] [-d debuglevel] [-n] [-v] [-A] [-a oldPasswd] [-t oldpasswdfile]
  [-S] [-s newPasswd] [-T newpasswdfile] [-x] [-D binddn] [-W] [-w passwd] [-y passwd-file]
  [-H ldapuri] [-h ldaphost] [-p ldapport] [-e [!]ext[=extparam]] [-E [!]ext[=extparam]]
  [-o opt[=optparam]] [-O security-properties] [-I] [-Q] [-N] [-U authcid] [-R realm]
  [-X authzid] [-Y mech] [-Z[Z]] [user]
```

下面介紹 ldappasswd 常用參數。

-S：提示使用者輸入新密碼。

-s newPasswd：指定密碼（明碼顯示），如 –s gdy@123!，密碼不安全，不建議使用。

-a oldPasswd：透過舊密碼，自動產生新密碼。

-A：提示輸入舊密碼，自動產生新密碼。

-x：使用簡單的認證，不使用任何加密的演算法，例如，TLS、SASL 等相關加密演算法。

-D <binddn>：指定查找的 DN，DN 是整個 OpenLDAP 樹的唯一識別名稱。

-W：提示輸入 OpenLDAP 管理員密碼。

-w passwd：直接指定 OpenLDAP 管理員密碼。

以下為 ldappasswd 案例。

```
change the password of an LDAP entry
```

當系統使用者遺忘密碼時，可透過 root 管理員重置密碼。對於 OpenLDAP 使用者而言，可以透過 OpenLDAP 伺服器管理員（cn=Manager）進行重置，此時需要使用 ldappasswd 指令重設密碼。命令如下：

```
[root@mldap01 ~]# ldappasswd -x -D "cn=Manager,dc=gdy,dc=com" -W "uid=lisi,ou=people,
   dc=gdy,dc=com" -S
New password:    #使用者lisi的新密碼
Re-enter new password:    #重新輸入lisi新密碼
Enter LDAP Password:    #OpenLDAP管理員cn=Manager管理密碼
[root@mldap01 ~]#
```

以下為 ldappasswd 案例。

要設定使用者的舊密碼，可執行以下命令。

```
[root@mldap01 ~]# ldappasswd -x -D "cn=Manager,dc=gdy,dc=com" -A -W "uid=zhangsan,
   ou=people,dc=gdy,dc=com" -S
Old password:    #舊密碼設定
Re-enter old password:    #確認舊密碼
New password:    #使用者新密碼
Re-enter new password:    #確認使用者新密碼
Enter LDAP Password:    #OpenLDAP管理員密碼
```

3.2.9 slaptest 命令

slaptest 命令用於檢測設定檔（/etc/openldap/slapd.conf）以及資料函式庫的可用性。

語法：slaptest ［參數］

```
/usr/sbin/slaptest  [-d debug-level] [-f slapd.conf] [-F confdir] [-ndbnum] [-o
   option[=value]] [-Q] [-u] [-v]
```

下面介紹 slaptest 常用參數。

　-d：指定 debug 的等級。

　-f：檢測指定 OpenLDAP 的設定檔（/etc/slapd.conf）。

　-F：檢測指定 OpenLDAP 資料庫目錄（/etc/openldap/slapd/）。

以下為 slaptest 操作案例。

要檢測設定檔的可用性，可執行以下命令：

```
[root@mldap01 ~]# slaptest -f /etc/openldap/slapd.conf
config file testing succeeded
```

以下為 slaptest 操作案例。

要檢測資料函式庫的可用性及定義 debug 等級，可執行以下命令。

```
[root@mldap01 ~]# slaptest -d 3 -F /etc/openldap/slapd.d/
backend_startup_one: starting "dc=gdy,dc=com"
bdb_db_open: database "dc=gdy,dc=com": dbenv_open(/var/lib/ldap).
config file testing succeeded
slaptest shutdown: initiated
====> bdb_cache_release_all
slaptest destroy: freeing system resources.
```

3.2.10 slapindex 命令

slapindex 用於建立 OpenLDAP 資料庫 entry 索引，用於提高查詢速度，減輕伺服器回應壓力，前提是 slapd 行程停止，否則會提示錯誤。

語法：slapindex [參數]

```
/usr/sbin/slapindex [-b suffix] [-c] [-d debug-level] [-f slapd.conf] [-F confdir]
  [-g] [-n dbnum] [-o option[=value]] [-q] [-t] [-v] [attr[...]]
```

下面介紹 slapindex 常用參數。

-f：指定 OpenLDAP 的設定檔，並建立索引。

-F：檢測指定 OpenLDAP 資料庫目錄，並建立索引。

3.2.11 slapcat 命令

slapcat 命令用於將資料 entry 轉換為 OpenLDAP 的 LDIF 檔，可用於 OpenLDAP Entry 的備份以及結合 slapdadd 指令用於恢復 entry，後面章節也會涉及該命令。

語法：slapcat [參數]

```
/usr/sbin/slapcat [-a filter] [-b suffix] [-c] [-d debug-level] [-f slapd.conf]
  [-F confdir] [-g] [-HURI][-l ldif-file] [-n dbnum] [-o option[=value]] [-s subtree-
dn] [-v]
```

下面介紹 slapcat 常用參數。

-a filter：新增過濾選項。

-b suffix：指定 suffix 路徑，如 dc=gdy，dc=com。

-d number：指定 debug 輸出資訊的等級。

-f：指定 OpenLDAP 的設定檔。

-F：指定 OpenLDAP 的資料函式庫目錄。

-c：出現錯誤資訊時，繼續輸出 entry。

-H：使用 LDAP 伺服器的 URI 位址進行操作。

-v：輸出詳細資訊。

下面給出一個 slapcat 操作案例。

以下命令透過 slapcat 備份 OpenLDAP 所有目錄樹 entry。

```
[root@mldap01 ~]# slapcat -v -l openldap.ldif
The first database does not allow slapcat; using the first available one (2)
# id=0000003e
# id=0000003f
# id=00000040
# id=00000041
# id=00000042
# id=00000043
# id=00000044
# id=00000045
# id=00000046
# id=00000047
# id=00000048
# id=00000049
# id=0000004a
# id=0000004b
# id=0000004c
# id=0000004d
# id=0000004e
# id=0000004f
# id=00000050
# id=00000051
# id=00000052
```

3.3 | 本章總結

OpenLDAP 服務管理分為兩種：圖形化管理與命令列管理。本章介紹了如何透過命令列對 OpenLDAP 目錄樹進行管理，例如，新增（ldapadd）、刪除（ldapdelete）、修改（ldapmodify）、查詢（ldapsearch）等操作，並結合案例介紹每個命令的使用及命令的語法，希望讀者能夠靈活運用命令列管理 OpenLDAP。後期的大部分維護管理工作均透過 CLI（Command Line Interface）命令完成，且執行效率高。

關於圖形化管理 OpenLDAP，第 5 章會詳細介紹 phpLDAPAdmin、LAM、LDAPAdmin 軟體的使用。

下一章會介紹 OpenLDAP 用戶端部署並透過 OpenLDAP 伺服端驗證使用者，獲得伺服端授權後才可以登入用戶端。

## 第4章

OpenLDAP 用戶端部署

第 2 章對 OpenLDAP 軟體的安裝方式、設定檔（slapd.conf）的各項參數進行了詳細闡述，並透過真實案例示範其部署過程以及對部署中出現的故障進行詳解及分析。目前，相信讀者應該具備了獨立部署 OpenLDAP 伺服端的能力。

此時如何讓伺服端回應用戶端的帳號請求，完成帳號的驗證，讓用戶端透過伺服端實現使用者授權，並透過 OpenLDAP 使用者登入用戶端以及各種應用管理平臺進行維護管理呢？

本章會介紹如何讓伺服器及儲存設備的 Web 控制管理畫面以及 UNIX 發行版本加入 OpenLDAP 伺服器，並透過 OpenLDAP 使用者登入進行管理，主要介紹 UNIX 發行版本系統如何部署 OpenLDAP 用戶端。本章主要以紅帽 5.x、6.x、7.x 系統為藍本，介紹如何加入 OpenLDAP 認證伺服器，完成使用者授權，實現使用者集中管理。關於應用管理平臺如何透過 OpenLDAP 使用者登入並使用，如 FTP、Samba、Apache/Nginx、Zabbix 與 OpenLDAP 整合實現使用者管理，會在第三篇進行詳細講解。

4.1 | 伺服器、儲存 Web 控制整合 OpenLDAP

4.1.1 用戶端部署介紹

當線上伺服器出現異常時，則需要透過 SSH 協定遠端連接進行處理，如果無法透過 SSH 協定連接伺服器，需要到資料中心進行處理。如果伺服器設定了遠端系統管理卡，我們可以透過連接遠端系統管理卡並輸入使用者和密碼進行遠端處理，避免到資料中心進行維護，提高處理時效。

目前許多廠商的伺服器品牌（HP、IBM、Dell、Lenovo 等）及比較知名的儲存廠家（EMC、NetApp 等）都支援 Web 控制台遠端系統管理。例如，系統的安裝、韌體更新、維護管理相關變更操作等。為了實現帳號的統一管理，我們只需要將 Web 應用管理平臺透過 OpenLDAP 伺服器驗證使用者帳號即可。此時管理人員透過 OpenLDAP 使用者登入遠端系統管理畫面進行管理即可。

4.1.2 伺服器 Web 控制台整合 LDAP

當伺服器成功上線後，系統維護人員一般都透過 SSH 協定遠端連接從而實施各種系統變更操作。如果伺服器出現故障而無法透過 SSH 協定遠端連接，一般有兩種解決方法：去機房解決，或者是登入 Web 控制台解決。筆者建議採用第二種方法。

目前各廠商伺服器都支援登入 Web 控制台（遠端系統管理卡）進行維護操作。如果要登入 Web 控制台，即需要帳號和密碼。為了簡化建立帳號和密碼的操作，各大廠商伺服器都支援透過 OpenLDAP 伺服器實現帳號的驗證登入，完成帳號的管理。

圖 4-1 所示為 Lenovo RD640 伺服器 LDAP 管理畫面以及 EMC 5300 關於 LDAP 驗證使用者的相關設定。

圖 4-1 Lenovo RD640 管理畫面與 LDAP 驗證方式的設定

4.1.3 EMC Web 控制台整合 LDAP

資料是企業的命脈,為了保障資料的安全性,大部分企業採用開源儲存軟體保障資料的安全,也有部分企業購買商業化的儲存設備保障資料的安全。

對於儲存設備的各項變更操作均須登入儲存控制台進行操作,此時需要提供帳號和密碼進行登入。為了簡化其操作,儲存設備同樣支援以 OpenLDAP 使用者作為帳號驗證伺服器,並使用帳號登入控制台進行維護。關於帳號的安全控制,會在後面章節進行介紹。本章以 EMC VNX5300 儲存為例,示範如何透過 OpenLDAP 帳號登入控制台。操作步驟如下:

1. 透過 Windows 瀏覽器輸入 EMC 控制台位址,然後提供帳號和密碼進行登入,接著透過管理畫面設定 OpenLDAP 用戶端。

2. 選擇 Settings → Security → User Management → Manage LDAP Domain 進入 LDAP 設定畫面(見圖 4-2)。

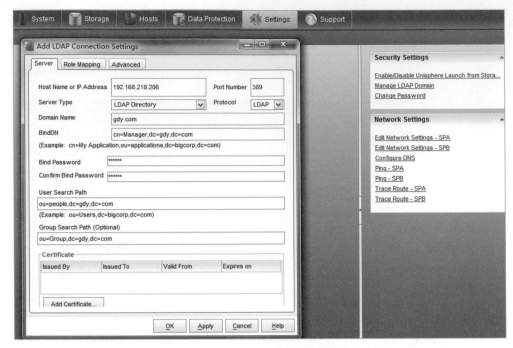

圖 4-2 透過 EMC VNX 5300 控制台新增 LDAP 設定

不難發現，上述設定採用的是 OpenLDAP 預設明碼埠 389，此埠採用明碼資料傳輸，在工作環境中是極其不推薦的，可以透過 TLS/SASL 執行加密資料傳輸，其使用 636 埠進行交互。關於 TLS/SASL 的實現方式，會在第 8 章詳細介紹，並講述目前常見加密類型及原理、加密方式以及如何透過自建 CA 憑證授權與 OpenLDAP 結合實現資料加密傳輸。

當 EMC 控制台程式加入 OpenLDAP 驗證伺服器時，就可以透過 OpenLDAP 使用者登入 EMC 儲存進行維護管理。

4.2 | UNIX 系統部署 OpenLDAP 用戶端

4.2.1 本地目錄服務查詢流程

本地目錄服務查詢流程如圖 4-3 所示。鑒於該流程比較簡單，這裡不再詳述。

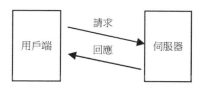

圖 4-3 本地目錄服務查詢流程

4.2.2 系統發行版本 5.x/6.x/7.x 的部署區別

目前常見的 UNIX 發行版本有 5.x、6.x、7.x，針對 5.x 和 6.x 部署 OpenLDAP 用戶端的方式有很大的差異。如驗證方式、OpenLDAP sudo 設定、密碼策略稽核等，預設 5.x 版本支援 sudo 的設定，而 6.2 系統不支援 sudo 的設定，此時需要升級 sudo 的版本才可以實現。關於 sudo 以及密碼稽核，會在第 6 章進行介紹，在此不做過多的介紹。在部署時一定要查看當前部署的系統版本，以防部署中出現異常，影響系統及應用的穩定。

本章分別以 RHEL 5.x、6.x、7.x 系統版本為例，示範 OpenLDAP 部署用戶端的過程。本章的操作對所有 UNIX 發行版本系統同樣生效，讀者可以直接參考部署。

4.2.3 帳號登入系統流程講解

當在用戶端輸入帳號登入系統時，系統會根據 /etc/nsswitch.conf 設定檔取得帳號查找順序，然後再根據 PAM 設定檔調用相關模組，對帳號（/etc/passwd）及密碼（/etc/shadow）進行查找並進行匹配。當本地匹配不成功時，會透過後端認證伺服器進行驗證，如本書所講的 OpenLDAP 集中式使用者驗證伺服器進行查找匹配，匹配成功則授權使用者登入並根據相關權限設定取得不同的使用者特權。

4.2.4 5.x、6.x、7.x 系統版本以及設定檔介紹

RHEL 5.x、6.x、7.x 系統版本的設定檔如表 4-1 所示。

表 4-1　RHEL 各自系統版本的設定檔

5.x 系統
/etc/ldap.conf、/etc/nsswitch.conf、/etc/pam.d/system-auth
6.x 系統
/etc/openldap.conf、/etc/authconfig/ldap、/etc/pam_ldap.conf、/etc/nslcd.conf、/etc/sudo-ldap.conf
7.x 系統
/etc/openldap.conf、/etc/authconfig/ldap、/etc/pam_ldap.conf、/etc/nslcd.conf、/etc/sudo-ldap.conf

4.2.5　設定檔功能介紹

下面介紹各個設定檔的功能。

▶ /etc/nsswitch.conf

該檔案由 glibc-2.12-1.149.el6_6.5.x86_64 套件建立，主要用於名稱轉換服務，用於 UNIX & Linux 系統驗證使用者身份所讀取本地檔或是遠端驗證伺服器檔，如 OpenLDAP。

▶ /etc/sysconfig/authconfig

該檔案由 authconfig-6.1.12-13.el6.x86_64 套件提供，主要用於提供身份驗證之 LDAP 功能，該設定檔用來跟蹤 LDAP 身份認證機制是否正確啟用。

▶ /etc/pam.d/system-auth

該檔案由 pam-1.1.1-17.el6.x86_64 套件建立，主要用於實現使用者帳號身份驗證。

▶ /etc/pam_ldap.conf

該檔案由 nss-pam-ldapd-0.7.5-18.2.el6_4.x86_64 套件建立，實現用戶端與伺服器端的交互。5.x 版本的系統不需要安裝此套件，6.x 及 7.x 版本的系統需要安裝此套件才能與 OpenLDAP 伺服器進行交互，取得使用者 entry 資訊。

▶ /etc/openldap/ldap.conf

該檔案由 openldap-2.4.23-32.el6_4.1.x86_64 套件建立，主要用於查詢 OpenLDAP 伺服器所有 entry 資訊。

4.2.6 三種部署方式介紹

下面介紹三種部署方式。

▶ 圖形化部署

一般透過 setup、authconfig-tui 命令調用圖形介面實現設定。透過圖形方式將用戶端加入到 OpenLDAP 伺服端設定非常簡單,只需要根據提示並正確選擇功能表以及正確輸入 Server 和 Base DN 對應的值即可。

當完成設定後,系統會根據你所定義的參數對涉及的設定檔進行修改,完成 OpenLDAP 用戶端的部署。

▶ 設定檔部署

當圖形介面部署無法滿足當前需求時,此時會透過選擇修改設定檔方式實現 OpenLDAP 用戶端的部署,例如,當對設定檔額外參數進行調整時。

▶ 命令列部署

一般透過 authconfig 實現命令列的部署。命令列的部署是三種設定方式中最難的一種,比較難是因為你事先需要定義相關選項及參數進行瞭解。

4.3 紅帽 5.x 系統版本部署

4.3.1 圖形化部署 OpenLDAP 用戶端

5.x 系統版本預設支援 OpenLDAP 的設定,無須安裝 OpenLDAP 用戶端套件。6.x 及以上版本需要安裝用戶端套件。下面介紹部署 OpenLDAP 用戶端的前期準備工作及具體步驟。

❶ 準備工作

前期準備工作包含以下幾個步驟。

1. 網路校時設定。

要校時網路,執行以下命令:

```
[root@test01 ~]# ntpdate 0.rhel.pool.ntp.org
```

2. 功能變數名稱解析。本節透過 hosts 檔實現功能變數名稱解析,在工作環境中推薦使用 DNS 實現功能變數名稱解析。

```
# vim /etc/hosts
192.168.218.206  mldap01.gdy.com
```

3. 備份系統設定檔。在部署前,將所要修改的設定檔進行備份,防止設定錯誤,便於還原。

```
[root@test01 ~]# cp /etc/nsswitch.conf /etc/nsswitch.conf.bak
[root@test01 ~]# cp /etc/pam.d/system-auth-ac /etc/pam.d/system-auth-ac.bak
[root@test01 ~]# cp /etc/ldap.conf /etc/ldap.conf.bak
[root@test01 ~]# cp /etc/nsswitch.conf /etc/nsswitch.conf.bak
```

❷ 透過圖形介面加入 OpenLDAP 驗證

在 Linux 系統 bash 交互模式下執行 setup 命令或 authconfig-tui 命令打開圖形設定畫面。在做如下操作前需要將相關的設定檔進行備份,然後再使用 diff 或 vimdiff 進行比較,把多出來的設定檔附加在相應的設定檔上,就是透過設定檔部署 OpenLDAP 用戶端。

以下透過圖形介面來實現 OpenLDAP 用戶端的設定。

1. 執行 setup/ authconfig-tui。

```
[root@mldap01 ~]# setup
```

如圖 4-4 所示,選擇 Run Tool 按鈕,選擇 Authentication configuration。

2. 選擇驗證選項。

在圖 4-5 所示畫面中,選擇 Use LDAP、Use LDAP Authentication、Use MD5 Passwords、Local authorization is sufficient 選項,按一下 Next 按鈕進入下一步。

3. 新增 OpenLDAP 選項。

新增 OpenLDAP 伺服器位址以及 OpenLDAP 目錄樹中 Base DN,選擇 Ok 按鈕完成設定(見圖 4-6)。

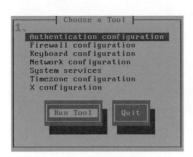

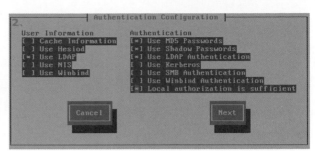

圖 4-4 圖形設定畫面　　　　　　　　　　圖 4-5 選擇驗證選項

選項的解釋如下：

```
[  ] Use TLS： 是否開啟TLS加密功能。
Server： 透過OpenLDAP伺服端的位址或者以功能變數名稱形式進行搜索。例如：ldap://ldapserver。
Base  DN： OpenLDAP伺服器的Base DN，例如：dc=gdy,dc=com。
```

4. 設定完成後，選擇 Quit 按鈕退出圖形介面（見圖 4-7），完成 OpenLDAP 用戶端設定。

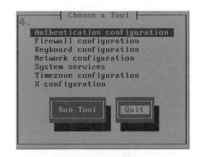

圖 4-6 新增 OpenLDAP 選項　　　　　　　　圖 4-7 完成設定

至此透過 setup/authconfig-tui 圖形介面設定 OpenLDAP 用戶端就完成了。

❸ 建立 ldap.conf 用於用戶端查詢 OpenLDAP Entry 資訊

▶ 紅帽 5 版本使用 /etc/ldap.conf。

▶ 紅帽 6 及紅帽 7 版本使用 /etc/openldap/ldap.conf。

預設用戶端不允許查詢 OpenLDAP Entry 資訊，如果需要讓用戶端查詢 entry，需要新增 OpenLDAP 伺服端的 URI 以及 BASE Entry，命令如下：

```
[root@test01 ~]# ldapsearch  -x -ALL
ldap_sasl_bind(SIMPLE): Can't contact LDAP server (-1)
//預設不允許用戶端取得OpenLDAP伺服端entry，在工作環境部署時，也不推薦讓用戶端具有查詢權限
```

```
[root@test01 ~]# cat >> /etc/ldap.conf << EOF
URI ldap://192.168.218.206/
BASE dc=gdy,dc=com
EOF
[root@test01 ~]# ldapsearch -x -ALL | wc -l
129
```

❹ 用戶端驗證

要實現用戶端驗證，可執行以下命令。

```
[root@test01 ~]# getent passwd dpgdy
dpgdy:x:10000:10000:system manager:/home/guodayong:/bin/bash
[root@test01 ~]#
```

部署完成後，可透過 getent 命令進行驗證，透過上述結果顯示用戶端成功取得到 OpenLDAP 伺服端使用者。如果沒有成功取得，可以檢查 /etc/nsswitch.conf、/etc/pam.d/system-auth-ac、/etc/ldap.conf 等設定檔。

❺ 用戶端登入驗證

此時使用 OpenLDAP 使用者驗證是否正常登入用戶端，命令如下：

```
Last login: Sat Oct 18 10:55:34 2014 from 10.224.195.21
Could not chdir to home directory /home/dpgdy: No such file or directory
/usr/bin/xauth:  error in locking authority file /home/dpgdy/.Xauthority
-bash-3.2$ whoami
dpgdy
-bash-3.2$ pwd
/
-bash-3.2$
```

透過 OpenLDAP 使用者成功登入用戶端系統，但發現當前使用者沒有自己的主目錄。讀者帶著疑問閱讀如下內容，筆者給出詳細的闡述。

4.3.2　故障分析之一

▸ 問題

　　使用者登入後，提示如下資訊。

```
-bash-3.2$
-bash-3.2$ pwd
/
```

▶ 問題分析

透過 pwd 顯示當前使用者的家目錄為 /，由於使用者沒有自己的家目錄所造成，此時透過建立使用者的家目錄即可解決。

▶ 解決方案

一般可以透過設定伺服端和用戶端兩種方式解決，一種是 autofs+nfs，另一種是修改 /etc/pam.d/system-auth 新增 pam 模組（pam_mkhomedir.so）實現 OpenLDAP 使用者家目錄的建立。兩種方式可以任選一種，本節採用新增 pam 模組的方式進行示範，這也是筆者推薦的方式，命令如下：

```
[root@test02 ~]# cat >> /etc/pam.d/system-auth << EOF
session     optional     pam_mkhomedir.so
EOF
```

▶ 用戶端再次登入驗證

為了實現用戶端再次登入驗證，可執行以下命令：

```
Connecting to 192.168.218.207:22...
Connection established.
To escape to local shell, press 'Ctrl+Alt+]'.

Creating directory '/home/dpgdy'.
Creating directory '/home/dpgdy/.mozilla'.
Creating directory '/home/dpgdy/.mozilla/plugins'.
Creating directory '/home/dpgdy/.mozilla/extensions'.
Last login: Sat Oct 18 10:58:29 2014 from 10.224.195.21
/usr/bin/xauth:  creating new authority file /home/dpgdy/.Xauthority
id: cannot find name for group ID 10002
[dpgdy@test02 ~]$ whoami
dpgdy
[dpgdy@test02 ~]$ pwd
/home/dpgdy
[dpgdy@test02 ~]$
```

從上述結果得知，dpgdy 使用者自動完成家目錄的建立。

4.3.3 故障分析之二

▶ 問題描述

當使用者登入系統時，提示 id: cannot find name for group ID 10002 錯誤。

```
/usr/bin/xauth:  creating new authority file /home/dpgdy/.Xauthority
id: cannot find name for group ID 10002
```

▶ 問題分析

我們知道系統使用者都有自身所屬的使用者群組，OpenLDAP 使用者也不例外，由於登入的使用者找不到所屬的群組，才會提示警告資訊。

▶ 解決方法

此時在 OpenLDAP 伺服端中透過 ldapadd 新增登入使用者所屬的群組 entry 即可解決。

```
[root@mldap01 ~]# cat << EOF |  ldapadd -x -D cn=Manager,dc=gdy,dc=com -W
dn: cn=system,ou=groups,dc=gdy,dc=com
objectClass: posixGroup
cn: system
gidNumber: 10002
EOFEnter LDAP Password:
adding new entry "cn=system,ou=groups,dc=gdy,dc=com"
```

4.4 ┃紅帽 6.x 系統版本部署

本節透過紅帽 6.5 系統部署 OpenLDAP 用戶端，紅帽 6.x 系統版本可透過 sssd 和 nslcd 實現系統與 OpenLDAP 伺服端取得使用者以及權限資訊，在部署時，二者選其一即可。本節採用 nslcd 方式與 OpenLDAP 伺服端進行交替。

4.4.1 sssd 與 nslcd 的區別

sssd 是 6.x 系統中新增的一個守護行程。該行程主要用來從多種驗證伺服器取得資訊。例如本書所介紹的 OpenLDAP（帳號及金鑰驗證）、Kerberos（金鑰驗證）提供帳號密鑰授權等。

透過圖 4-8 可知，其實 sssd 行程就是一種中繼裝置，用於使用者和遠端驗證伺服器交互的橋樑（行程）。本地用戶端連接 sssd 行程，然後再由 sssd 行程連接外部設備進行交互，然後將交互的結合回饋給用戶端。

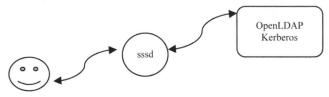

圖 4-8　sssd 行程工作流程圖

sssd 行程將大量的客戶請求，統一由 sssd 行程與認證伺服器進行交互，取得使用者認證、授權資訊，並回饋給使用者。同樣 sssd 還具將遠端取得的資料快取在本地的功能。當使用者查詢請求時，如果 sssd 本地快取中有使用者查詢的資料，sssd 直接用快取的資料進行回應。所以當遠端認證伺服器出現故障時，sssd 還能提供服務查詢。

nslcd 行程由 nss-pam-ldapd 套件提供，並根據 nslcd.conf 設定資訊，與後端的認證伺服器進行交互。例如，使用者、主機名稱服務資訊、組織、其他資料歷史儲存、NIS 等，本書也是透過 nslcd 與 OpenLDAP 伺服端進行通信並獲得請求 entry。

4.4.2　設定檔部署

透過設定檔部署 OpenLDAP 用戶端的步驟如下所示。

▶　網路校時。

▶　功能變數名稱解析。

▶　備份涉及的系統設定檔。

▶　安裝 OpenLDAP 用戶端套件。

▶　修改設定檔實現用戶端的部署。

4.3 節示範了部署用戶端的前期工作，如網路的校時、功能變數名稱的解析、系統檔的備份。由於篇幅有限，筆者直接安裝 OpenLDAP 用戶端套件並進行設定。

本節透過 nslcd 方式與 OpenLDAP 伺服端進行交互，只需將 sssd 行程停止（命令如下）即可，同樣也可以將 sssd 套件卸載，讀者二選一即可。

```
[root@mldap01 ~]# service sssd stop && chkconfig sssd off
[root@mldap01 ~]# rpm -qa | grep sssd
sssd-client-1.9.2-129.el6.x86_64
sssd-1.9.2-129.el6.x86_64
[root@mldap01 ~]# yum remove sssd-1.9.2 && echo $?
0
```

❶ 安裝 OpenLDAP 用戶端套件

```
[root@test01 ~]# yum reinstall openldap-clients nss-pam-ldapd -y &> /dev/null && echo $?
0
```

以圖形介面方式部署 OpenLDAP 用戶端和 RHEL 5.x 部署方式一樣，在此不做過多闡述。更多的不同之處，會在後續章節中介紹，例如，sudo 的設定等相關操作。

❷ 修改 nslcd.conf 設定檔

在 /etc/nslcd.conf 新增如下內容：

```
uri ldap://192.168.218.206/
base dc=gdy,dc=com
ssl no
tls_cacertdir /etc/openldap/cacerts
```

❸ 修改 pam_ldap.conf 設定檔

在 /etc/pam_ldap.conf 中新增如下內容：

```
uri ldap://192.168.218.206/
ssl no
tls_cacertdir /etc/openldap/cacerts
bind_policy soft
```

❹ 修改 system-auth 認證檔

在 /etc/pam.d/system-auth 中，新增如下內容：

```
auth        sufficient      pam_ldap.so use_first_pass
account     [default=bad success=ok user_unknown=ignore] pam_ldap.so
password    sufficient      pam_ldap.so use_authtok
session     optional        pam_ldap.so
```

```
 1 #%PAM-1.0
 2 # This file is auto-generated.
 3 # User changes will be destroyed the next time authconfig is run.
 4 auth        required      pam_env.so
 5 auth        sufficient    pam_fprintd.so
 6 auth        sufficient    pam_unix.so nullok try_first_pass
 7 auth        requisite     pam_succeed_if.so uid >= 500 quiet
 8 auth        sufficient    pam_ldap.so use_first_pass
 9 auth        required      pam_deny.so
10
11 account     required      pam_unix.so broken_shadow
12 account     sufficient    pam_localuser.so
13 account     sufficient    pam_succeed_if.so uid < 500 quiet
14 account     [default=bad success=ok user_unknown=ignore] pam_ldap.so
15 account     required      pam_permit.so
16
17 password    requisite     pam_cracklib.so try_first_pass retry=3 type=
18 password    sufficient    pam_unix.so md5 shadow nullok try_first_pass use_authtok
19 password    sufficient    pam_ldap.so use_authtok
20 password    required      pam_deny.so
21
22 session     optional      pam_keyinit.so revoke
23 session     required      pam_limits.so
24 session     optional      pam_oddjob_mkhomedir.so
25 session     [success=1 default=ignore] pam_succeed_if.so service in crond quiet use_uid
26 session     required      pam_unix.so
27 session     optional      pam_ldap.so
```

❺ 修改 nsswitch.conf 設定檔

在 /etc/nsswitch.conf 中，為了匹配 passwd（帳號匹配順序）、shadow（密碼匹配順序）、group（群組匹配順序），新增以下內容：

```
# cat /etc/nsswitch.conf
```

```
30 #shadow:    db files nisplus nis
31 #group:     db files nisplus nis
32
33 passwd:     files ldap
34 shadow:     files ldap
35 group:      files ldap
36
37 #hosts:     db files nisplus nis dns
38 hosts:      files dns
39
```

修改後，預設登入的使用者透過本地設定檔進行查詢比對。當找不到使用者資訊時，會透過後端設定的 LDAP 認證伺服器進行比對。

❻ 修改 authconfig 認證檔

在 /etc/sysconfig/authconfig 中，將下列值改為 yes。

```
USESHADOW=yes
USELDAPAUTH=yes
USELOCAUTHORIZE=yes
USELDAP=yes
```

選項解釋如下所示：

```
USESHADOW
     //啟用密碼驗證
USELDAPAUTH=yes
     //啟用OpenLDAP驗證
USELOCAUTHORIZE=yes
     //啟用本地驗證
USELDAP=yes
     //啟用LDAP認證協定
# cat /etc/sysconfig/authconfig
```

❼ 載入 nslcd 行程

為了載入 nslcd 行程，執行以下命令：

```
[root@test01 ~]# /etc/init.d/nslcd restart
Stopping nslcd:                                    [FAILED]
Starting nslcd:                                    [ OK  ]
[root@test01 ~]# chkconfig nslcd on
[root@test01 ~]# chkconfig --list nslcd
nslcd          0:off   1:off   2:on    3:on    4:on    5:on    6:off
```

❽ 用戶端驗證

執行以下命令驗證 OpenLDAP 用戶端是否取得到 OpenLDAP 伺服端使用者。

```
[root@test01 ~]# lsb_release -a
LSB Version::base-4.0-amd64:base-4.0-noarch:core-4.0-amd64:core-4.0-noarch:graphics-
    4.0-amd64:graphics-4.0-noarch:printing-4.0-amd64:printing-4.0-noarch
Distributor ID:   RedHatEnterpriseServer
Description: Red Hat Enterprise Linux Server release 6.5 (Santiago)
Release: 6.5
Codename:    Santiago
[root@test01 ~]# getent passwd dpgdy
dpgdy:x:10000:10002:system manager:/home/dpgdy:/bin/bash
```

❾ 用戶端登入驗證

如圖 4-9 所示，當 OpenLDAP 使用者沒有取得自身主目錄時，同樣可以透過新增 pam 模組實現自動建立主目錄，而且也可以透過定義 autofs schema 以及與 NFS 服務結合實現自動掛載主目錄。每一種方法都有一定的適用場景。

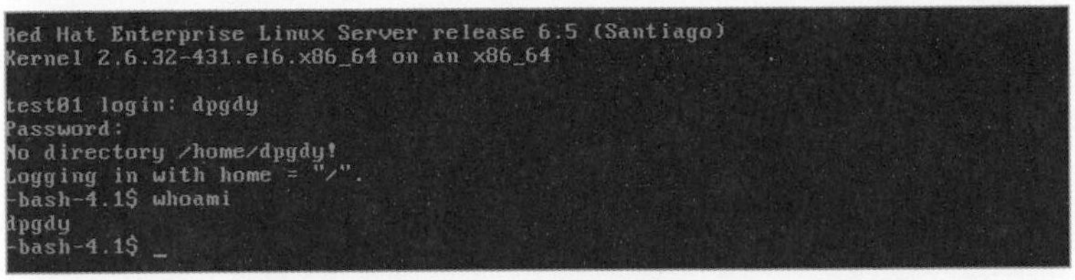

圖 4-9 缺少主目錄

透過圖 4-10 中顯示的結果可知，OpenLDAP 使用者取得主目錄並且可以在自己的主目錄下建立、刪除檔案。同樣使用者可以使用 OpenLDAP 認證伺服器驗證使用者提供的帳號及密碼稽核功能。

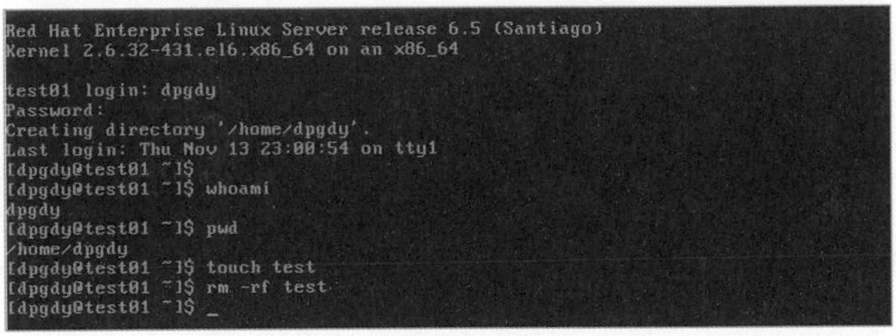

圖 4-10 在主目錄中操作

4.5 │ 命令列部署 OpenLDAP 用戶端

4.5.1 authconfig 命令介紹

透過 authconfig –h 查看 authconfig 說明資訊。

```
##查看authconfig說明資訊
authconfig -h
##啓用本地密碼
--enableshadow, --useshadow
##禁用本地密碼
--disableshadow
##啓用MD5密碼
--enablemd5, --usemd5
##禁用MD5密碼
--disablemd5
##啓用預設nis使用者資訊
--enablenis
```

```
##關閉預設nis使用者資訊
--disablenis
##啓用預設LDAP使用者資訊
--enableldap
##關閉預設LDAP使用者資訊
--disableldap
##啓用LDAP身份驗證功能
--enableldapauth
##禁用LDAP身份驗證功能
--disableldapauth
##指定OpenLDAP伺服器IP位址或FQDN
--ldapserver=<server>
##指定OpenLDAP伺服器dn名稱
--ldapbasedn=<dn>
##開啓tls/sasl加密傳輸（636）
--enableldaptls, --enableldapstarttls
##禁用tls/sasl加密，使用明碼（389）
--disableldaptls, --disableldapstarttls
##指定OpenLDAP公開金鑰檔，當使用—enableldaptls時才設定
--ldaploadcacert=<URL>
##啓用sssd使用者功能
--enablesssd
##禁用sssd使用者功能
--disablesssd
##啓用sssd身份驗證
--enablesssdauth
##禁用sssd身份驗證
--disablesssdauth
##啓用使用者登入自建主目錄功能
--enablemkhomedir
##禁用使用者登入自建主目錄功能
--disablemkhomedir
##更新所有設定
--updateall
##保存authconfig設定
--savebackup=<name>
##恢復authconfig設定
--restorebackup=<name>
--restorelastbackup
```

4.5.2　authconfig 備份還原案例

❶ 使用 authconfig 命令備份系統檔

要使用 authconfig 命令備份系統檔，可執行以下命令：

```
[root@test01 ~]# authconfig -savebackup=systemconfig.bak
```

❷ 使用 authconfig 指令恢復初始設定參數

當不再使用 OpenLDAP 認證伺服器驗證帳號時，可以透過 authconfig 對備份的檔案進行復原。同理，作為 Linux 維護人員，無論對系統做任何變更，都要提前對變更的相關檔進行備份，以防部署失敗後，還有復原的餘地。

```
[root@test01 ~]# authconfig --restorebackup=systemconfig.bak    #指定恢復檔
[root@test01 ~]# authconfig -restorelastbackup  #恢復在上一次設定更改前設定檔的備份
```

4.5.3 部署實施步驟

以命令列方式部署 OpenLDAP 用戶端的流程與 4.4.2 節相同。下面介紹具體的步驟。

❶ 備份涉及的設定檔

執行以下命令備份設定檔。

```
[root@test02 ~]# cat /etc/redhat-release
Red Hat Enterprise Linux Server release 5.5 (Tikanga)
```

註：對於紅帽 6 版本系統，以下步驟無法驗證 OpenLDAP 帳號，僅適合紅帽 5 版本。

```
[root@test01 ~]# authconfig -savebackup=systemconfig.bak
```

❷ 驗證當前系統是否加入 OpenLDAP 伺服端中

執行以下命令驗證當前系統是否加入 OpenLDAP 伺服端中。

```
[root@test02 ~]# id dpgdy
uid=20000(dpgdy) gid=10002 groups=10002
```

如果出現以上這一行，說明當前伺服器已加入 OpenLDAP 伺服端中，不必做以下操作。

```
[root@test02 ~]# id dpgdy
id: dpgdy: No such user
```

如果出現 "No such user"，說明當前伺服器沒有加入 OpenLDAP 伺服端中，需要按照以下步驟加入 Openldap 伺服端中。

❸ 透過 authconfig 將當前系統加入 OpenLDAP 伺服端中

執行以下命令把當前系統加入 OpenLDAP 資源池中。

```
[root@test01 ~]# authconfig --enablemkhomedir --disableldaptls -enableldap
  --enableldapauth  --ldapserver=ldap://192.168.218.206 --ldapbasedn="dc=gdy,dc=com"
  --enableshadow  --update
```

❹ 再次使用 id 命令檢測是否設定成功

使用以下命令檢測是否設定成功。

```
[root@test01 ~]# id dpgdy
uid=20000(dpgdy) gid=10002 groups=10002
```

如果出現如上結果,說明當前系統加入 OpenLDAP 伺服端中。

❺ 透過 ssh 驗證 OpenLDAP 使用者是否可以正常登入用戶端

```
Xshell:\> ssh 192.168.218.207

Connecting to 192.168.218.207:22...
Connection established.
Escape character is '^@]'.

Creating directory '/home/dpgdy'.
Creating directory '/home/dpgdy/.mozilla'.
Creating directory '/home/dpgdy/.mozilla/plugins'.
Creating directory '/home/dpgdy/.mozilla/extensions'.
Last login: Thu Nov 13 21:47:54 2014 from 10.226.108.28
/usr/bin/xauth:  creating new authority file /home/dpgdy/.Xauthority
[dpgdy@test01 ~]$ whoami
dpgdy
[dpgdy@test01 ~]$ pwd
/home/dpgdy
[dpgdy@test01 ~]
```

以上結果顯示,OpenLDAP 使用者成功登入用戶端,系統透過 pam_mkhomedir.so
模組建立使用者所需要的登入環境,並取得家目錄。此功能類似於建立系統使用者
時需要載入 /etc/skel 目錄下的範本檔。

❻ 使用者重置初始密碼

當使用者使用 OpenLDAP 登入系統後,為了保障帳號的安全性,需要對初始密碼
進行修改,此時系統會提示無法修改密碼。

```
[dpgdy@test01 ~]$ passwd
Changing password for user dpgdy.
Enter login(LDAP) password:
New password:
Retype new password:
LDAP password information update failed: Insufficient access
passwd: Authentication token manipulation error
```

4.6 | 命令故障分析

▶ 問題描述

```
[dpgdy@test01 ~]$ passwd
Changing password for user dpgdy.
Enter login(LDAP) password:
New password:
Retype new password:
LDAP password information update failed: Insufficient access
passwd: Authentication token manipulation error
```

由於 OpenLDAP 的預設設定只允許管理員可以修改使用者密碼,因此使用者自身無法修改初始密碼,要實現使用者自行管理密碼,需要管理人員設定 OpenLDAP 新增存取控制策略。access 行定義哪些使用者可以存取 OpenLDAP 目錄樹 entry,同樣可以定義使用者是否能修改自己的密碼資訊。

▶ 問題解決

方法 1:透過修改設定檔實現,此時需要重新建立資料庫並重新載入 slapd 行程,否則設定無法生效。編輯 slapd.conf 檔定位 database config 行,將以下內容新增到 database config 之前,否則設定無法生效,新增完成後,重新建立資料庫並重新載入 slapd 行程即可。

```
access to attrs=shadowLastChange,userPassword
        by self write
        by * auth
access to *
        by * read
```

方法 2:直接修改資料庫設定,無須重新建立資料庫,且無須載入 slapd 行程,直接生效。

```
# cat << EOF | ldapmodify -Y EXTERNAL -H ldapi:///
dn: olcDatabase={2}bdb,cn=config
add: olcAccess
olcAccess: to attrs=userPassword,shadowLastChange by dn="cn=admin,dc=example,dc=com"
write by anonymous auth by self write by * none
olcAccess: to dn.base="" by * read
olcAccess: to * by dn="cn=admin,dc=example,dc=com" write by * read
EOF
```

使用者驗證是否可以修改密碼。

```
 [dpgdy@test01 ~]$ passwd
Changing password for user dpgdy.
Enter login(LDAP) password:            #OpenLDAP使用者dpgdy密碼
New password:                   #修改後新的密碼
Retype new password:            #再次確認密碼
LDAP password information changed for dpgdy
passwd: all authentication tokens updated successfully.
```

從上述結果不難發現，此時使用者可自己修改初始密碼，並更新自己的密碼資訊，
無須管理員手動控制，有助於保障使用者帳號的安全。

4.7 本章總結

針對 OpenLDAP 用戶端的兩種部署及實現方式，就介紹到這裡。讀者可根據圖形
設定方式進行部署，然後將所修改檔與原始檔案進行對比，掌握如何透過修改設
定檔實現 OpenLDAP 用戶端的部署。筆者建議讀者掌握並靈活運用透過 authconfig
部署的方式。

在工作環境大批進行部署時，透過人工一台台進行部署，不但影響工作時效，而且
難免在部署過程中出現異常。所以筆者建議透過自動化部署工具進行部署，例如
Bash/python 腳本、Ansible、Func、Puppet 等開放原始碼軟體對用戶端實施批次部
署，這不但可以提高工作效率，而且可以減少部署過程出現的人為故障。

本書採用 Puppet 自動化部署工具根據系統的版本進行批次部署。關於 Puppet 的相
關知識以及如何透過 Puppet 分發模組批次部署，會在第 17 章進行詳細介紹及示
範。藉由第 17 章的學習，相信讀者對於 Puppet 理論、模組的使用以及部署方式會
有系統的認識。

## 第 5 章

OpenLDAP GUI 管理部署

藉由第 2 章的介紹，相信讀者對於 OpenLDAP 服務安裝及簡單設定應該沒有問題了，維護操作是管理人員後期維護工作的重點。雖然第 3 章介紹了透過命令的執行實現 entry 的新增、更新、刪除、查詢等的操作方法，但是在後期維護時，有時會透過以 Web 介面的方式實現對伺服器的維護。雖然透過 OpenLDAP 提供的相關命令進行操作效率高，但是須要求維護人員瞭解 OpenLDAP 的命令語法及邏輯組織結構，否則管理上會存在難點。透過圖形介面管理是個不錯的選擇，同時可以讓沒有 OpenLDAP 基礎的維護人員，更容易學習內部組織原理及實現方式。本章主要介紹如何透過協力廠商開放原始碼軟體對 OpenLDAP Web 介面進行管理。

針對 OpenLDAP 圖形介面管理，開源組織也提供 GUI 管理 OpenLDAP 軟體，提供視覺化、友好的管理介面與 OpenLDAP 服務進行交互。目前關於 OpenLDAP GUI 管理介面的開源產品有 phpLDAPadmin、LDAP Account Manager、Apache Directory Studio、LDAP Admin 等管理工具。本章主要介紹在 Linux 平臺下透過 phpLDAPadmin 和 LAM（LDAP Account Manager）以及在 Windows 平臺下透過 LDAP Admin 軟體維護 OpenLDAP 服務。

5.1 | phpLDAPadmin 概述

phpLDAPadmin 是一款 LDAP GUI 用戶端管理軟體，它提供一個簡單並且支援多種語言的 LDAP 管理軟體。在安裝設定 phpLDAPadmin 之前先介紹 Apache 和 PHP 的結合，因為要安裝 phpLDAPadmin GUI，必須要 Apache 和 PHP 環境的支援，Apache 提供 Web 服務，PHP 則是一種語言開發環境，而 phpLDAPadmin 是基於 PHP 開發的管理軟體，所以需要 PHP 語言環境的支援。對於提供 Web 服務以及 PHP 開發環境，可以透過編譯安裝或者透過 rpm 實現，本章採用預設 rpm 安裝方式。可以透過 Apache、Nginx 或者 Tomcat 實現，筆者採用預設 Apache 來提供 Web 服務。

5.2 | 部署 phpLDAPadmin

5.2.1 安裝 phpLDAPadmin 的環境準備

要安裝 phpLDAPadmin，準備工作包括以下幾點。

▸ NTP 網路校時，保證伺服器端和用戶端時間一致。

▸ 準備 Apache Webserver、PHP 以及 Perl 語言環境。

▸ 根據需求，從 phpLDAPadmin 官網站點取得軟體原始碼套件包。

5.2.2 Apache 部署

要部署 Apache，需要按以下步驟操作。

1. 執行伺服器端和用戶端網路校時命令如下：

```
[root@mldap01 ~]# ntpdate 0.rhel.pool.ntp.org
12 Nov 00:48:18 ntpdate[26802]: step time server 202.112.31.197 offset 241.178584 sec
[root@mldap01 ~]# date
Wed Nov 12 00:49:10 CST 2014
```

2. 安裝 Apache Web 服務，提供 Web 管理介面命令如下：

```
[root@mldap01 ~]# rpm -qa | grep httpd       //檢查當前系統是否安裝httpd服務
httpd-tools-2.2.15-29.el6_4.x86_64
[root@mldap01 ~]# yum clean all && yum makecache //清除當前yum快取資訊以及重新建立快取檔案
```

3. 刪除 Apache 預設測試頁面，建立自訂測試頁面，並命名為 index.html，命令如下：

```
[root@mldap01 ~]#
[root@mldap01 ~]# rm -rf /etc/httpd/conf.d/welcome.conf
[root@mldap01 ~]# cat >> /var/www/html/index.html << EOF
>Apache test page
>EOF
```

4. 啟動 Apache 服務 httpd 行程，命令如下：

```
[root@mldap01 ~]# service httpd restart
Stopping httpd:                                     [FAILED]
Starting httpd:                                     [  OK  ]
```

5. 讓 Apache 行程開機自動啟動，命令如下：

```
[root@mldap01 ~]# chkconfig httpd on
[root@mldap01 ~]# chkconfig --list httpd
httpd           0:off   1:off   2:on    3:on    4:on    5:on    6:off
```

6. 檢查 Apache 服務 httpd 行程是否正常啟動，命令如下：

```
[root@mldap01 ~]# netstat -ntupl | grep -i httpd    //查看httpd後端行程是否啟動
tcp     0    0 :::80             :::*              LISTEN          11621/httpd
```

透過 netstat –ntupl 命令的執行結果可知，Apache 服務 httpd 行程在後端正常運行，在 80 埠上監聽。

7. 透過 lsof 查看 80 埠打開的行程數，命令如下：

```
[root@mldap01 ~]# lsof -i :80
COMMAND   PID    USER   FD    TYPE DEVICE SIZE/OFF NODE NAME
httpd    1726   root    4u   IPv4 13325       0t0  TCP *:http (LISTEN)
httpd    12384 apache   4u   IPv4 13325       0t0  TCP *:http (LISTEN)
```

5.2.3 故障分析

▶ 問題

```
Starting httpd: httpd: apr_sockaddr_info_get() failed for mldap01.deppon.com
httpd: Could not reliably determine the server's fully qualified domain name, using
    127.0.0.1 for ServerName
```

▶ 問題描述

當啟動 httpd 時，伺服器會解析 FQDN（完整主機名稱），當無法解析 IP 位址所對應的主機名稱時，伺服器會使用 127.0.0.1 作為 ServerName。

▶ 問題解決

(1) 如果在啟動 httpd 行程時，出現以下錯誤，可以透過以下方法進行解決。

httpd: Could not reliably determine the server's fully qualified domain name, using 127.0.0.1 for ServerName.

此時，我們可以藉由修改 httpd 主設定檔來修改 ServerName 以解決 FQDN 錯誤。Apache 服務 httpd 行程主設定檔位於 /etc/httpd/conf/httpd.conf，可透過 vim 進行修改。該設定大約位在 276 行左右，將以下內容：

```
276 #ServerName www.example.com:80
```

改為 ServerName myldap01.gdy.com:80 即可。

透過 wq 進行保存並退出，然後再次透過 service httpd（reload | restart）重新載入或重啟 httpd 行程，這時就可以解決以上回報的 FQDN 錯誤。

(2) 再次重啟 Apache 服務 httpd 行程，命令如下：

```
[root@mldap01 ~]# service httpd restart
Stopping httpd:                                      [  OK  ]
Starting httpd:                                      [  OK  ]
[root@mldap01 ~]#
```

5.2.4 驗證 Apache 功能

本節分別從 Linux 用戶端和 Windows 用戶端透過 Web 介面來測試當前服務的 httpd 行程是否正常提供服務。

❶ Windows 用戶端測試

要進行 Windows 用戶端測試，只需要在瀏覽器上輸入 HTTP 伺服端的 IP 位址或者功能變數名稱即可。這裡使用 IP 位址來進行測試，如果想以主機名稱或者功能變數名稱進行測試，只需要在 Windows 下 hosts 檔中新增相應 IP 和主機名稱／功能變數名稱記錄或者透過 DNS 完成功能變數名稱解析，如圖 5-1 所示。

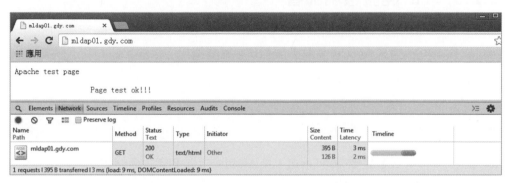

圖 5-1　從 Windows 用戶端測試 Apache 頁面

❷ Linux 用戶端測試

Linux 伺服端自身測試，可以透過 elinks 命令來進行測試。如果當前系統沒有 elinks 執行檔，可以透過以下步驟完成。

1. 利用 which 命令查看已經安裝 elinks 命令的機器中取得 elinks 命令所在的路徑。

2. 然後透過 rpm -qf 命令查看所產生命令的套件。

3. 使用 yum 或者 rpm 進行安裝，全部原始碼如下：

```
[root@mldap02 ~]# which elinks
/usr/bin/elinks
[root@mldap02 ~]# rpm -qf /usr/bin/elinks
elinks-0.12-0.21.pre5.el6_3.x86_64
[root@mldap01 ~]# yum install elinks -y && echo $?
0
[root@mldap01 ~]# elinks mldap01.gdy.com
```

正常情況下，會出現如圖 5-2 所示畫面，表明當前 Apache 正常提供服務。否則，請檢查當前 Apache 設定以及 SELinux、防火牆設定。如果防火牆開啟，只需要啟用 httpd 所使用 80 埠即可。

圖 5-2 從 Linux 伺服端測試 Apache 頁面

5.2.5 PHP 開發環境部署

phpLDAPadmin 是以 PHP 語言開發的 OpenLDAP 管理 GUI，Apache 平臺的預設環境不支援 PHP，要讓 Apache 軟體支援 PHP，需要按以下步驟安裝 PHP 開發環境。

1. 安裝 PHP 相關套件，命令如下：

```
[root@mldap01 ~]# yum -y install php php-mbstring php-pear && echo $?
0
```

2. 編輯 Apache 主設定檔 httpd.conf，讓 Apache 支援 PHP，命令如下：

```
[root@mldap01 ~]# vim /etc/httpd/httpd.conf
```

然後，在 httpd.conf 檔的第 781 行新增如下兩行（第 781 行和第 782 行）內容即可。

```
779 AddType application/x-compress .Z
780 AddType application/x-gzip .gz .tgz
781 AddType application/x-httpd-php  .php
782 AddType application/x-httpd-php-source  .phps
```

接下來，定位至 DirectoryIndex index.html ，大約在第 402 行，在其後面只新增 PHP 類型的頁面即可。

新增 index.php：

```
402 DirectoryIndex index.php index.html index.html.var
```

完成後，需要重新啟動 httpd，讓其重新載入設定檔，即可測試 PHP 頁面是否已經可以正常使用。

3. 編輯 PHP 主設定檔，設定時區，命令如下：

```
[root@mldap01 ~]# vim /etc/php.ini
```

php 設定檔使用 " ; " 注釋，在全文檢索搜尋 date.timezone 字串，大約位於第946 行附近，將其進行如下修改，並將 " ; " 號去除即可。

```
946 ;date.timezone =
```

更改為

```
946 date.timezone = "Asia/Taipei"
```

使用 wq 保存並退出，然後重新開機 httpd 行程，使其設定生效。

4. 編寫 PHP 測試頁面，驗證 http 是否支援 PHP 環境，命令如下：

```
[root@mldap01 ~]# cd /var/www/html
[root@mldap01 ~]#
[root@mldap01 html]#  cat >> index.php << EOF
> <h2>PHP test page：</h2>
> <html>
> <body>
> <div style="width: 65%; font-size: 30px; font-weight: bold; text-align: center;">
> <?php
>    print Date("Y/m/d");      //取得當前系統的日期
> ?>
> </div>
> </body>
> </html>
> <?php
> phpinfo();             //PHP測試頁面，驗證是否正常載入PHP頁面
> ?>
>EOF
```

5. 檢查 Apache 主設定檔是否存在語法錯誤，命令如下：

```
[root@mldap01 ~]# httpd -t
Syntax OK
```

6. 重啟 httpd 行程或重新載入 httpd 行程，命令如下：

```
[root@mldap01 ~]# service httpd restart     //重新啟動
Stopping httpd:                                    [  OK  ]
Starting httpd:                                    [  OK  ]
[root@mldap01 ~]# service httpd reload      //重新載入行程，工作環境建議使用
Reloading httpd:
```

5.2.6 驗證系統是否支援 PHP 環境

Windows 用戶端只需要在瀏覽器上輸入 HTTP 服務的 IP 位址或者功能變數名稱即可，可以透過 IP 位址來進行測試，同時也可以透過主機名稱或者功能變數名稱的形式進行驗證。如果想以主機名稱或者功能變數名稱進行測試，那麼需要在 Windows 下 C:\Windows\System32\drivers\etc\hosts 檔中新增相應 IP 和主機名稱或功能變數名稱對照，也可以透過 DNS 服務來實現。為了簡化操作，筆者按照以下步驟透過修改 hosts 檔來實現功能變數名稱的解析。

1. 編輯 C:\Windows\System32\drivers\etc\hosts 檔，新增如下內容。

   在 Windows 下 hosts 檔中新增如下內容即可，然後透過 Windows 瀏覽器輸入 mldap01.gdy.com 進行存取。

```
192.168.218.206        mldap01.gdy.com        mldap01
```

2. 透過 Windows 瀏覽器輸入主機名稱或者功能變數名稱即可。

   - 正常情況下，可以顯示如圖 5-3 所示畫面，表示當前系統支援 PHP 開發環境。否則，請檢查相關 PHP 設定以及 PHP 測試頁面語法。

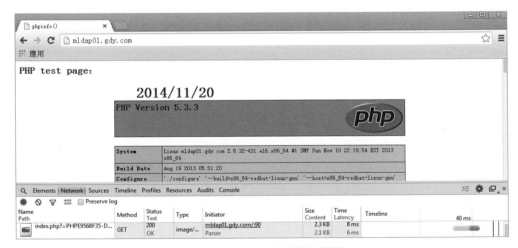

圖 5-3 Windows 用戶端測試頁面

5.2.7 安裝 phpLDAPadmin GUI 管理軟體

Apache 和 PHP 環境安裝並設定完成，下面介紹如何透過設定 phpLDAPadmin 對 OpenLDAP 進行目錄樹管理。

讀 者 可 以 從 http://phpldapadmin.sourceforge.net/wiki/index.php/Download 下 載
phpLDAPadmin 管理套裝程式。筆者使用 phpldapadmin-1.2.3.zip 版本做相關示範。

▶ 下載 phpLDAPadmin 原始碼套件包。

▶ 解壓 phpLDAPadmin 原始碼套件包。

▶ 設定 phpLDAPadmin。

▶ 測試 phpLDAPadmin。

實戰示範步驟如下所示。

1. 下載 phpLDAPadmin 套裝程式，命令如下：

```
[root@mldap01 ]# cd /usr/local/src
[root@mldap01 src]# wget http://sourceforge.net/projects/phpldapadmin/files/
          phpldapadmin-php5/1.2.3/phpldapadmin-1.2.3.zip/--no-check-certificate
[root@mldap01 src]# ls
phpldapadmin-1.2.3.zip
```

2. 解壓 phpLDAPadmin 套裝程式，命令如下：

```
[root@mldap01 src]# ls -l
total 1092
-rw-r--r--. 1 root root 1115707 Oct  1  2012 phpldapadmin-1.2.3.zip
[root@mldap01 src]#
[root@mldap01 src]# unzip phpldapadmin-1.2.3.zip
[root@mldap01 src]# ls
phpldapadmin-1.2.3  phpldapadmin-1.2.3.zip
[root@mldap01 src]# mv phpldapadmin-1.2.3 /var/www/html/phpldapadmin
[root@mldap01 src]# cd /var/www/html
[root@mldap01 html]#
config  doc hooks htdocs index.php  INSTALL  lib LICENSE  locale  queries
     templates  tools  VERSION
```

3. 設定 phpLDAPadmin 關於 OpenLDAP 設定的參數，命令如下：

```
[root@mldap01 html]# cd phpldapadmin/config/
[root@mldap01 config]# ls
config.php.example
[root@mldap01 config]# cp config.php.example config.php.example.bak
[root@mldap01 config]# mv config.php.example config.php
[root@mldap01 config]# vim config.php
========================================================================= //以上內容忽略
61 $config->custom->appearance['language'] = 'zh_TW';
```

```
=================================================================== //以上內容忽略
274 /***********************************************
275 * Define your LDAP servers in this section  *
276 ***********************************************/
277
278 $servers = new Datastore();
279
280 /* $servers->NewServer('ldap_pla') must be called before each new LDAP server
281    declaration. */
282 $servers->newServer('ldap_pla');
283
284 /* A convenient name that will appear in the tree viewer and throughout
285    phpLDAPadmin to identify this LDAP server to users. */
286 $servers->setValue('server','name','My LDAP Server');
287
288 /* Examples:
289    'ldap.example.com',
290    'ldaps://ldap.example.com/',
291    'ldapi://%2fusr%local%2fvar%2frun%2fldapi'
292           (Unix socket at /usr/local/var/run/ldap) */
293 $servers->setValue('server','host','192.168.218.206');        //OpenLDAP位址或者功
能變數名稱
294
295 /* The port your LDAP server listens on (no quotes). 389 is standard. */
296 $servers->setValue('server','port',389);            //OpenLDAP使用的通訊埠
297
298 /* Array of base DNs of your LDAP server. Leave this blank to have phpLDAPadmin
299    auto-detect it for you. */
300 $servers->setValue('server','base',array('dc=gdy,dc=com'));   //OpenLDAP base DN
301
302 /* Five options for auth_type:
303    1. 'cookie': you will login via a web form, and a client-side cookie will
304       store your login dn and password.
305    2. 'session': same as cookie but your login dn and password are stored on the
306       web server in a persistent session variable.
307    3. 'http': same as session but your login dn and password are retrieved via
```

修改完成後,透過使用 wq 保存並退出。

註:以下兩行內容可以忽略,設定在登入 phpLDAPadmin 畫面時直接登入,這是不安全的,筆者不建議這樣設定。

```
$servers->setValue('login','bind_id','cn=admin,dc=dianping,dc=com');     //登入名稱
$servers->setValue('login','bind_pass','redhat');          //登入密碼
```

5.2.8 phpLDAPadmin 驗證畫面

本節驗證 phpLDAPadmin 管理用戶端是否正常運行（具體步驟如下所示）。正常運行後，就可以透過 Windows 瀏覽器存取 phpLDAPadmin 管理畫面對 OpenLDAP 服務進行管理。但需要 Windows 用戶端能夠正常解析 OpenLDAP 伺服端的功能變數名稱，否則只能透過 IP 位址形式進行存取。

1. 透過 Windows 瀏覽器輸入功能變數名稱或者主機名稱即可。

   正常會顯示如圖 5-4 所示畫面，如果顯示異常，可以查看 phpLDAPadmin 設定檔是否正常設定。

圖 5-4 登入 phpLDAPadmin 預設畫面

2. 透過 DN 來登入 phpLDAPadmin 管理介面（見圖 5-5），密碼為 RDN 的密碼。

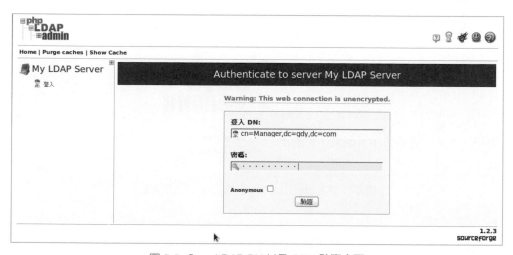

圖 5-5 OpenLDAP DN 以及 RDN 驗證介面

3. 成功登入以後，顯示 phpLDAPadmin 管理畫面（見圖 5-6）。

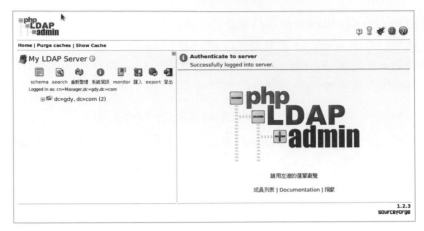

圖 5-6　phpLDAPadmin 管理畫面

5.2.9　故障分析

如果登入 phpLDAPadmin 管理畫面，發生如圖 5-7 所示錯誤，可以透過如下方法進行解決。

▶ 問題

圖 5-7　登入 phpLDAPadmin 管理介面出現異常

▶ 問題描述

出現圖 5-7 中所示錯誤是由於 PHP 程式無法調用 OpenLDAP 相關模組，造成所安裝的 PHP 程式錯誤，不支援連接 OpenLDAP 介面。

▶ 問題解決

(1) 安裝 PHP 連結 OpenLDAP 相關套件，提供 PHP 相關 LDAP 模組，命令如下：

```
[root@mldap01 config]# yum install php-ldap
```

(2) 然後重新載入或重新開機 Apache httpd 行程，命令如下：

```
[root@mldap01 ~]# service httpd restart
Stopping httpd:                                    [  OK  ]
Starting httpd:                                    [  OK  ]
[root@mldap01 ~]# service httpd reload
Reloading httpd:
```

5.3 | 透過 phpLDAPadmin 管理 OpenLDAP

5.3.1 使用者 entry 管理

❶ 新增使用者 entry

使用 phpLDAPadmin 控制台新增帳號時，預設包含 First name、Last name、Common Name、User ID（UID）、Password（密碼）、UID Number（UID 號）、GID Number（GID 號）、Home directory（主目錄）、Login shell（使用者具有的 shell）9 個屬性。如果新增 objectClass 物件，會產生很多屬性資訊。

要新增使用者 entry，操作步驟如下。

1. 登入 phpLDAPadmin 管理介面（如圖 5-8 所示），選擇 ou=people。

圖 5-8　登入 phpLDAPadmin 介面，選擇 ou＝people

2. 如圖 5-9 所示，選擇新增的物件 ou 並執行相應的操作

圖 5-9 選擇 Generic: User Account

　　這裡以新增 OpenLDAP 使用者為例進行示範，所以選擇的物件為 "Generic: User Account"。當讀者發現一些物件顯示為灰色時，代表此物件無法提供服務（例如，Samba 物件），就需要在 OpenLDAP 伺服端載入 Samba schema 規範後，透過 Samba 物件對 Samba 伺服端進行管理。關於 Samba 伺服器與 OpenLDAP 整合，第 12 章會詳細介紹實現過程及應用場景。

3. 按一下新增的物件 "Generic：User Account"，在圖 5-10 和圖 5-11 所示畫面中填寫使用者資訊。一般使用者的屬性包括使用者名稱、UID、GID、描述資訊、主目錄、登入 shell、所屬群組等。對於 OpenLDAP 使用者而言，也存在相關概念。

圖 5-10 設定使用者名稱、密碼等

圖 5-11 設定 UID、GID、主目錄等

4. 按一下 Create Object 按鈕。

在圖 5-12 所示畫面中，確認新增的資訊，同時可以透過後面的 Skip 選項，對一些屬性及物件類別型等資訊進行忽略，確認無誤後按一下 Commit 按鈕即可。

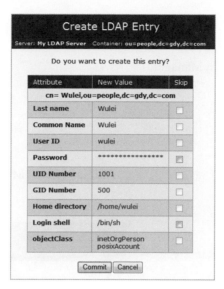

圖 5-12 確認資訊

註：畫面上提示星號（*）的屬性，必須包含值，否則，在建立 entry 時會提示 "This attribute is required:（屬性的名稱）" 錯誤。而且可以透過 Check password 檢測密碼的正確性，避免密碼錯誤再次填寫使用者屬性資訊。

5. 透過 ldapsearch 查詢新增的 entry，命令如下：

```
# ldapsearch  -x -ALL uid=Wulei
dn: cn=Wulei,ou=people,dc=gdy,dc=com
sn: Wulei
cn:: IFdlbGVp
uid: wulei
uidNumber: 1001
gidNumber: 500
homeDirectory: /home/wulei
loginShell: /bin/sh
objectClass: inetOrgPerson
objectClass: posixAccount
objectClass: top
```

❷ 用戶 entry 修改

entry 的修改涉及許多功能模組，如刷新、重命名、匯出、刪除 entry、新增屬性、建立子 entry、複製或移動 entry 等。下面以更改使用者 entry 屬性資訊為例介紹 entry 的維護。

要更改 entry 屬性資訊，只須按一下需要更改的 entry 資訊進行修改即可，例如，更改 Admin 使用者名稱為 Manager01。

操作步驟如下所示。

1. 右擊需要修改的 entry 名稱，這裡要修改 Admin 使用者名稱，所以選擇 Rename 即可（見圖 5-13）。

2. 按一下 Rename 即可完成使用者由 Admin 修改為 Manager01 的操作（見圖 5-14）。

圖 5-13 選擇 Rename

圖 5-14 更改使用者名稱

❸ 刪除 entry

在維護管理 OpenLDAP 時，如果有使用者離職或者異動，此時需要將使用者的 entry 資訊刪除或者修改 entry 屬性資訊。讀者可以透過 ldapdelete 或者 ldapmodify

完成變更操作，同樣也可以透過 phpLDAPadmin GUI 進行維護操作。下面介紹如何刪除 entry 資訊（具體步驟如下）。注意，在刪除 entry 時一定要注意所刪除的 entry 下是否有子 entry，否則刪除的 entry 以及子 entry 都刪除，讀者一定要切記這一點。

1. 在圖 5-15 所示畫面中，選擇要刪除的 entry 名稱。可以操作的選項有 entry 的刷新、重命名、匯出、刪除 entry、新增屬性、複製或移動 entry 等操作。這裡要刪除 user1 使用者，所以選擇 Delete this entry 即可。

2. 在圖 5-16 所示畫面中，按一下 Delete 按鈕即可。

圖 5-15　選擇要刪除的 entry

圖 5-16　按一下 Delete 按鈕

在此提醒讀者選擇 Delete 按鈕刪除 entry 後，entry 無法恢復，只能透過備份檔案進行恢復。關於備份及恢復，後面章節進行講解。

5.3.2　phpLDAPadmin 使用者登入異常

▶ 問題描述

如果發現 phpLDAPadmin 控制台新增的使用者無法登入用戶端，該如何解決？

▶ 問題分析

可能由於控制台新增的使用者缺少相應的 objectClass 物件所造成，例如，筆者
新增的 test01 缺少 shadowAccount。

▶ 解決方案

透過控制台新增缺少的 shadowAccount 物件即可（見圖 5-17）。

圖 5-17　新增 shadowAccount 物件

5.4 | 使用 phpLDAPadmin 需要提供 Apache 驗證

由於每次登入 phpLDAPadmin 介面時，只須提供 OpenLDAP 管理員帳號和密碼即
可。為了使用 phpLDAPadmin 管理介面，需要提供 Apache 使用者和密碼。正確
輸入使用者名稱和密碼後，就會進入 phpLDAPadmin 管理介面，然後再正確輸入
OpenLDAP 相關 DN 和 RDN 的密碼，執行 phpLDAPadmin 管理 OpenLDAP 目錄
樹，否則將拒絕使用者請求。

5.4.1　設定 Apache 認證策略

在設定 Apache 認證策略時，需要使用 htpasswd 命令。在此簡單介紹一下 htpasswd
語法。

▶ htpasswd 語法介紹：

```
htpasswd
    -c /var/www/html/phpldapadmin/.htpasswd sandy  #新增Apache sandy使用者（非系統使用者）
    -m /var/www/html/phpldapadmin/.htpasswd sandy  #更改Apache sandy使用者（非系統使用者）
    -D /var/www/html/phpldapadmin/.htpasswd sandy  #刪除Apache sandy使用者（非系統使用者）
```

為了設定 Apache 認證策略,按以下步驟操作。

1. 修改 httpd 主設定檔,對要存取的特定目錄進行驗證,命令如下:

```
[root@mldap01 ~]# vim /etc/httpd/conf/httpd.conf
559 Alias /phpldapadmin/ "/var/www/html/phpldapadmin/"
560
561 <Directory "/var/www/html/phpldapadmin">
562     Options Indexes MultiViews
563     AllowOverride Authconfig
564     AuthType  Basic  //類型
565     AuthName  "welcome login phpldapadmin manager page"
566     AuthUserFile "/var/www/html/phpldapadmin/.htpasswd"   //密碼設定檔路徑
567     require  valid-user
568     </Directory>
```

2. 檢查 Apache 設定檔語法。

   當設定檔出現語法錯誤時,透過 httpd –t(如下所示)會有相關提示,按提示修改即可。

```
[root@mldap01 ~]# httpd -t
Syntax OK
```

3. 建立驗證使用者。

   Apache 所新增的使用者主要用於登入 Web 介面,命令如下:

```
[root@mldap01 ~]#  htpasswd -c /var/www/html/phpldapadmin/.htpasswd sandy
New password:
Re-type new password:
Adding password for user sandy
```

   以下命令用於查看 Apache 使用者相關資訊,格式為 "使用者 : 密碼資訊"。

```
[root@mldap01 ~]# cat /var/www/html/phpldapadmin/.htpasswd
sandy:uaNcx8qyZYM9Y
```

註:第一次透過 htpasswd 指令新增使用者時需要使用 -c 參數,第二次新增使用者時,就不用該參數了,否則會覆蓋之前所新增的 Apache 使用者。

4. 重新載入或者重新開機 httpd 行程，命令如下：

```
//重啟httpd行程或者重新載入httpd行程
[root@mldap01 ~]# service httpd restart
Stopping httpd:                                    [  OK  ]
Starting httpd:
[root@mldap01 ~]# service httpd reload
Reloading httpd:                                   [  OK  ]
```

5.4.2　phpLDAPadmin 驗證認證策略

預設在 Windows 瀏覽器位址欄中輸入 OpenLDAP 伺服端位址即可使用 phpLDAPadmin 管理介面。是否需要輸入 Apache 使用者名稱和密碼？如果正常出現提示讓使用者輸入帳號和密碼，代表 Apache 存取頁面的驗證設定成功（見圖 5-18）。如果出現異常或者未出現提示輸入帳號和密碼，請檢查 Apache 認證是否設定以及防火牆、SELinux 的設定等。成功登入後的頁面如圖 5-19 所示。

至此，使用 phpLDAPadmin 管理介面需要對提供的 Apache 使用者進行驗證，這樣 phpLDAPadmin 相對又多了一層安全防護。而且也可實現透過 OpenSSL 來存取 Apache 網頁，關於透過 OpenSSL 實現方式，第 8 章會進行介紹。

圖 5-18　登入 phpLDAPadmin 管理 Apache 驗證介面

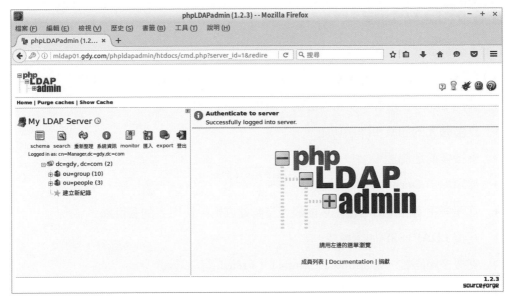

圖 5-19 登入 phpLDAPadmin 管理介面

5.5 | LAM

5.5.1 LAM 軟體簡介

LDAP Account Manager（LDAP 帳號管理器，LAM），基於 GUN GPL 協定發佈，它用 PHP 編寫的 Web 瀏覽器前端應用 API 對 OpenLDAP 進行管理。可以透過 Web 管理 LDAP 使用者、使用者群組、主機、Samba 域以及 OpenLDAP 目錄樹相關資訊。目前 LAM 主要與 Samba 伺服器結合使用。

LAM 將 OpenLDAP 比較複雜的操作進行簡單化、透明化。可以讓一個系統管理員知道如何管理、維護 OpenLDAP，例如：sudo、群組、使用者相關修改、新增、刪除等一系列操作。如果遠端操作 LAM，應該使用 SSL 連接到 LAM 控制台。

5.5.2 LAM 功能

LAM 功能如下。

▶ LAM 透過 Web 控制管理畫面，靈活管理 OpenLDAP Entry 屬性資訊。

▶ 管理 Linux 使用者、使用者群組、主機、功能變數名稱。

▶ 支援強大的過濾和排序功能。

▶ 支援多構造屬性。

▶ 清晰顯示 OpenLDAP 樹狀結構。

▶ 管理使用者、使用者群組、配額和自動建立刪除使用者的主目錄。

▶ 支援 LDAP+SSL 加密模式。

▶ 支援多國語言，如 Chinese、English、French 等。

▶ 更好地與 Samba 服務結合，實現靈活管理 Samba 帳號資訊。

5.5.3 LAM 安裝、設定

要安裝軟體，環境準備包括以下：

▶ 準備 PHP 和 Perl 語言環境。

▶ 根據需求，從 LAM 官網取得軟體 rpm 和原始碼套件包（version: 4.7.1）。

▶ Apache Web 環境搭建。

▶ NTP 網路校時，保證伺服端和用戶端時間一致。

註：在部署安裝 phpLDAPadmin 時，已經將所需要的環境安裝完成，沒安裝的可以根據上面操作進行安裝，這裡不再進行闡述。

下面介紹 LAM 軟體的安裝、設定步驟。

1. 檢查網路環境並下載 lam 套裝程式，命令如下：

```
[root@mldap01 ~]# ping -c 2 www.baidu.com &> /dev/null  && echo $?
0
[root@mldap01 src]# wget https://sourceforge.net/projects/lam/files/LAM/4.7.1/ldap-
account-manager-4.7.1.tar.bz2
[root@mldap01 src]# ls
ldap-account-manager-4.7.1.tar.bz2
```

2. 解壓 ldap-account 套件，命令如下：

```
[root@mldap01 src]# tar xf ldap-account-manager-4.7.1.tar.bz2
[root@mldap01 src]# ls
ldap-account-manager-4.7.1  ldap-account-manager-4.7.1.tar.bz2
```

3. 設定 ldap-account 實現 GUI 管理，命令如下：

```
[root@mldap01 src]# mv ldap-account-manager-4.7.1 /var/www/html/ldap-account
[root@mldap01 src]# cd /var/www/html/
[root@mldap01 html]# ls
ldap-account
[root@mldap01 ldap-account]# cd ldap-account/config
[root@mldap01 config]# ls
config.cfg.sample  lam.conf.sample  language  pdf  profiles  selfService  templates
[root@mldap01 config]# cp config.cfg.sample config.cfg
[root@mldap01 config]# cp lam.conf.sample lam.conf
[root@mldap01 config]# vim lam.conf
```

將第 13 行 "admins: cn=Manager,dc=my-domain,dc=com" 修改為 "admins: cn=Manager,dc=gdy, dc=com"。

將 第 16 行 "passwd: {SSHA}RjBruJcTxZEdcBjPQdRBkDaSQeY= iueleA==" 修改為 "passwd: 自己定義的加密密碼"，預設密碼為 lam。(譯者補充：可用 slappasswd 指令產出)

將第 20 行 "treesuffix: dc=yourdomain,dc=org" 修改為 "treesuffix: dc=gdy, dc=com"。

第 23 行內容所支援的預設語言，可以根據自己的語言進行定義，範例如下：

```
defaultLanguage: zh_TW.utf8:UTF-8:繁體中文(台灣)
```

將第 55 行、第 59 行、第 64 行、第 67 行中 "dc=my-domain" 修改為當前環境的功能變數名稱。

```
55 types: suffix_user: ou=people,dc=gdy,dc=com
59 types: suffix_group: ou=group,dc=gdy,dc=com
63 types: suffix_host: ou=machines,dc=gdy,dc=com
67 types: suffix_smbDomain: dc=gdy,dc=com
```

4. 設定 LAM 相關目錄及檔案權限。

賦予 apache 使用者對 sess、tmp、config 目錄的寫權限，並且使 lib 目錄下 lamdaemon.pl 必須設定為可執行。

```
[root@mldap01 ldap-account]#
[root@mldap01 ldap-account]# chown -R apache config
[root@mldap01 ldap-account]# chown -R apache tmp
[root@mldap01 ldap-account]# chown -R apache sess
[root@mldap01 ldap-account]# ls -ld config sess/ tmp/
drwxrwxr-x+ 6 apache root 4096 Nov 13 12:35 config
drwxrwxr-x+ 2 apache root 4096 Nov 13 14:27 sess/
drwxrwxr-x+ 3 apache root 4096 Oct  7 16:03 tmp
```

5. 重新開機或重新載入 httpd 行程，命令如下：

```
[root@mldap01 ldap-account]# service httpd restart
Stopping httpd:                                    [  OK  ]
Starting httpd:                                    [  OK  ]
```

5.5.4 驗證 LAM 平臺

透過 Windows 瀏覽 LAM 畫面，實現 OpenLDAP 管理。

透過功能變數名稱或主機名稱存取 LAM 畫面，需要 Windows 主機能夠進行解析，因此需要在 C:\Windows\System32\drivers\etc 目錄下的 hosts 檔中新增 OpenLDAP 伺服器的位址以及功能變數名稱的對應關係。

為了驗證 LAM 平臺，按以下步驟操作：

1. 在 Windows 瀏覽器位址欄中輸入功能變數名稱或主機名稱進行存取 LAM 畫面，正確設定後會顯示如圖 5-20 所示登入畫面，否則請檢查 LAM 相關設定以及目錄檔是否進行 apache 使用者授權。

2. 輸入密碼，預設密碼為 lam，密碼可以自訂。

   預設登入 LAM 控制台管理介面（見圖 5-21）後，需要按一下 "建立" 按鈕建立 LAM LDAP 後綴名稱。

3. 可以透過相關的功能表查看使用者、群組、主機、Samba 等相關資訊以及完成建立、刪除、修改等操作。圖 5-22 所示為關於當前 OpenLDAP 伺服端中已存在帳戶的資訊，也可以透過樹狀結構查看 OpenLDAP 目錄樹資訊。

圖 5-20 LAM 登入頁面

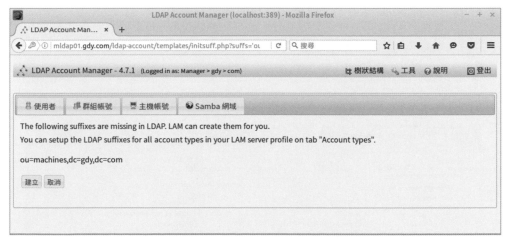

圖 5-21 LAM 控制台管理介面

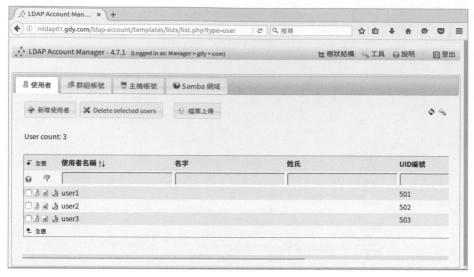

圖 5-22　LAM 使用者管理介面

此時，在圖 5-23 所示畫面中，按一下右上角的樹狀結構，即可顯示 OpenLDAP 伺服端目錄樹整體邏輯結構，如功能變數名稱、組織單元以及組織單元下 entry 資訊。可以透過此介面維護、管理整個目錄樹資訊，例如，entry 的建立、修改、刪除，entry 的導入 / 匯出以及 entry 資訊的搜索等相關功能。

圖 5-23　查看 OpenLDAP 伺服端目錄樹整體結構

5.5.5 故障分析

當存取 LAM 控制台介面時，提示 permissions 錯誤。

▸ 問題（見圖 5-24）

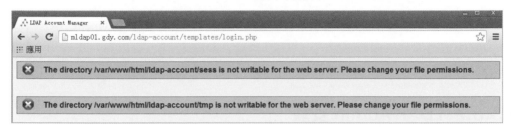

圖 5-24 permissions 錯誤

▸ 問題描述

出現如圖 5-24 所示錯誤，是由於 LAM 相關目錄中 apache 使用者沒有相應的權限。提示如 sess、tmp 等目錄沒有寫的權限，提示改變目錄權限。

▸ 解決方案

修改 LAM 資料目錄相應權限，命令如下：

```
[root@mldap01 ldap-account]# pwd
/var/www/html/ldap-account
[root@mldap01 ldap-account]# ls
config configure.ac copyright graphics HISTORY install.sh  locale
README style tmp
configure COPYING docs help index.html lib Makefile.in sess templates VERSION
[root@mldap01 ldap-account]# ls -ld tmp/ sess/ config/
drwxr-xr-x. 6 root root 4096 Nov 13 16:19 config/
drwxr-xr-x. 2 root root 4096 Nov 19 09:52 sess/
drwxr-xr-x. 3 root root 4096 Oct  7 16:03 tmp/
[root@mldap01 ldap-account]# chown -R apache.root config/ sess/ tmp/
[root@mldap01 ldap-account]# ls -ld /tmp/ sess/ config/
drwxr-xr-x. 6 apache root 4096 Nov 13 16:19 config/
drwxr-xr-x. 2 apache root 4096 Nov 19 09:52 sess/
drwxrwxrwxt. 7 apache   root 4096 Nov 19 15:23  tmp/
```

至此 LAM 安裝就完成了。當 Samba 服務和 OpenLDAP 服務整合時，可以透過 LAM 軟體管理 Samba 相關資訊。

5.6 | LDAP Admin 管理

5.6.1 LDAP Admin 軟體介紹

LDAP Admin 使用 Delphi 開發,是一款在 Windows 平臺下用於對 OpenLDAP 目錄樹 entry 進行管理的編輯器程式。透過 LDAP Admin 程式,可以對目錄樹 entry 靈活地修改。

5.6.2 LDAP Admin 安裝

❶ LDAP Admin 程式的取得與安裝

LDAP Admin 安裝非常簡單,可以從 http://www.ldapadmin.org/download/ldapadmin. html 位址取得 LDAP Admin 程式,然後進行安裝。

❷ LDAP Admin 程式使用

1. 在圖 5-25 所示畫面中,按一下 New connection 建立 OpenLDAP 連結。

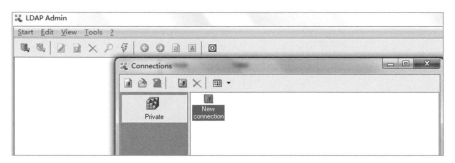

圖 5-25 按一下 New Connection

2. 在圖 5-26 所示畫面中,按一下 OK 按鈕即可建立連接。

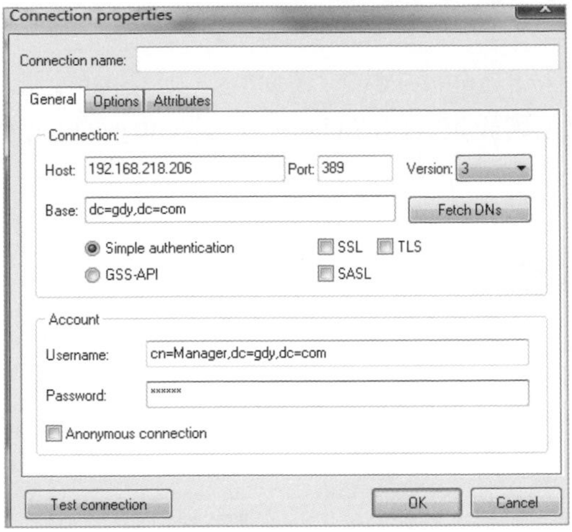

圖 5-26 按一下 OK 按鈕

其中的選項解釋如下。

- Host:連接 OpenLDAP 伺服端所使用的 IP 位址。

- Port:連接 OpenLDAP 服務所使用的通訊埠,預設使用 389 埠,加密使用 636 埠。

- Version:OpenLDAP 伺服端所使用的版本。

- Base:OpenLDAP 的根域,如 dc=gdy,dc=com。

- Username:OpenLDAP 服務管理員,如 cn=Manager,dc=gdy,dc=com。

- Password:OpenLDAP 管理員密碼,透過 rootpw 指定。

3. 連接 OpenLDAP 服務。按兩下建立的連接,即可連接至 OpenLDAP 伺服端進行管理(見圖 5-27)。

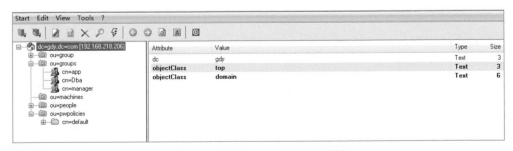

圖 5-27 連接至 OpenLDAP 伺服器

5.7 | LDAP Admin 管理 entry

本章介紹如何透過 LDAP Admin 程式管理 entry。選擇 entry 並透過右擊顯示可以完成的操作，如使用者密碼設定、修改 entry、複製 entry、移動 entry、建立別名、重命名、刪除、刷新、搜索、查看屬性等操作。

5.7.1 entry 管理

以下為查看 jboss 使用者屬性資訊。

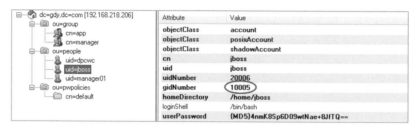

圖 5-28 查看 jboss 使用者的資訊

從圖 5-28 中不難發現當前 jboss 使用者屬於 app 群組一名成員。選擇 uid=jboss，右擊它，選擇 Edit Entry 命令，彈出圖 5-29 所示畫面。

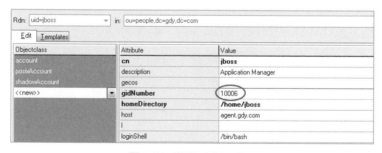

圖 5-29 修改 gidNumber

因為 gidNumber 對應當前 jboss 使用者所屬的群組，所以直接修改 gidNumber 對應的值為 10006 即可。

5.7.2 ou 管理

第 1 章對 OpenLDAP 相關術語進行了系統介紹。其實 ou 在 OpenLDAP 伺服端中的概念類似於作業系統群組的概念，它用於存放各種類型的資源，進而對諸如使用者、主機、印表機等各種設備資源進行管理。所以本節介紹 ou 的管理和維護。

建立 ou，選擇根域（dc=gdy,dc=com），右擊並從上下文功能表中選擇 New → Group 命令（見圖 5-30）。

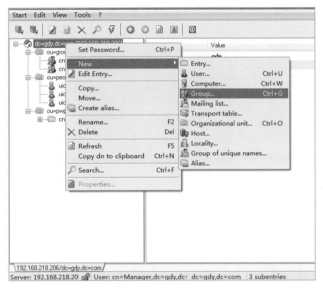

圖 5-30　建立 ou

選擇 Group 後，會彈出如圖 5-31 所示畫面，選擇 Members 標籤，彈出另外一個畫面，從中可以選擇群組成員。

其中幾個選項含義如下。

▶ Group name 主要用於定義群組的名稱。

▶ Description 主要用於描述群組的用途。

▶ Members 主要用於將相關資源類型新增至群組中，實現集中管理。透過 Add 按鈕新增資源類型到群組中，透過 Remove 按鈕將資源類型從群組中移除。

5.7.3 objectClass 管理

OpenLDAP 主要基於使用者身份進行管理，很多功能設定及執行也基於使用者。當對使用者新增新的屬性時，需要新增 objectClass 至使用者屬性中，然後再指定使用者的屬性及值，否則提示無法識別屬性及值。關於 objectClass、Attribute 的概念讀者可回顧第 1 章，後面章節將會多次應用，在此就不做過多的介紹。

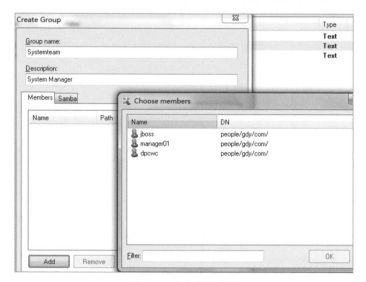

圖 5-31　設定群組資訊

下面為使用者新增 objectClass，以支援更多屬性資訊。

選擇需要新增物件的資源類型（本節以使用者為例），右擊並選擇 Edit Entry 命令即可出現如圖 5-32 所示畫面，從左側窗格中，可以選擇需要新增的物件類別型以及範本。但注意，當所新增的物件類別型不存在時，一般透過將對應 schema 檔導入伺服器，以建立該物件，然後新增物件即可。

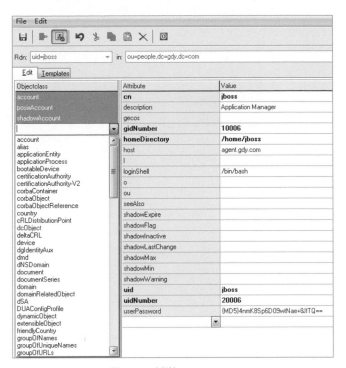

圖 5-32 新增 objectClass

關於 LDAP Admin 軟體的使用就介紹到這裡，更多操作讀者可透過自學瞭解。

5.8 | 本章總結

本章說明了 phpLDAPadmin、LAM（LDAP Account Manager）軟體安裝及管理，讀者可以透過圖形化管理工具對 OpenLDAP 伺服端進行維護，如 entry 的新增、刪除、更改、查詢、匯出、導入以及監控等操作。透過圖形化管理介面，讀者可加深對 OpenLDAP 邏輯結構的瞭解，更直觀地看到物件類別型所支援的屬性資訊。最後透過對 LDAP Admin 軟體的介紹，有助於讀者透過定義 LDIF 檔對 OpenLDAP 目錄樹進行維護。

下面的章節會帶領讀者進入 OpenLDAP 進階話題，如權限控制、密碼策略設計、主機控制策略、同步原理與實現、高可用負載架構原理與實現，以及憑證簽署的實現、加密資料傳輸等。

第 II 篇
進階篇

第一篇對 OpenLDAP 基礎知識進行系統的闡述。其中的範例包括如何將用戶端加入伺服器端並進行帳號的驗證、授權操作以及透過命令與圖形管理 OpenLDAP 等。

讀者也不難發現,所有的 OpenLDAP 使用者都可以登入系統,所有帳號權限都一致,伺服器端和用戶端使用明碼傳輸,密碼策略稽核以及 OpenLDAP 伺服器單點故障等問題的存在,使得系統安全性無法得到保障。大家可以心中帶著多點疑問來繼續閱讀後面的章節,讓筆者藉由進階篇一步步為讀者解開疑點,讓 OpenLDAP 在企業應用中更可靠、更穩定、更安全。

本篇為進階篇,主要分為 5 章。

▶ 第 6 章對 OpenLDAP 權限控制、密碼策略、密碼稽核進行闡述。例如透過 sudo 規則控制使不同使用者或者不同群組根據需求具有不同權限,透過 ppolicy 模組實現使用者密碼為數控制以及提供密碼稽核功能。

▶ 第 7 章帶領讀者瞭解 OpenLDAP 主機控制策略,實現不同使用者具有不同系統登入限制。例如資料庫使用者只能登入資料庫系統,應用使用者只能登入應用系統。該章會從系統及 OpenLDAP 伺服器自身兩個層面介紹主機控制策略,重點以 OpenLDAP 伺服器如何實現主機控制為主進行詳解,從而保障系統安全性。

▶ 第 8 章介紹目前三種加密演算法(對稱加密、單向加密、非對稱加密)及實現方式,並透過自建 CA 憑證授權與 OpenLDAP 整合,實現用戶端與伺服器端使用加密資料傳輸以及在用戶端實現加密傳輸。

▶ 第 9 章主要對 OpenLDAP 伺服器 5 種同步機制原理（syncrepl、MirrorMode、N-Way Multi-Master、syncrepl Proxy、Delta-syncrepl）及實現方式進行講解。讀者可以根據當前需求情況選擇一種或兩種部署 OpenLDAP 架構，防止出現單點故障。

▶ 第 10 章主要介紹 OpenLDAP 高可用負載平衡架構的實現，這也是目前所有應用平臺架構所考慮的環節，從而保證系統與系統之間平均回應使用者請求，以及當一台伺服器出現異常，另一台伺服器正常提供服務，從而保證系統架構 24h 線上提供服務。該章主要透過 LVS、Keepalived、F5、A10 詳細介紹執行方式及過程。

## 第 6 章

OpenLDAP 權限、
密碼策略控制

看完前幾章的內容，讀者應該完全可以藉由 OpenLDAP 自身帳號登入用戶端來進行維護操作，但有時在維護操作時，需要指定某個使用者對用戶端進行相關的變更等操作。例如，JBOSS 服務通常需要 appman 使用者權限進行維護，Oracle 資料庫服務通常需要 Oracle 使用者和 Grid 等使用者來進行維護。預設系統不允許其他使用者執行命令，也不允許執行越權命令（如：超過自身權限的指令）。這時，如何透過 OpenLDAP 使用者切換到作業系統使用者來進行維護系統呢？預設所有 OpenLDAP 使用者對所有加入 OpenLDAP 伺服端的用戶端機器上有相同的權限，為了滿足工作環境中的安全需求，此時需要引入權限差異化功能，這就是本章所要講解的內容——OpenLDAP 帳號的 sudo 權限設定，以實現使用者權限提升。

對於使用者密碼的安全性，通常會藉由調整密碼策略，來確保帳號密碼的安全性。例如，密碼的長度、使用者 UID 的範圍、使用者群組 ID 的範圍、是否建立使用者家目錄、使用者 umask 值、使用者密碼過期警告設定以及使用者密碼的過期時間等。本地使用者透過使用本地密碼安全性原則（/etc/login.defs 和 pam 模組），OpenLDAP 使用者則使用伺服端定義的密碼策略（cn=default, ou=pwpolicies,dc=gdy,dc=com）。本章會介紹以上兩種方式，且會詳細介紹基於 OpenLDAP 伺服端客製密碼策略實現。

6.1 | Sudo 詳解

6.1.1 sudo 概念描述

sudo 是提升使用者權限的一種實現方式。當本地系統使用者想切換到超級管理員（root）使用者下執行命令時，一般有兩種實現方式：一是透過系統內建的 su（switch user）指令切換到 root 身份後，再執行相關命令。當切換到 root 使用者身份前，此使用者首先要獲得 root 的密碼，否則，無法完成切換操作。root 使用者在系統中有至高無上的權限，為了安全，root 的密碼不應該讓其他人知道，因為 su 命令存在這個缺點，所以在工作環境中 su 不會單獨使用。同理，sudo 就應用而生，sudo 可以讓一般使用者執行系統管理員所指定的命令或者 root 使用者的所有命令，且不需要知道 root 的密碼即可切換，命令透過 sudo 調用 /etc/sudoers 設定檔所定義的命令、主機及執行身份，實現用戶昇權。在工作環境中，sudo 在各大不同的發佈版本中實現用戶昇權。

6.1.2 系統權限闡述

讀者可以根據系統中使用者及群組對檔案具有的權限做更進一步的了解。

從圖 6-1 得 知，檔 案 的 權 限 為 664，其 Owner 為 zhangsan 使 用 者，Group 為 appteam，非所屬之 owner 及 group 為其他使用者（other）。在 UNIX & Linux 系統中，除了特殊權限（如 setfacl 特殊權限）外，其他權限基本分為三種：可讀（r/read | 4）、可寫（w/write | 2）、可執行（x | 1），所以 File 檔的權限透過十進位組合為 644。讀者不難發現此檔的 owner 為 zhangsan，它具有讀寫權限。group 為 appteam，且 appteam 這 group 下的所有成員都具有讀寫權限，前提是將使用者新增至 appteam 群組內即可。除了 zhangsan 使用者和 appteam 群組下的所有成員外，其他使用者均具有讀取權限。

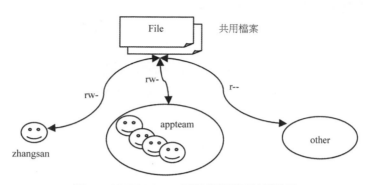

圖 6-1 UNIX & Linux 系統檔權限屬性描述圖

同樣，OpenLDAP 伺服端定義的使用者和群組權限也是如此，筆者希望讀者能夠基於用戶及群組對檔案的權限，加深對 sudo 權限的理解，否則，後續要了解相關 OpenLDAP sudo 設定會有些困難。

6.2 | sudo 權限等級分類

sudo 權限等級基本分為三種：user 等級、group 等級與命令等級。

6.2.1 User 等級概念

user 等級是指一個使用者可以切換到指定使用者，並透過切換後的使用者身份執行操作。

範例如下：

```
# whoamin
zhangsan
# sudo su - lisi
lisi
```

6.2.2 Group 等級概念

group 等級是指為群組定義 sudo 權限，此時群組內所包含的使用者均具有群組所定義的權限規則。

範例如下：

```
cat >> /etc/sudoers << EOF
%manager ALL=NOPASSWD:/usr/sbin/useradd, /usr/sbin/userdel
EOF
# adduser  zxt
# passwd zxt
Changing password for user zxt.
New password:
Retype new password:
passwd: all authentication tokens updated successfully.
# groupadd manager
# usermod -a -G manager  zxt
```

預設情況下，只有 root 使用者具有新增和刪除使用者的權限，其他使用者不具有此權限。經過 sudo 的設定及把使用者新增到 manager 群組，此時 zxt 使用者具有新增和刪除使用者的權限。

6.2.3 命令等級概念

命令等級是指使用者可以透過定義的 sudo 權限執行超過自身權限的指令。例如，一般使用者沒有新增使用者的權限，此時透過設定 sudo 規則讓某個使用者具有新增、刪除使用者的權限，也稱提升使用者權限，使用者權限的提升透過 root 身份進行設定。

範例如下。

```
# cat >> /etc/sudoers << EOF
zxt     ALL=NOPASSWD:/usr/sbin/useradd, /usr/sbin/userdel
EOF
```

此時，只有 root 使用者及 zxt 使用者具有新增和刪除使用者的權限，其他使用者則不具備此權限。

6.3 | sudo 執行流程講解

使用者調用 sudo 權限流程圖講解

使用者調用 sudo 權限流程圖見圖 6-2。

圖 6-2 使用者調用 sudo 權限流程圖

使用者調用 sudo 設定昇權的流程如下。

當使用者使用帳號登入伺服器並調用 sudo 命令時，系統會根據 /etc/nsswitch.conf 檔所定義的 sudoers 的查找順序進行搜索。例如，當 nsswitch.conf 檔 sudo 定義為 sudoers: file ldap 時，使用者先去本地的 sudoers 檔中查找使用者所定義的權限，並根據 sudo 設定是否需要使用者提供密碼。如果在本地 sudoers 檔中沒有相符的使用者權限，系統會去 OpenLDAP 伺服端查找 sudo 權限的定義以及是否需要使用者提供密碼等驗證資訊；如果有則執行。如果本地 sudoers 檔和 LDAP 伺服端都沒有匹配使用者的 sudo 規則，使用者執行會傳回錯誤訊息。

6.4 | OpenLDAP sudo 權限講解

sudo 常見的屬性介紹

sudo 常見的屬性包括：

▶ sudoCommand：可執行的命令，如 useradd、userdel、mount、umount 等。

▶ sudoHost：可在哪些機器上執行 sudoCommand 定義的 BASH 命令。

▶ sudoNotAfter：起始時間 sudo 規則匹配。

▶ sudoNotBefore：結束時間 sudo 規則匹配。

▶ sudoOption：定義超過自身權限及切換至其他使用者時，是否需要輸入當前使用者密碼。

▶ sudoOrder：sudo 規則執行順序，其屬性是一個整數。

▶ sudoRole：定義的規則。

▶ sudoRunAs：可切換到定義的使用者身份下執行 BASH 命令。

▶ sudoRunAsGroup：可切換到定義所屬群組並具有該群組的權限。

▶ sudoRunAsUser：定義可切換至哪些使用者下執行命令。

▶ sudoUser：限制哪些使用者或哪些群組內的成員具有 sudo 相關規則。

6.5 | sudo 權限控制實戰

6.5.1 sudo 權限控制實戰拓撲圖

sudo 權限控制實戰拓撲圖如圖 6-3 所示。

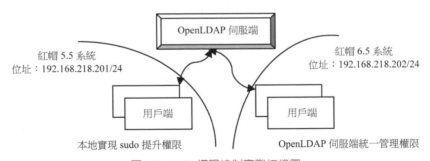

圖 6-3 sudo 權限控制實戰拓撲圖

本章透過設定 sudo 規則實現使用者提升權限，執行方式分為兩種。一種是透過修改本地 sudoers 檔實現，OpenLDAP 伺服端不需要額外的設定，所有操作均在使用者端實現，這種實現方式不利於集中控制使用者權限。另一種是透過 OpenLDAP 伺服端進行設定，並新增相關選項使其讓使用者端識別即可。例如，在 OpenLDAP 使用者端設定檔中新增 sudoers_base 屬性。後者有利於使用者權限統一集中管理並認證，當修改某個使用者的 sudo 權限時，只需要在伺服端更改 sudo entry 即可，而不需要大費周章在每台伺服器上修改 sudoers 檔。筆者分別介紹以群組及使用者等級實現使用者透過 sudo 設定實現使用者提升權限操作講解及示範。本章重點講解基於 OpenLDAP 伺服端實現使用者提升權限。

6.5.2　透過本地 sudo 規則實現 OpenLDAP 使用者昇權設定

要透過本地 sudo 規則實現 OpenLDAP 使用者昇權，可按以下步驟操作。

1. 透過以下原始碼，設定使用者端加入 OpenLDAP 伺服端實現使用者驗證。

```
[root@test01 ~]# authconfig --enableldap --enableldapauth -enablemkhomedir \
--enableforcelegacy --disablesssd  --disablesssdauth -disableldaptls
--enablelocauthorize \
--ldapserver=192.168.218.206  --ldapbasedn="dc=gdy,dc=com" --enableshadow \
--update
```

2. 透過以下原始碼，驗證 lisi 使用者是否具有新增使用者權限。

```
[lisi@test01 ~]$ sudo /usr/sbin/useradd test
[sudo] password for lisi:
lisi is not in the sudoers file.  This incident will be reported.
[lisi@test01 ~]$ sudo su appman
[sudo] password for lisi:
lisi is not in the sudoers file.  This incident will be reported.
```

　　預設 sudo 昇權使用本地 sudoers 檔進行搜尋比對，如果指定其他取得方式，則需要新增 sudoers 屬性並指定驗證類型。從以上結果不難發現，當前 OpenLDAP lisi 使用者沒有權限建立使用者以及切換到 appman 權限，提示 "lisi is not in the sudoers file"，因一般使用者不具備操作管理員指令的權限，那如何提升並靈活管理使用者權限呢？請看以下說明。

3. 自訂 sudo 規則。

- 透過使用者等級實現 sudo 昇權，關於使用者等級和群組等級定義，上面已經介紹，在此不做過多的說明。

- 透過本地 sudoers 檔實現使用者昇權，命令如下：筆者建議使用 visudo 命令進行修改，原因是 visudo 本身有自我語法檢測功能。當存在語法錯誤時，visudo 提示並建議修改設定。筆者不建議使用 vim 編輯 sudoers 檔設定 sudo 規則。

```
# cat >> /etc/sudoers << EOF
lisi ALL=NOPASSWD:/bin/su *appman*,/usr/sbin/useradd,/usr/sbin/userdel
zhangsan ALL=NOPASSWD:/bin/su *oracle*,/bin/su *grid*
EOF
```

- 透過群組等級實現 sudo 昇權。
- 在工作環境中設定 sudo 實現使用者昇權，命令如下：無論使用本地 sudoers 檔還是基於 OpenLDAP 伺服端提升使用者權限，筆者都強烈推薦以群組的方式進行定義，以方便管理。

```
# cat >> /etc/sudoers << EOF
User_Alias APPTEAM = lisi
APPTEAM ALL=NOPASSWD:/bin/su *appman*,/usr/sbin/useradd,/usr/sbin/userdel
User_Alias DBTEAM = zhangsan
DBTEAM ALL=NOPASSWD:/bin/su *oracle*,/bin/su *grid*
EOF
```

在以上 sudo 設定中，lisi 使用者具有切換到 appman 使用者且具有維護本地系統使用者的管理權限，如新增、刪除本地系統使用者。zhangsan 使用者具有切換到 oracle 和 grid 使用者的權限，但不能執行超出自身命令範圍以外的指令。

4. 用戶端再次驗證 sudo 權限，命令如下：

```
[lisi@test01 ~]$ sudo /usr/sbin/useradd sudouser
[lisi@test01 ~]$ id sudouser
uid=20008(sudouser) gid=20008(sudouser) groups=20008(sudouser)
[lisi@test01 ~]$ sudo su - appman
[appman@test01 ~]$ whoami
appman
[appman@test01 ~]$
```

從上述結果得知，當前 lisi 使用者具有新增和刪除使用者的權限，以及切換到 appman 使用者並以 appman 身份執行操作的權限。以上關於 sudo 的設定，往往也在系統中限制使用者的權限，讀者可放心使用，以上設定來自筆者的真實應用環境和資料庫環境案例。

關於使用本地 sudo 設定檔實現使用者昇權，筆者就簡單介紹到這裡。關於 sudo 的更多設定方法，讀者可以透過 man 進行學習。下面幾節講述如何在 OpenLDAP 伺服端定義 sudo 規則，實現使用者昇權。

6.5.3 在 OpenLDAP 伺服端實現使用者權限控制

要在 OpenLDAP 伺服端實現使用者權限控制，實施步驟如下。

▶ 導入 sudo schema

▶ 定義 sudo 規則 entry 及 sudo 群組

▶ 使用者加入 sudo 群組，繼承 sudo 權限

▶ 命令新增及修改

▶ 圖形化管理介面設定

▶ 用戶端設定加入 OpenLDAP 伺服端

▶ 用戶端識別 sudo 策略及驗證使用者權限

1. 在 OpenLDAP 伺服端中引入 sudo schema 規則。

在 OpenLDAP 伺服端中，schema 是 LDAP 的一個重要組成部分，它類似於資料庫的模式定義，LDAP 的 schema 定義了 LDAP 目錄樹所應遵循的結構和規則。比如，一個 objectClass 具有哪些屬性，這些屬性又具有什麼結構特點等相關定義，哪些屬性是必需的，哪些屬性是非必需的。所以 schema 給 LDAP 提供了規範、屬性等資訊的識別方式，哪些物件可以被 LDAP 服務識別都是由 schema 來定義的。

OpenLDAP 的預設 schema 中不包含 sudo 所需要的資料結構，這時需要我們自行導入 sudo schema 檔。透過 rpm –ql sudo 來取得 sudo 關於 schema 的存放路徑，將 schema 檔複製到 /etc/openldap/schema 目錄下並透過 include 在 slapd.conf 中引用此 schema 檔，然後轉換為 ldif 格式，透過 OpenLDAP 相關指令進行轉換並導入後方可使用。具體命令如下所示：

```
[root@mldap01 ~]# /bin/cp -f /usr/share/doc/sudo-1.8.6p3/schema.OpenLDAP /etc/
openldap/
schema/sudo.schema
[root@mldap01 ~]# restorecon /etc/openldap/schema/sudo.schema
[root@mldap01 ~]# mkdir ~/sudo
[root@mldap01 ~]# echo "include /etc/openldap/schema/sudo.schema" >
~/sudo/sudoSchema.conf
[root@mldap01 ~]# slapcat -f ~/sudo/sudoSchema.conf -F /tmp/ -n0 -s "cn={0}
sudo,cn=schema,
cn=config" > ~/sudo/sudo.ldif
[root@mldap01 ~]# sed -i "s/{0}sudo/{12}sudo/g" ~/sudo/sudo.ldif
```

```
[root@mldap01 ~]# head -n-8 ~/sudo/sudo.ldif > ~/sudo/sudo-config.ldif
[root@mldap01 ~]# cat ~/sudo/sudo-config.ldif | more
dn: cn={12}sudo,cn=schema,cn=config
objectClass: olcSchemaConfig
cn: {12}sudo
olcAttributeTypes: {0}( 1.3.6.1.4.1.15953.9.1.1 NAME 'sudoUser' DESC 'User(s)
 who may  run sudo' EQUALITY caseExactIA5Match SUBSTR caseExactIA5SubstringsMa
 tch SYNTAX 1.3.6.1.4.1.1466.115.121.1.26 )
olcAttributeTypes: {1}( 1.3.6.1.4.1.15953.9.1.2 NAME 'sudoHost' DESC 'Host(s)
 who may run sudo' EQUALITY caseExactIA5Match SUBSTR caseExactIA5SubstringsMat
 ch SYNTAX 1.3.6.1.4.1.1466.115.121.1.26 )
olcAttributeTypes: {2}( 1.3.6.1.4.1.15953.9.1.3 NAME 'sudoCommand' DESC 'Comma
 nd(s) to be executed by sudo' EQUALITY caseExactIA5Match SYNTAX 1.3.6.1.4.1.1
 466.115.121.1.26 )
olcAttributeTypes: {3}( 1.3.6.1.4.1.15953.9.1.4 NAME 'sudoRunAs' DESC 'User(s)
  impersonated by sudo (deprecated)' EQUALITY caseExactIA5Match SYNTAX 1.3.6.1
 .4.1.1466.115.121.1.26 )
olcAttributeTypes: {4}( 1.3.6.1.4.1.15953.9.1.5 NAME 'sudoOption' DESC 'Option
 s(s) followed by sudo' EQUALITY caseExactIA5Match SYNTAX 1.3.6.1.4.1.1466.115
 .121.1.26 )
olcAttributeTypes: {5}( 1.3.6.1.4.1.15953.9.1.6 NAME 'sudoRunAsUser' DESC 'Use
 r(s) impersonated by sudo' EQUALITY caseExactIA5Match SYNTAX 1.3.6.1.4.1.1466
 .115.121.1.26 )
olcAttributeTypes: {6}( 1.3.6.1.4.1.15953.9.1.7 NAME 'sudoRunAsGroup' DESC 'Gr
 oup(s) impersonated by sudo' EQUALITY caseExactIA5Match SYNTAX 1.3.6.1.4.1.14
 66.115.121.1.26 )
olcAttributeTypes: {7}( 1.3.6.1.4.1.15953.9.1.8 NAME 'sudoNotBefore' DESC 'Sta
 rt of time interval for which the entry is valid' EQUALITY generalizedTimeMat
 ch ORDERING generalizedTimeOrderingMatch SYNTAX 1.3.6.1.4.1.1466.115.121.1.24
 )
olcAttributeTypes: {8}( 1.3.6.1.4.1.15953.9.1.9 NAME 'sudoNotAfter' DESC 'End
 of time interval for which the entry is valid' EQUALITY generalizedTimeMatch
 ORDERING generalizedTimeOrderingMatch SYNTAX 1.3.6.1.4.1.1466.115.121.1.24 )
olcAttributeTypes: {9}( 1.3.6.1.4.1.15953.9.1.10 NAME 'sudoOrder' DESC 'an int
 eger to order the sudoRole entries' EQUALITY integerMatch ORDERING integerOrd
 eringMatch SYNTAX 1.3.6.1.4.1.1466.115.121.1.27 )
olcObjectClasses: {0}( 1.3.6.1.4.1.15953.9.2.1 NAME 'sudoRole' DESC 'Sudoer En
 tries' SUP top STRUCTURAL MUST cn MAY ( sudoUser $ sudoHost $ sudoCommand $ s
 udoRunAs $ sudoRunAsUser $ sudoRunAsGroup $ sudoOption $ sudoOrder $ sudoNotB
 efore $ sudoNotAfter $ description ) )
[root@mldap01 ~]# ls /etc/openldap/slapd.d/cn\=config/cn\=schema
cn={0}corba.ldif        cn={1}core.ldif     cn={4}dyngroup.ldif       cn={7}misc.ldif
cn={10}ppolicy.ldif     cn={2}cosine.ldif   cn={5}inetorgperson.ldif  cn={8}nis.ldif
cn={11}collective.ldif cn={3}duaconf.ldif cn={6}java.ldif          cn={9}openldap.ldif
```

目前的目錄沒有 sudo 相關的資料檔案，透過 ldapadd 完成新增後，再次查看是否自動建立 sudo 所使用的資料檔案。

2. 透過 ldapadd 指令將 sudo 所產生的 ldif 檔導入資料庫中，命令如下：

```
[root@mldap01 ~]# cat << EOF | ldapadd -Y EXTERNAL -H ldapi:///
> dn: cn={12}sudo,cn=schema,cn=config
> objectClass: olcSchemaConfig
> cn: {12}sudo
> olcAttributeTypes: {0}( 1.3.6.1.4.1.15953.9.1.1 NAME 'sudoUser' DESC 'User(s)
>  who may  run sudo' EQUALITY caseExactIA5Match SUBSTR caseExactIA5SubstringsMa
>  tch SYNTAX 1.3.6.1.4.1.1466.115.121.1.26 )
> olcAttributeTypes: {1}( 1.3.6.1.4.1.15953.9.1.2 NAME 'sudoHost' DESC 'Host(s)
>  who may run sudo' EQUALITY caseExactIA5Match SUBSTR caseExactIA5SubstringsMat
>  ch SYNTAX 1.3.6.1.4.1.1466.115.121.1.26 )
> olcAttributeTypes: {2}( 1.3.6.1.4.1.15953.9.1.3 NAME 'sudoCommand' DESC 'Comma
>  nd(s) to be executed by sudo' EQUALITY caseExactIA5Match SYNTAX 1.3.6.1.4.1.1
>  466.115.121.1.26 )
> olcAttributeTypes: {3}( 1.3.6.1.4.1.15953.9.1.4 NAME 'sudoRunAs' DESC 'User(s)
>   impersonated by sudo (deprecated)' EQUALITY caseExactIA5Match SYNTAX 1.3.6.1
>  .4.1.1466.115.121.1.26 )
> olcAttributeTypes: {4}( 1.3.6.1.4.1.15953.9.1.5 NAME 'sudoOption' DESC 'Option
>  s(s) followed by sudo' EQUALITY caseExactIA5Match SYNTAX 1.3.6.1.4.1.1466.115
>  .121.1.26 )
> olcAttributeTypes: {5}( 1.3.6.1.4.1.15953.9.1.6 NAME 'sudoRunAsUser' DESC 'Use
>  r(s) impersonated by sudo' EQUALITY caseExactIA5Match SYNTAX 1.3.6.1.4.1.1466
>  .115.121.1.26 )
> olcAttributeTypes: {6}( 1.3.6.1.4.1.15953.9.1.7 NAME 'sudoRunAsGroup' DESC 'Gr
>  oup(s) impersonated by sudo' EQUALITY caseExactIA5Match SYNTAX 1.3.6.1.4.1.14
>  66.115.121.1.26 )
> olcAttributeTypes: {7}( 1.3.6.1.4.1.15953.9.1.8 NAME 'sudoNotBefore' DESC 'Sta
>  rt of time interval for which the entry is valid' EQUALITY generalizedTimeMat
>  ch ORDERING generalizedTimeOrderingMatch SYNTAX 1.3.6.1.4.1.1466.115.121.1.24
>   )
> olcAttributeTypes: {8}( 1.3.6.1.4.1.15953.9.1.9 NAME 'sudoNotAfter' DESC 'End
>  of time interval for which the entry is valid' EQUALITY generalizedTimeMatch
>  ORDERING generalizedTimeOrderingMatch SYNTAX 1.3.6.1.4.1.1466.115.121.1.24 )
> olcAttributeTypes: {9}( 1.3.6.1.4.1.15953.9.1.10 NAME 'sudoOrder' DESC 'an int
>  eger to order the sudoRole entries' EQUALITY integerMatch ORDERING integerOrd
>  eringMatch SYNTAX 1.3.6.1.4.1.1466.115.121.1.27 )
> olcObjectClasses: {0}( 1.3.6.1.4.1.15953.9.2.1 NAME 'sudoRole' DESC 'Sudoer En
>  tries' SUP top STRUCTURAL MUST cn MAY ( sudoUser $ sudoHost $ sudoCommand $ s
>  udoRunAs $ sudoRunAsUser $ sudoRunAsGroup $ sudoOption $ sudoOrder $ sudoNotB
>  efore $ sudoNotAfter $ description ) )
> EOF
```

```
SASL/EXTERNAL authentication started
SASL username: gidNumber=0+uidNumber=0,cn=peercred,cn=external,cn=auth
SASL SSF: 0
adding new entry "cn={12}sudo,cn=schema,cn=config"
```

讀者不難發現此指令成功新增了一個新 entry "cn={12}sudo,cn=schema,cn=config"。

3. 再次檢查 OpenLDAP 資料庫目錄中 schema 產生的檔，命令如下：

```
[root@mldap01 ~]# ls /etc/openldap/slapd.d/cn\=config/cn\=schema
cn={0}corba.ldif        cn={12}sudo.ldif        cn={3}duaconf.ldif        cn={6}java.
ldif
cn={9}openldap.ldif     cn={10}ppolicy.ldif     cn={1}core.ldif
cn={4}dyngroup.ldif     cn={7}misc.ldif         cn={11}collective.ldif
cn={2}cosine.ldif       cn={5}inetorgperson.ldif cn={8}nis.ldif
```

讀者不難發現，目前的目錄多了一個關於 sudo 的設定檔 cn={12}sudo.ldif 檔，並且在 schema 目錄下會存在 sudo.schema。

4. 查看 sudo schema 所支援的物件類型，命令如下：

```
[root@mldap01 ~]# ldapsearch -LLLY EXTERNAL -H ldapi:/// -b cn={12}sudo,cn=schema,
cn=config | grep NAME | awk '{print $4,$5 }' | sort
SASL/EXTERNAL authentication started
SASL username: gidNumber=0+uidNumber=0,cn=peercred,cn=external,cn=auth
SASL SSF: 0
NAME 'sudoCommand'
NAME 'sudoHost'
NAME 'sudoNotAfter'
NAME 'sudoNotBefore'
NAME 'sudoOption'
NAME 'sudoOrder'
NAME 'sudoRole'
NAME 'sudoRunAs'
NAME 'sudoRunAsGroup'
NAME 'sudoRunAsUser'
NAME 'sudoUser'
```

5. 在 OpenLDAP 目錄樹中建立 sudoers entry。

sudoers 的設定資訊存放在 ou=sudoers 的子樹中，預設 OpenLDAP 使用者沒有指定 sudo 規則，OpenLDAP 首先在目錄樹子樹中尋找 entry 中 cn=defaults，如果找到，那麼所有的 sudoOption 屬性都會被解析為全域預設值，這類似於系統 sudo（/etc/sudoers）檔中的 Defaults 語句。

當使用者到 OpenLDAP 伺服端中查詢一個 sudo 使用者權限時一般有兩到三次查詢。第一次查詢解析全域設定，第二次查詢匹配使用者名稱或者使用者所在的群組（特殊標籤 ALL 也在此次查詢中匹配），如果沒有找到相關匹配項，則發出第三次查詢，此次查詢返回所有包含使用者群組的 entry 並檢查該使用者是否存在於這些群組中。接下來建立 OpenLDAP 的 sudoers 子樹。具體命令如下：

```
[root@mldap01 ~]# cat << EOF | ldapadd -D "cn=Manager,dc=gdy,dc=com" -h
192.168.218.206
-x -W
dn: ou=sudoers,dc=gdy,dc=com
objectClass: organizationalUnit
ou: sudoers

dn: cn=defaults,ou=sudoers,dc=gdy,dc=com
objectClass: sudoRole
cn: defaults
description: Default sudoOption's go here
sudoOption: requiretty
sudoOption: !visiblepw
sudoOption: always_set_home
sudoOption: env_reset
sudoOption: env_keep="COLORS DISPLAY HOSTNAME HISTSIZE INPUTRC KDEDIR LS_COLORS"
sudoOption: env_keep+="MAIL PS1 PS2 QTDIR USERNAME LANG LC_ADDRESS LC_CTYPE"
sudoOption: env_keep+="LC_COLLATE LC_IDENTIFICATION LC_MEASUREMENT LC_MESSAGES"
sudoOption: env_keep+="LC_MONETARY LC_NAME LC_NUMERIC LC_PAPER LC_TELEPHONE"
sudoOption: env_keep+="LC_TIME LC_ALL LANGUAGE LINGUAS _XKB_CHARSET XAUTHORITY"
sudoOption: secure_path=/sbin:/bin:/usr/sbin:/usr/bin

dn: cn=%dba,ou=sudoers,dc=gdy,dc=com
objectClass: sudoRole
cn: %dba
sudoUser: %dba
sudoHost: ALL
sudoRunAsUser: oracle
sudoRunAsUser: grid
sudoOption: !authenticate
sudoCommand: /bin/bash

dn: cn=%app,ou=sudoers,dc=gdy,dc=com
objectClass: sudoRole
cn: %app
sudoUser: %app
sudoHost: ALL
sudoRunAsUser: appman
```

```
sudoOption: !authenticate
sudoCommand: /bin/bash

dn: cn=%admin,ou=sudoers,dc=gdy,dc=com
objectClass: sudoRole
cn: %admin
sudoUser: %admin
sudoHost: ALL
sudoOption: authenticate
sudoCommand: /bin/rm
sudoCommand: /bin/rmdir
sudoCommand: /bin/chmod
sudoCommand: /bin/chown
sudoCommand: /bin/dd
sudoCommand: /bin/mv
sudoCommand: /bin/cp
sudoCommand: /sbin/fsck*
sudoCommand: /sbin/*remove
sudoCommand: /usr/bin/chattr
sudoCommand: /sbin/mkfs*
sudoCommand: !/usr/bin/passwd
sudoOrder: 0

dn: cn=%limit,ou=sudoers,dc=gdy,dc=com
objectClass: top
objectClass: sudoRole
cn: %limit
sudoCommand: /usr/bin/chattr
sudoHost: limit.gdy.com
sudoOption: !authenticate
sudoRunAsUser: ALL
sudoUser: %limit
EOF
Enter LDAP Password:
adding new entry "ou=sudoers,dc=gdy,dc=com"

adding new entry "cn=defaults,ou=sudoers,dc=gdy,dc=com"

adding new entry "cn=%dba,ou=sudoers,dc=gdy,dc=com"

adding new entry "cn=%app,ou=sudoers,dc=gdy,dc=com"

adding new entry "cn=%admin,ou=sudoers,dc=gdy,dc=com"

adding new entry "cn=%limit,ou=sudoers,dc=gdy,dc=com"
```

```
adding new entry "cn=%manager,ou=sudoers,dc=gdy,dc=com"
[root@mldap01 ~]#
```

從以上操作中，讀者不難發現 app 群組可以 sudo 切換到系統 appman 使用者下，而且也不需要輸入驗證密碼，同理 admin 群組裡面的使用者只能透過 sudo 執行允許的命令，其他越權命令不允許執行。dba 群組裡面的使用者可以透過 sudo 命令切換到系統 oracle 和 grid 使用者下，且不需要輸入驗證密碼。limit 群組裡面的使用者只允許在 limit.gdy.com 機器上透過 sudo 執行一條命令，且不需要提供驗證密碼，其他任何機器都不能使用 sudo 命令執行命令。manager 群組裡面的使用者可以在任何主機上執行 sudo 命令，沒有任何限制，如果要求 OpenLDAP 使用者提示輸入密碼，只需要將 "!authenticate" 中的感嘆號去掉即可。

6. 新增 OpenLDAP 使用者到 app 群組和 manager 群組中。

此 app 和 manager 群組類似於 /etc/sudoers 中的 User_Alias app|manager 欄位，但在 sudoers 設定是群組必須是大寫，否則會提示 visudo: >>> /etc/sudoers: syntax error near line xx 錯誤，且需要編輯和修改。

```
[root@mldap01 ~]# cat << EOF | ldapadd -D "cn=Manager,dc=gdy,dc=com" -h
192.168.218.206
-x -W
> dn: cn=app,ou=groups,dc=gdy,dc=com
> objectClass: posixGroup
> cn: app
> gidNumber: 10005
>
> dn: cn=manager,ou=groups,dc=gdy,dc=com
> objectClass: posixGroup
> cn: manager
> gidNumber: 10006
>
> dn: uid=jboss,ou=people,dc=gdy,dc=com
> objectclass: account
> objectclass: posixAccount
> objectclass: shadowAccount
> cn: jboss
> uid: jboss
> uidNumber: 20006        #jboss使用者的uidNumber
> gidNumber: 10005        #app群組的gidNumber
> userPassword: gdy@123!
> homeDirectory: /home/jboss
```

```
> loginShell: /bin/bash
>
> dn: uid=manager01,ou=people,dc=gdy,dc=com
> objectclass: account
> objectclass: posixAccount
> objectclass: shadowAccount
> cn: manager01
> uid: manager01
> uidNumber: 20007
> gidNumber: 10006      #manager群組的gidNumber
> userPassword: gdy@123!
> homeDirectory: /home/manager01
> loginShell: /bin/bash
> EOF
Enter LDAP Password:
adding new entry "cn=app,ou=groups,dc=gdy,dc=com"

adding new entry "cn=manager,ou=groups,dc=gdy,dc=com"

adding new entry "uid=jboss,ou=people,dc=gdy,dc=com"

adding new entry "uid=manager01,ou=people,dc=gdy,dc=com"

[root@mldap01 ~]#
```

問題描述如下：

```
----------------------------------------------------------------------------
ldapadd: attributeDescription "dn": (possible missing newline after line 21, entry
"uid=jboss,ou=people,dc=gdy,dc=com"?)
adding new entry "uid=jboss,ou=people,dc=gdy,dc=com"
ldap_add: Type or value exists (20)
additional info: objectClass: value #0 provided more than once
```

提示如上錯誤，一般因為 ldif 檔存在語法錯誤，例如 ldif 內 entry 最後存在空格或屬性與值之間沒有空格。注意，如透過 lidf 格式新增 entry，語法格式要求比較嚴格，在執行操作時一定要注意核實，以防帶來不必要的問題。

```
----------------------------------------------------------------------------
```

7. 透過 ldapsearch 指令查看 jboss 使用者及 app 群組相關資訊，命令如下：

```
[root@mldap01 ~]# ldapsearch -x -ALL uid=jboss
dn: uid=jboss,ou=people,dc=gdy,dc=com
objectClass: account
```

```
objectClass: posixAccount
objectClass: shadowAccount
cn: jboss
uid: jboss
uidNumber: 20006      //jobss使用者ID
gidNumber: 10005      //jobss使用者所屬群組的ID
userPassword:: Z2R5QDEyMyE=
homeDirectory: /home/jboss
loginShell: /bin/bash
[root@mldap01 ~]# ldapsearch -x -ALL cn=app
dn: cn=app,ou=groups,dc=gdy,dc=com
objectClass: posixGroup
cn: app
gidNumber: 10005
```

8. 透過 phpLDAPadmin 管理介面查看當前 OpenLDAP 目錄樹結構及 sudo 規則
   （見圖 6-4）。

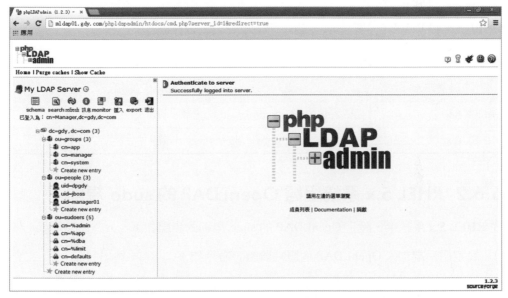

圖 6-4 查看 OpenLDAP 目錄樹結構及 sudo 規則

透過此圖，不難發現，目前的目錄樹有三個群組，分別是 app、manager 及
system。三個使用者分別是 dpgdy、jboss 以及 manager01。有五條 sudo 相關規則，
四條為手動定義的規則，一條為預設規則，更多相關資訊讀者可自行查看。

6.6 | 在用戶端設定 OpenLDAP 相關 sudo 設定

6.6.1　5.x、6.x 部署 sudo 的區別

如果在 LDAP 伺服端設定好 sudo 的設定，那麼用戶端也需要做一定的修改才能支援 sudo 的規則。RHEL 5 作業系統預設支援 sudo 設定，直接設定即可，RHEL 6.2 預設不支援 sudo，因為 RHEL 6.2 系統預設安裝的 sudo 套件不支援調用 OpenLDAP 伺服端 sudo 設定，此時需要對 sudo 套件進行升級才可完全支援 OpenLDAP sudo 規則，從 RHEL 6.3 以後版本，系統預設均支援 sudo 設定。並且 sudo 按照 /etc/nsswitch.conf 中的設定內容順序讀取 sudoer 設定，後面匹配到的規則會覆蓋之前匹配的規則，以 OpenLDAP 認證伺服端為 sudo 執行查找，只須在 nsswitch.conf 中加入 sudoers:ldap files。如果讀者需要本地設定優先，順序反過來即可，一般設定先優先使用本地進行匹配，否則使用後續規則進行匹配。

RHEL 5.x 和 RHEL 6.x 關於 sudo 設定所使用的設定檔見表 6-1。

表 6-1　RHEL 5.x 和 RHEL 6.x 關於 sudo 設定的設定檔

系統版本	設定檔
RHEL 5.x	/etc/ldap.conf、/etc/nsswitch.conf
RHEL 6.x	/etc/ sudo-ldap.conf、/etc/nsswitch.conf

6.6.2　RHEL 5.x 系統組態 OpenLDAP 的 sudo 規則

在 RHEL 5.x 系統中，設定 OpenLDAP 的 sudo 規則的步驟如下。

1. 設定用戶端加入 OpenLDAP 伺服端驗證，命令如下：

```
[root@test01 ~]# authconfig --enableldap --enableldapauth -enablemkhomedir \
--enableforcelegacy --disablesssd  --disablesssdauth --disableldaptls
--enablelocauthorize \
--ldapserver=192.168.218.206  --ldapbasedn="dc=gdy,dc=com" --enableshadow \
--update
```

2. 修改 nsswitch.conf 設定檔，在最後一行新增 sudoers: file ldap，儲存並退出，命令如下：

```
[root@test01 ~]#  cp /etc/nsswitch.conf  /etc/nsswitch.conf.bak
[root@test01 ~]# cat >> /etc/nsswitch.conf << EOF
> sudoers:    files ldap
> EOF
[root@test01 ~]# cat /etc/nsswitch.conf | grep -i sudoers
sudoers:    files ldap
[root@test01 ~]# echo $?
0
```

當使用者使用 sudo 提升權限時，系統首先透過本地 sudoers 檔進行匹配，當無法匹配規則時，再到 OpenLDAP 伺服端進行驗證。

3. 修改 ldap.conf 設定檔，使其使用 OpenLDAP 伺服端驗證 sudo 權限，命令如下：

```
[root@test01 ~]# cat >> /etc/ldap.conf << EOF
> SUDOERS_BASE ou=sudoers,dc=gdy,dc=com
> EOF
[root@test01 ~]# cat /etc/ldap.conf | grep -i sudoers
SUDOERS_BASE ou=sudoers,dc=gdy,dc=com
```

註：RHEL 5.x 和 RHEL 6 關於 sudo 的設定，區別在於，RHEL 6.2 系統中 sudo 版本不支援 OpenLDAP sudo 驗證，之後所有系統版本關於 sudo 的設定使用 sudo-ldap.conf 設定來載入 OpenLDAP 伺服端設定的 sudo 規則，然後再設定 nsswith.conf 檔的查找順序。預設 RHEL 6.2 系統中 sudo 的版本為 sudo-1.7.4p5-7.el6.x86_64，所以需要升級 sudo 1.8.6p3 版本，本書使用的 RHEL 6.5 版本和 RHEL 5.5 系統版本中，預設 sudo 版本支援 OpenLDAP 的 sudo 規則。

6.6.3 RHEL 6.5 系統組態 OpenLDAP 的 sudo 規則

在 RHEL 6.5 系統中，設定 OpenLDAP 的 sudo 規則的步驟如下。

1. 查看當前 sudo 版本是否支援 OpenLDAP 的 sudo 規則，不支援的版本需要進行升級，命令如下：

```
[root@test01 ~]# rpm -qi sudo | grep -i version
Version       : 1.8.6p3                        Vendor: Red Hat, Inc.
如果sudo版本為1.7.4p5則需要對sudo進行升級,否則無法支援openldap伺服器sudo規則的匹配
[root@test01 ~]# sudo -V
============================  //以上內容忽略
Locale to use while parsing sudoers: C
Directory in which to store input/output logs: /var/log/sudo-io
```

```
File in which to store the input/output log: %{seq}
Add an entry to the utmp/utmpx file when allocating a pty

Local IP address and netmask pairs:                    //本地IP位址以及子網路遮罩
192.168.218.207/255.255.255.0
fe80::250:56ff:fe99:f43/ffff:ffff:ffff:ffff::

Sudoers I/O plugin version 1.8.6p3        //sudo的版本資訊
```

2. 在用戶端加入 OpenLDAP 伺服端，命令如下：

```
[root@test02 ~]# authconfig --enableldap --enableldapauth -enablemkhomedir \
--enableforcelegacy --disablesssd  --disablesssdauth -disableldaptls
--enablelocauthorize \
--ldapserver=192.168.218.206  --ldapbasedn="dc=gdy,dc=com" --enableshadow \
--update
```

3. 修改 nsswitch.conf 設定檔，新增 sudo 查找順序，命令如下：

```
[root@test02 ~]#  cp /etc/nsswitch.conf  /etc/nsswitch.conf.bak
[root@test02 ~]# cat >> /etc/nsswitch.conf << EOF
> sudoers:    ldap files
> EOF
[root@test02 ~]# cat /etc/nsswitch.conf  | grep -i sudoers
sudoers:    ldap files
[root@test02 ~]# echo $?
0
```

4. 修改 sudo-ldap.conf 設定檔，新增支援後端 OpenLDAP 驗證 sudo 的參數，命令如下：

```
[root@test01 ~]# cp /etc/sudo-ldap.conf /etc/sudo-ldap.conf.bak    //備份sudo設定檔
[root@test01 ~]# cat >> /etc/sudo-ldap.conf << EOF
> SUDOERS_BASE ou=sudoers,dc=gdy,dc=com
> EOF
[root@test01 ~]# cat /etc/sudo-ldap.conf | grep -i sudoers
SUDOERS_BASE ou=sudoers,dc=gdy,dc=com
[root@test01 ~]# echo $?
0
```

至此，關於用戶端載入 OpenLDAP 的 sudo 規則也就完成了，下面測試是否 OpenLDAP 使用者可以正常使用伺服端所定義的 sudo 權限規則。

5. 驗證 OpenLDAP 帳號透過 sudo 提取系統使用者權限，命令如下：

```
Xshell for Xmanager Enterprise 4 (Build 0223)
Copyright (c) 2002-2013 NetSarang Computer, Inc. All rights reserved.

Type `help' to learn how to use Xshell prompt.
Xshell:\> ssh 192.168.218.207


Connecting to 192.168.218.207:22...
Connection established.
To escape to local shell, press 'Ctrl+Alt+]'.

/usr/bin/xauth:  creating new authority file /home/jboss/.Xauthority
[jboss@test02 ~]$ whoami
jboss
[jboss@test02 ~]$ sudo -l
Matching Defaults entries for jboss on this host:
    requiretty, env_reset, env_keep="COLORS DISPLAY HOSTNAME HISTSIZE INPUTRC KDEDIR
    LS_COLORS MAIL PS1 PS2 QTDIR USERNAME
    LANG LC_ADDRESS LC_CTYPE LC_COLLATE LC_IDENTIFICATION LC_MEASUREMENT LC_MESSAGES
    LC_MONETARY LC_NAME LC_NUMERIC LC_PAPER
    LC_TELEPHONE LC_TIME LC_ALL LANGUAGE LINGUAS _XKB_CHARSET XAUTHORITY",
    requiretty, !visiblepw, always_set_home,
    env_reset, env_keep="COLORS DISPLAY HOSTNAME HISTSIZE INPUTRC KDEDIR LS_COLORS",
    env_keep+="MAIL PS1 PS2 QTDIR USERNAME
    LANG LC_ADDRESS LC_CTYPE", env_keep+="LC_COLLATE LC_IDENTIFICATION LC_MEASUREMENT
    LC_MESSAGES", env_keep+="LC_MONETARY
    LC_NAME LC_NUMERIC LC_PAPER LC_TELEPHONE", env_keep+="LC_TIME LC_ALL LANGUAGE
LINGUAS
    _XKB_CHARSET XAUTHORITY",
    secure_path=/sbin:/bin:/usr/sbin:/usr/bin

Runas and Command-specific defaults for jboss:


User jboss may run the following commands on this host:
(appman) NOPASSWD: /bin/bash       #appman所具有的sudo權限
[jboss@test02 ~]$ sudo -i -u appman      #切換至appman使用者
[appman@test02 ~]$ whoami
appman
[appman@test02 ~]$ id
uid=501(appman) gid=501(appman) groups=501(appman)
[appman@test02 ~]$
```

由以上內容，讀者不難發現當前 jboss 使用者可以切換到 appman 使用者下，而且不需要提供密碼驗證。關於 manager01 的驗證方式讀者可以自行驗證。以上關於 OpenLDAP 的 sudo 規則設定就完成了。關於 OpenLDAP 透過設定 sudo 來提升作業系統使用者權限，一定要定義提取哪些使用者權限、需要執行哪些命令，並且要謹慎定義，否則會對伺服器造成潛在的安全隱患。透過設定 sudo 來提升系統使用者權限就介紹到這裡。透過 OpenLDAP 伺服端設定使用者的 sudo 規則並實現使用者權限提升，也是 OpenLDAP 一大應用重點，希望讀者能夠掌握，並靈活運用此功能，實現自動化管理使用者權限，提升帳號管理工作的效率。

6.7 | OpenLDAP 密碼策略、稽核控制

6.7.1 密碼策略

OpenLDAP 密碼策略包括以下幾方面。

▶ 密碼的生命週期。

▶ 保存密碼歷史，避免在一段時間內重覆使用相同的密碼。

▶ 密碼強度，新密碼可以根據各種特性進行檢查。

▶ 密碼連續認證失敗的最大次數。

▶ 自動帳號鎖定。

▶ 支援自動解鎖帳號或管理員解鎖帳號。

▶ 優雅（Grace）綁定（允許密碼失效後登入的次數）。

▶ 密碼策略可以在任意 DIT 範圍定義，可以是使用者、群組或任意組合。

6.7.2 透過本地設定實現密碼策略介紹

當管理、建立使用者時，管理員會根據 /etc/login.defs 檔所定義的屬性以及調用 /etc/skel 目錄下環境附加給使用者作為使用者屬性。/etc/login.defs 包含郵件目錄、密碼有效期、密碼更改天數、密碼最小長度、密碼失效前警告天數、UID 範圍、GID 範圍、是否建立家目錄、密碼使用加密演算法等。

當使用者修改初始密碼時會根據 /etc/login.defs 規範進行修改，當用 pam 定義密碼策略時，使用者會根據 pam 所定義的密碼策略進行修改。

執行方式如下。

編輯 /etc/pam.d/system-auth 檔，定位 password 行，新增如下內容。

```
password requisite pam_cracklib.so minlen=8 ucredit=-2 lcredit=-2 dcredit=-3 ocredit=-1
```

使用者修改密碼時，密碼長度至少為 8 個字元，大寫和小寫字母各兩位，數字有 3 位，特殊字元有 1 位，否則提示密碼不符合密碼策略規範。

參數說明如表 6-2 所示。

更多 pam 模組及參數，讀者可以查看每個模組的相關文件說明，第 7 章會詳細介紹 UNIX & Linux PAM 認證方式及如何定義 PAM 模組額外支援協力廠商驗證。

表 6-2　參數說明

參數	參數說明
minlen	使用者密碼設定的最小長度
ucredit	使用者密碼必須包含多少個大寫字母；$N \geq 0$，表示至少個數；$N \leq 0$，表示必須個數
lcredit	使用者密碼必須包含多少個小寫字母；$N \geq 0$，表示至少個數；$N \leq 0$，表示必須個數
dcredit	使用者密碼必須包含多少個數字；$N \geq 0$，表示至少個數；$N \leq 0$，表示必須個數
ocredit	使用者密碼必須包含多少個特殊字元；$N \geq 0$，表示至少個數；$N \leq 0$，表示必須個數

6.7.3　密碼策略屬性詳解

與密碼策略相關的屬性如下：

▶ pwdAllowUserChange，允許使用者修改其密碼。

▶ pwdAttribute，pwdPolicy 物件的一個屬性，用於標識使用者密碼。

▶ pwdExpireWarning，密碼過期前警告天數。

- ▸ pwdFailureCountInterval，密碼失敗後恢復時間。
- ▸ pwdGraceAuthNLimit，密碼過期後不能登入的天數，0 代表禁止登入。
- ▸ pwdInHistory，開啟密碼歷史記錄，用於保證不能和之前設定的密碼相同。
- ▸ pwdLockout，超過定義次數，帳號被鎖定。
- ▸ pwdLockoutDuration，密碼連續輸入錯誤次數後，帳號鎖定時間。
- ▸ pwdMaxAge，密碼有效期，到期需要強制修改密碼。
- ▸ pwdMaxFailure，密碼最大失效次數，超過後帳號被鎖定。
- ▸ pwdMinAge，密碼有效期。
- ▸ pwdMinLength，使用者修改密碼時最短的密碼長度。
- ▸ pwdMustChange，使用者登入系統後提示修改密碼。
- ▸ pwdSafeModify，是否允許使用者修改密碼，與 pwdMustChange 共同使用。
- ▸ pwdLockoutDuration，帳號鎖定後，不能自動解鎖，需要由管理員解鎖。

6.8 | OpenLDAP 客製密碼策略

6.8.1 OpenLDAP 伺服端客製密碼策略

透過 OpenLDAP 伺服端客製使用者密碼策略，需要伺服端載入 ppolicy 模組並客製密碼策略後即可。載入 ppolicy 模組有兩種方法：一種是透過修改 slapd.conf 設定檔載入，另一種則是透過修改 cn=config 資料庫完成。兩者之間的區別在前面章節也多次強調，只是後者不需要重新載入 slapd 行程立即生效，前者需要重新產生資料庫並載入 slapd 行程。本節分別會介紹兩種方法的實現方式，讀者可靈活選擇設定。

❶ 透過設定檔載入 policy.la 模組

1. 編輯 slapd.conf 新增如下內容即可。

```
# vim /etc/openldap/slapd.conf
... ...
modulepath /usr/lib/openldap
modulepath /usr/lib64/openldap
```

```
moduleload    ppolicy.la
overlay       ppolicy
ppolicy_default   cn=default,ou=policy,dc=gdy,dc=com
... ...
... ...
```

2. 重新建立資料庫並載入 slapd 行程，命令如下：

```
# rm -rf /etc/openldap/slapd.d/*
# slaptest -f /etc/openldap/slapd.conf -F /etc/openldap/slapd.d/
# chown -R ldap.ldap /etc/openldap/*
# chown -R ldap.ldap /var/lib/ldap
# service slapd restart
```

❷ 透過 cn=config 載入 ppohcy.la 模組

修改 cn=config 資料庫，命令如下：

```
[root@mldap01 cn=config]# cat << EOF | ldapadd -Y EXTERNAL -H ldapi:///
> dn: cn=module{0},cn=config
> changetype: modify
> add: olcModuleLoad
> olcModuleLoad: {3}ppolicy.la
> EOF
SASL/EXTERNAL authentication started
SASL username: gidNumber=0+uidNumber=0,cn=peercred,cn=external,cn=auth
SASL SSF: 0
modifying entry "cn=module{0},cn=config"
```

❸ 查看載入的模組名稱，命令如下：

```
[root@mldap01 cn=config]# cat cn\=module\{0\}.ldif
dn: cn=module{0}
objectClass: olcModuleList
cn: module{0}
olcModulePath: /usr/lib64/openldap
olcModuleLoad: {0}syncprov.la
olcModuleLoad: {1}ppolicy.la
```

當前系統載入兩個模組，分別是 OpenLDAP 服務之間同步資料所使用的 syncprov.
la 模組和使用者密碼策略控制模組 ppolicy.la。關於 syncprov.la 模組，第 9 章會詳
細介紹。

新增 objectClass 物件，增加額外屬性和值，命令如下：

```
[root@mldap01 cn=config]# cat << EOF | ldapadd -Y EXTERNAL -H ldapi:///
> dn: olcOverlay=ppolicy,olcDatabase={2}bdb,cn=config
> changetype: add
> objectClass: olcOverlayConfig
> objectClass: olcPPolicyConfig
> olcOverlay: ppolicy
> olcPPolicyDefault: cn=default,ou=pwpolicies,dc=gdy,dc=com
> olcPPolicyHashCleartext: TRUE
> olcPPolicyUseLockout: TRUE
> EOF
SASL/EXTERNAL authentication started
SASL username: gidNumber=0+uidNumber=0,cn=peercred,cn=external,cn=auth
SASL SSF: 0
adding new entry "olcOverlay=ppolicy,olcDatabase={2}bdb,cn=config"
```

6.8.2 定義密碼策略群組

要定義密碼策略群組，請按以下步驟操作：

1. 可以在 pwpolicies entry 下建立不同的密碼策略，載入即可，命令如下：

```
[root@mldap01 olcDatabase={2}bdb]# cat << EOF | ldapadd -x -D
"cn=Manager,dc=gdy,dc=com"
    -h 192.168.218.206 -W
> dn: ou=pwpolicies,dc=gdy,dc=com
> objectClass: organizationalUnit
> ou: pwpolicies
> EOF
Enter LDAP Password:
adding new entry "ou=pwpolicies,dc=gdy,dc=com"
```

2. 定義預設密碼規則。

類似於系統層面的 /etc/login.defs 對檔的預設新增使用者屬性的定義。可以定義不同的密碼策略應用至不同的使用者，達到更精確的密碼控制，命令如下：

```
[root@mldap01 olcDatabase={2}bdb]# cat << EOF | ldapadd -x -D
"cn=Manager,dc=gdy,dc=com"
    -h 192.168.218.206 -W
> dn: cn=default,ou=pwpolicies,dc=gdy,dc=com
> cn: default
> objectClass: pwdPolicy
```

```
> objectClass: person
> pwdAllowUserChange: TRUE
> pwdAttribute: userPassword
> pwdExpireWarning: 259200
> pwdFailureCountInterval: 0
> pwdGraceAuthNLimit: 5
> pwdInHistory: 5
> pwdLockout: TRUE
> pwdLockoutDuration: 300
> pwdMaxAge: 2592000
> pwdMaxFailure: 5
> pwdMinAge: 0
> pwdMinLength: 8
> pwdMustChange: TRUE
> pwdSafeModify: TRUE
> sn: dummy value
> EOF
Enter LDAP Password:
adding new entry "cn=default,ou=pwpolicies,dc=gdy,dc=com"
```

3. 定義使用者遵守指定密碼策略。

   預設情況下，所有 OpenLDAP 遵守預設密碼策略。要完成不同使用者或者不同
   群組具有不同的密碼策略，可以根據自己的需求客製密碼策略。例如，cn=secu
   rity,ou=policy,dc=gdy,dc=com 定義安全部門所擁有的密碼策略，命令如下：

```
dn: uid=wulei,dc=gdy,dc=com
objectClass: inetOrgPerson
uid: wulei
cn: wu lei
sn: lei
loginShell: /bin/bash
homeDirectory: /home/wulei
homePhone: xxxxxxxxx
employeeNumber: 134958
mail: wulei @gdy.com
pwdPolicySubentry: cn=security,ou=policy,dc=gdy,dc=com
```

註：經過修改後，wulei 使用者不遵守預設定義的密碼策略，而遵守 security 所定
義的密碼策略。讀者可以根據當前需求客製不同的密碼策略，保障個人帳號的安全。

6.8.3 定義使用者登入修改密碼

為了增強使用者密碼安全性,一般需要使用者初始密碼。方式有兩種:一種為使用者登入系統,然後透過 passwd 命令重置密碼。另一種則是使用者登入系統時提示初始化密碼。關於第一種方法筆者不再介紹,直接使用 passwd 後跟使用者名稱即可修改。本節重點介紹如何讓 OpenLDAP 使用者登入系統時提示初始密碼,否則無法登入系統。

為了定義使用者密碼控制策略,將 pwdReset 屬性和值新增至使用者的屬性中,否則不生效,命令如下:

```
# cat << EOF | ldapadd -x -H ldap://mldap01.gdy.com  -D "cn=Manager,dc=gdy,dc=com" -W
> dn: uid=dpcwc,ou=people,dc=gdy,dc=com
> changetype: modify
> replace: pwdReset
> pwdReset: TRUE
> EOF
Enter LDAP Password:
modifying entry "uid=dpcwc,ou=people,dc=gdy,dc=com"
```

為了查看定義使用者的策略資訊,可執行以下命令。

```
# ldapsearch -x -ALL uid=dpcwc +
dn: uid=dpcwc,ou=people,dc=gdy,dc=com
structuralObjectClass: inetOrgPerson
entryUUID: 3c7f99b2-61bc-1034-81ca-2d1ef3643ff0
creatorsName: cn=Manager,dc=gdy,dc=com
createTimestamp: 20150318131256Z
pwdChangedTime: 20150318132817Z
pwdHistory: 20150318132817Z#1.3.6.1.4.1.1466.115.121.1.40#10#deppon123!
pwdReset: TRUE
entryCSN: 20150319065509.337199Z#000000#000#000000
modifiersName: cn=Manager,dc=gdy,dc=com
modifyTimestamp: 20150319065509Z
entryDN: uid=dpcwc,ou=people,dc=gdy,dc=com
subschemaSubentry: cn=Subschema
hasSubordinates: FALSE
```

pwdReset 屬於隱藏屬性,預設 ldapsearch 無法取得隱藏屬性,透過 "+" 號可取得查詢包含的隱藏屬性。

為了查看使用者策略資訊，可執行以下命令。

```
# ldapwhoami -x -D uid=dpcwc,ou=people,dc=gdy,dc=com -W -e ppolicy -v
ldap_initialize( <DEFAULT> )
Enter LDAP Password:
ldap_bind: Success (0); Password must be changed
dn:uid=dpcwc,ou=people,dc=gdy,dc=com
Result: Success (0)
```

6.8.4 用戶端設定

要設定用戶端，按以下步驟操作：

1. 要使用戶端識別伺服端密碼策略，執行以下命令：

```
# echo "bind_policy soft" >> /etc/pam_ldap.conf
# echo "pam_password md5" >> /etc/pam_ldap.conf
# echo "pam_lookup_policy yes" >> /etc/pam_ldap.conf
# echo "pam_password clear_remove_old" >> /etc/pam_ldap.conf
```

2. 啟動 nslcd 行程，命令如下：

```
# service nslcd restart
```

3. 要驗證用戶端，命令如下：

```
Xshell:\> ssh dpcwc@192.168.218.209

Connecting to 192.168.218.209:22...
Connection established.
Escape character is '^@]'.

WARNING! The remote SSH server rejected X11 forwarding request.
You are required to change your LDAP password immediately.
Last login: Thu Mar 19 15:50:40 2015 from 10.226.114.10
WARNING: Your password has expired.
You must change your password now and login again!
Changing password for user dpcwc.          #提示改變dpcwc初始密碼
Enter login(LDAP) password:      #輸入dpcwc初始密碼
New password:      #輸入設定dpcwc新密碼
Retype new password:    #再次輸入dpcwc新密碼
```

註：當再次輸入新密碼時，按 Enter 後會斷開終端連結，然後再次登入系統時，使用設定的新密碼即可登入系統。以上定義的策略可讓使用者登入系統時修改初始化密碼。

---

4. 要查看使用者密碼策略資訊，可執行以下命令：

```
# ldapwhoami -x -D uid=dpcwc,ou=people,dc=gdy,dc=com -W -e ppolicy -v
ldap_initialize( <DEFAULT> )
Enter LDAP Password:
dn:uid=dpcwc,ou=people,dc=gdy,dc=com
Result: Success (0)
```

此時，發現 dpcwc 使用者密碼已經完成修改。此操作在 OpenLDAP 伺服端上完成查詢操作。

6.9 | 密碼稽核控制

6.9.1 載入稽核模組 auditlog

開啟密碼稽核功能主要用於記錄 OpenLDAP 使用者修改密碼，以及密碼稽核。具體命令如下：

```
[root@mldap01 ~]# cat << EOF | ldapadd -Y EXTERNAL -H ldapi:///
> dn: cn=module{0},cn=config
> changetype: modify
> add: olcModuleLoad
> olcModuleLoad: {1}auditlog
>
> dn: olcOverlay=auditlog,olcDatabase={2}bdb,cn=config
> changetype: add
> objectClass: olcOverlayConfig
> objectClass: olcAuditLogConfig
> olcOverlay: auditlog
> olcAuditlogFile: /var/log/slapd/auditlog.log
> EOF
SASL/EXTERNAL authentication started
SASL username: gidNumber=0+uidNumber=0,cn=peercred,cn=external,cn=auth
SASL SSF: 0
```

```
modifying entry "cn=module{0},cn=config"

adding new entry "olcOverlay=auditlog,olcDatabase={2}bdb,cn=config"
```

6.9.2 在用戶端驗證密碼策略時效

為了驗證 OpenLDAP 伺服端所定義的密碼策略是否生效，執行以下命令：

```
Xshell:\> ssh lisi@192.168.218.209

Connecting to 192.168.218.209:22...
Connection established.
Escape character is '^@]'.

Last login: Wed Feb  4 10:04:57 2015 from 10.226.114.16
[lisi@test01 ~]$ passwd
Changing password for user lisi.
Enter login(LDAP) password:
New password:
BAD PASSWORD: it is too simplistic/systematic      #提示密碼簡單，不符合密碼策略規範
New password:
Retype new password:
LDAP password information changed for lisi
passwd: all authentication tokens updated successfully.
[lisi@test01 ~]
```

客戶透過 OpenLDAP 使用者登入伺服器，並成功修改初始密碼，如果密碼不符合密碼策略規範，修改密碼時會提示密碼不符合密碼策略規範，提示重新輸入，直到密碼符合所定義的規範位置。

6.9.3 OpenLDAP 使用者密碼跟蹤

當有使用者修改密碼後，伺服端會自動在所定義的目錄下新建 auditlog.log 檔，用於記錄使用者修改密碼的時間和屬性資訊。auditloy.log 檔的內容如下：

```
# cat /var/log/slapd/auditlog.log
# modify 1423015615 dc=gdy,dc=com cn=Manager,dc=gdy,dc=com
dn: uid=lisi,ou=people,dc=gdy,dc=com
changetype: modify
add: pwdFailureTime
pwdFailureTime: 20150204020655Z
-
```

```
replace: entryCSN
entryCSN: 20150204020655.830259Z#000000#002#000000
-
replace: modifiersName
modifiersName: cn=Manager,dc=gdy,dc=com
-
replace: modifyTimestamp
modifyTimestamp: 20150204020655Z
-
```

6.10 | 常見使用者密碼處理方法

6.10.1 密碼被鎖解決方法

使用者輸入密碼時提示如圖 6-5 所示的錯誤。

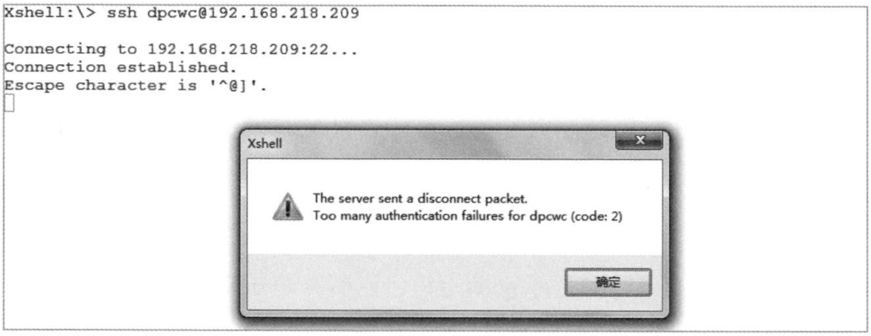

```
Xshell:\> ssh dpcwc@192.168.218.209

Connecting to 192.168.218.209:22...
Connection established.
Escape character is '^@]'.

  Xshell                                          x

    ⚠   The server sent a disconnect packet.
        Too many authentication failures for dpcwc (code: 2)

                                         確定
```

圖 6-5 密碼錯誤

▶ 錯誤分析

為了分析錯誤，執行以下命令：

```
# ldapwhoami -x -D uid=lisi,ou=people,dc=gdy,dc=com -W -e ppolicy -v
ldap_initialize( <DEFAULT> )
Enter LDAP Password:
ldap_bind: Invalid credentials (49); Account locked
# ldapsearch -x -ALL uid=dpcwc +
dn: uid=dpcwc,ou=people,dc=gdy,dc=com
structuralObjectClass: inetOrgPerson
entryUUID: 3c7f99b2-61bc-1034-81ca-2d1ef3643ff0
creatorsName: cn=Manager,dc=gdy,dc=com
```

```
createTimestamp: 20150318131256Z
pwdHistory: 20150318132817Z#1.3.6.1.4.1.1466.115.121.1.40#10#deppon123!
pwdHistory: 20150319075017Z#1.3.6.1.4.1.1466.115.121.1.40#33#{SHA}PHZ8Qa+xKtoU
 AZDtgts/2TDi76M=
pwdHistory: 20150319080020Z#1.3.6.1.4.1.1466.115.121.1.40#38#{SSHA}89ZtoxyhLmf
 WqunEXgCCaoal6bgUXLLX
pwdHistory: 20150323070445Z#1.3.6.1.4.1.1466.115.121.1.40#38#{SSHA}8NPh0GK6lP5
 3EIBm6dO1rP4EeoLv+z3o
pwdChangedTime: 20150323070445Z
pwdFailureTime: 20150325124533Z
pwdFailureTime: 20150325124537Z
pwdFailureTime: 20150325124543Z
pwdFailureTime: 20150325124547Z
pwdFailureTime: 20150325124551Z
pwdAccountLockedTime: 20150325124551Z
entryCSN: 20150325124551.076133Z#000000#000#000000
modifiersName: cn=Manager,dc=gdy,dc=com
modifyTimestamp: 20150325124551Z
entryDN: uid=dpcwc,ou=people,dc=gdy,dc=com
subschemaSubentry: cn=Subschema
hasSubordinates: FALSE
```

▶ 問題分析

　　當使用者密碼輸入次數超出限制後，使用者被鎖定。透過伺服端查看密碼輸錯次數，超過次數後，使用者隱藏屬性會加上 pwdAccountLokedTime 的註記，說明帳號被鎖，並透過 pwdFailureTime 屬性記錄錯誤輸入時間及次數。

▶ 問題解決

　　將使用者新增的鎖定屬性刪除即可，命令如下：

```
# cat << EOF | ldapadd -x -H ldap://mldap01.gdy.com  -D "cn=Manager,dc=gdy,dc=com" -W
dn: uid=lisi,ou=people,dc=gdy,dc=com
changetype: modify
delete: pwdAccountLockedTime
EOF
```

　　為了再次取得帳號資訊，執行以下命令：

```
# ldapwhoami -x -D uid=lisi,ou=people,dc=gdy,dc=com -W -e ppolicy -v
ldap_initialize( <DEFAULT> )
Enter LDAP Password:
dn:uid=dpcwc,ou=people,dc=gdy,dc=com
Result: Success (0)
```

6.10.2 如何提示修改初始密碼

當使用者登入時，要提示使用者修改初始密碼，可執行以下命令：

```
# cat << EOF | ldapadd -x -H ldap://mldap01.gdy.com  -D "cn=Manager,dc=gdy,dc=com" -W
dn: uid=lisi,ou=people,dc=gdy,dc=com
changetype: modify
replace: pwdReset
pwdReset: TRUE
EOF
```

註：pwdReset 為隱藏屬性，需要使用 ldapsearch 額外選項（如 +）顯示隱藏屬性。以下提供關於 pwdReset 屬性的一個範例。

```
# ldapsearch -x -ALL uid=lisi +
dn: uid=lisi,ou=people,dc=gdy,dc=com
structuralObjectClass: inetOrgPerson
entryUUID: aeefb0c2-2e59-1034-953a-b1d22973b7fe
creatorsName: cn=Manager,dc=gdy,dc=com
createTimestamp: 20150112034858Z
pwdReset: TRUE            #需要配合pwdMustChange屬性完成，缺一不可
entryCSN: 20150204081756.300647Z#000000#002#000000
modifiersName: cn=Manager,dc=gdy,dc=com
modifyTimestamp: 20150204081756Z
entryDN: uid=lisi,ou=people,dc=gdy,dc=com
subschemaSubentry: cn=Subschema
hasSubordinates: FALSE
```

6.10.3 密碼過期解決方案

密碼過期時會顯示如下提示：

```
Mar 11 10:51:45 mldap01 slapd[11268]: ppolicy_bind: Setting warning for password
expiry
for uid=jboss,ou=people,dc=gdy,dc=com = 0 seconds
Mar 11 10:51:45 mldap01 slapd[11268]: ppolicy_bind: Setting warning for password
expiry
for uid=jboss,ou=people,dc=gdy,dc=com = 0 seconds
Mar 11 10:51:45 mldap01 slapd[11268]: ppolicy_bind: Setting warning for password
expiry
for uid=jboss,ou=people,dc=gdy,dc=com = 0 seconds
```

▶ 提示分析

以上問題主要是由於帳號沒有在指定時間內修改密碼，當超過時間後會提示使用者密碼過期。

▶ 解決方案

將使用者的密碼資訊刪除，然後新增密碼字串即可，命令如下：

```
cat <<EOF | ldapmodify -x -h 192.168.218.206 -D cn=config -W
dn: uid=jboss,ou=people,dc=gdy,dc=com
changetype: modify
delete: userpassword
userpassword: jboss@123！
-
add: userpassword
userpassword: jboss@123！
EOF
```

6.11 | 本章總結

本章主要從使用者安全角度出發，介紹使用者權限策略、密碼策略以及密碼稽核三大模組以實現使用者的安全稽核。

本章講解使用者權限的控制方式以及 sudo 的相關概念，並透過在系統層面實現使用者權限控制的案例介紹 sudo 的實現方式及種類（使用者等級、群組等級）。然後透過系統密碼策略實現使用者密碼規範，保證使用者密碼的複雜度。

最後透過介紹基於 OpenLDAP 伺服端定義 sudo 規則、密碼策略、密碼稽核，從而使不同 OpenLDAP 使用者及不同群組具有不同的權限策略。在工作環境中部署時，筆者尤其推薦此實現方式。本章內容也是企業中應用 OpenLDAP 的重中之中，同樣本章所介紹的案例也是來自筆者的工作環境，讀者可以放心參考使用。

雖然實現了不同使用者和不同群組的權限控制，但是如何實現不同 OpenLDAP 使用者基於不同主機的權限控制？這就是下面章節所要講解的基於 OpenLDAP 主機控制策略實現不同使用者擁有登入主機的限制，並結合 sudo 從而實現基於主機、使用者、群組權限的靈活控制。

## 第 7 章

OpenLDAP 主機控制策略

到目前為止，只要加入到 OpenLDAP 認證伺服器的使用者端機器，OpenLDAP 使用者都可以登入系統進行操作。這無疑對伺服器造成潛在風險，雖然這實現了使用者的統一管理，提升了工作效率，但系統的安全性無法得到保障。筆者相信，作為系統架構師而言，這種架構缺陷不是我們所想看到的，所以可透過設定 sudo 實現使用者權限控制。那如何透過一種技術手段限制 OpenLDAP 使用者擁有登入所有機器的權限，從而規避此風險點，保障系統及資料安全性？

針對主機控制策略實現 OpenLDAP 使用者登入主機的控制，一般常用的方式有兩種。一種基於系統自身 PAM 模組（access）控制使用者及使用者群組實現使用者登入控制。另一種則利用 OpenLDAP 自帶的 schema 及 objectClass 來限制 OpenLDAP 使用者訪問使用者端主機，從而保障加入 OpenLDAP 伺服端的使用者端系統安全性。

在運作環境中，有許許多多的子系統，本章以資料庫系統和應用系統來舉例說明，兩套不同的系統分別需要應用系統人員和資料庫人員進行維護。對於公司而言，資料是公司運營的核心，是不允許任何人都可以存取的，同樣應用系統只有該組人員維護、管理。所有的使用者端都加入到 OpenLDAP 伺服端後，任何 OpenLDAP 使用者都可以登入所有系統，這種架構設計是存在弊端的，恰好 OpenLDAP 提供了解決方案，本章也是關於 OpenLDAP 應用的重點之一。

7.1 主機控制策略闡述

主機控制策略實現方式

針對 OpenLDAP 實現主機控制有兩種方式。一種是透過系統自身的 access 模組實現使用者登入主機限制，但設定比較複雜、缺乏靈活性。另一種則是透過 OpenLDAP 伺服端自身定義的 schema、objectClass 以及新增使用者 entry 屬性，並結合用戶端的參數設定，從而實現主機登入控制。此方式管理簡單、靈活性強。

本章分別介紹兩種方式的工作原理及實現方式，重點介紹透過 OpenLDAP 伺服端自身實現使用者登入主機的控制策略，在工作環境中部署時，筆者也尤其推薦採用此方式實現使用者登入主機的靈活控制。

7.2 透過 Linux-PAM 模組實現控制

7.2.1 Linux-PAM 組織架構

預設登入 UNIX/Linux 機器時，均透過系統自帶的 PAM 模組來驗證登入者身份的合法性以及密碼的正確性來實現系統的登入。Linux-PAM 組織架構如圖 7-1 所示。

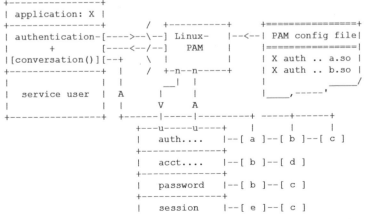

圖 7-1 Linux-PAM 組織架構（此圖源自 http://www.linux-pam.org/）

7.2.2 PAM 設定檔語法講解

PAM 設定檔路徑如下：

```
/etc/pam.conf (舊版本)
/etc/pam.d/* (新版本)
```

PAM 模組路徑如下：

```
/lib64/security (X86_64)
/lib/security(X86_32)
```

系統的認證設定檔如下：

```
[root@mldap01 ~]# cat /etc/pam.d/system-auth
#%PAM-1.0
# This file is auto-generated.
# User changes will be destroyed the next time authconfig is run.
auth         required      pam_env.so
auth         sufficient    pam_fprintd.so
auth         sufficient    pam_unix.so nullok try_first_pass
auth         requisite     pam_succeed_if.so uid >= 500 quiet
auth         required      pam_deny.so

account      required      pam_unix.so
account      sufficient    pam_localuser.so
account      sufficient    pam_succeed_if.so uid < 500 quiet
account      required      pam_permit.so

password     requisite     pam_cracklib.so try_first_pass retry=3 type=
password     sufficient    pam_unix.so sha512 shadow nullok try_first_pass use_authtok
password     required      pam_deny.so

session      optional      pam_keyinit.so revoke
session      required      pam_limits.so
session      [success=1 default=ignore] pam_succeed_if.so service in crond quiet use_
uid
session      required      pam_unix.so
[root@mldap01 ~]#
```

PAM 設定檔格式如下：

```
module-type (模組類型) control-flag (控制標識) module-path (模組路徑) arguments (附加參數)
```

各個參數的含義如下：

▶ module-type：主要用於權限分配。其包括以下四種類型。

▶ auth：認證、授權（用於接受和檢查使用者與密碼合法性）。

▶ account：檢查帳號是否允許登入系統，密碼的有效期等。

▶ session：控制連線過程之對話。

▶ password：控制使用者密碼更新記錄。

▶ Control-flag：主要用於控制標誌位元。其包括以下四個標誌。

▶ required：此模組返回值成功對於整個 module-type 的成功是必要的。如果此模組的返回值失敗並不會返回給使用者，直至所有模組類型的 required 執行完成後，將錯誤消息返回所調用的程式。

▶ requisite：當此模組返回值失敗時，會立即將 required 和 requisite 的失敗結果返回給應用程式，表示此類型失敗。這個標誌可防止使用者進入下一個認證階段，防止潛在的風險點。

▶ sufficient：當此模組返回成功，PAM 立即返回給程式，而不必執行下面任務模組。當返回失敗值時，則繼續處理下面模組。

▶ optional：此控制模組成功與失敗均不返回，一般返回值為 pam_ignore。

▶ module-path：模組路徑。Linux PAM 驗證所使用模組的路徑位置。

▶ module-parameters：模組附加參數。Linux PAM 驗證額外附加的參數，實現不同的驗證功能。

7.3 | 透過 access 實現主機控制

7.3.1 access 模組功能闡述

pam_access 主要用於控制登入存取機器，預設使用 /etc/security/access.conf 設定檔實現各種存取控制限制。但要使用 access.conf 設定檔，必須在 /etc/pam.d/login 檔中載入 pam_access.so 模組，否則修改 access.conf 不會生效。

7.3.2 access 設定語法

pam_access.so 驗證模組主要根據 access.conf 設定檔中限制的條件進行過濾，在 6.x 系統版本中存放在 /etc/security/access.conf 中。本節也以 6.x 為藍本介紹 pam_access.so 模組的功能。

access.conf 設定檔格式如下：

```
permission : user : origins
```

各參數的含義如下：

▶ permission：透過 "+" 和 "-" 來實現；"+" 代表允許動作，"-" 代表拒絕動作。可以透過 EXCEPT 實現拒絕所有，允許部分登入。

▶ user：代表允許的或拒絕的使用者以及使用者群組；可以透過 "all" 代表所有使用者。

▶ origins：代表使用者登入的目標，例如 local 代表本地，console 代表控制台，all 代表所有以及定義網路等。

7.4 │ 透過 access 控制使用者實戰演練

7.4.1 載入 pam_access.so 模組

要載入 pam_access.so 模組，首先編輯 /etc/pam.d/sshd。然後搜索並定位 account，新增 account required pam_access.so 內容，即可啟動當前系統 pam_access.so 模組。具體命令如下：

```
File  Edit  View  Search  Terminal  Help
 1 #%PAM-1.0
 2 auth       required     pam_sepermit.so
 3 auth       include      password-auth
 4 account    required     pam_access.so
 5 account    required     pam_nologin.so
 6 account    include      password-auth
 7 password   include      password-auth
 8 # pam_selinux.so close should be the first session rule
 9 session    required     pam_selinux.so close
10 session    required     pam_loginuid.so
11 # pam_selinux.so open should only be followed by sessions to be executed in the user context
12 session    required     pam_selinux.so open env_params
13 session    optional     pam_keyinit.so force revoke
14 session    include      password-auth
15
```

7.4.2　設定 access.conf 存取規則

目的是限制 zhangsan 使用者不允許登入 192.168.218.208 機器，其他 OpenLDAP 使用者允許登入 192.168.218.208 機器。具體命令如下（備註：此操作在 192.168.218.208 進行設定）：

```
# This will only work if netgroup service is available.
#+ : @nis_group foo : ALL
#
# User "john" should get access from ipv4 net/mask
#+ : john : 127.0.0.0/24
#
# User "john" should get access from ipv4 as ipv6 net/mask
#+ : john : ::ffff:127.0.0.0/127
#
# User "john" should get access from ipv6 host address
#+ : john : 2001:4ca0:0:101::1
#
# User "john" should get access from ipv6 host address (same as above)
#+ : john : 2001:4ca0:0:101:0:0:0:1
#
# User "john" should get access from ipv6 net/mask
#+ : john : 2001:4ca0:0:101::/64
#
# All other users should be denied to get access from all sources.
#- : ALL : ALL
-:       zhangsan : ALL
```

7.4.3　用戶端驗證規則

為了在用戶端驗證規則，使 zhangsan 和 lisi 登入 test01.gdy.com（192.168.218.208）。輸入密碼後分別出現如圖 7-2 和圖 7-3 所示的對話方塊。

透過查看 /var/log/secure 監控 zhangsan 和 lisi 使用者登入 192.168.218.208 機器所產生的日誌資訊。

```
[root@test01 ~]# tail -f /var/log/secure
####################### zhangsan 使用者登入所產生的日誌資訊 ###############################
Dec 13 21:37:10 test01 unix_chkpwd[10255]: password check failed for user (zhangsan)
Dec 13 21:37:10 test01 sshd[10253]: pam_unix(sshd:auth): authentication failure; logname=
uid=0 euid=0 tty=ssh ruser= rhost=10.226.114.5  user=zhangsan
Dec 13 21:37:10 test01 sshd[10253]: pam_access(sshd:account): access denied for user
`zhangsan' from `10.226.114.5'
Dec 13 21:37:10 test01 sshd[10254]: fatal: Access denied for user zhangsan by PAM account
configuration
Dec 13 21:37:10 test01 sshd[10253]: Failed password for zhangsan from 10.226.114.5 port
53230 ssh2
####################### lisi 使用者登入所產生的日誌資訊 ###############################
Dec 13 21:37:40 test01 unix_chkpwd[10260]: password check failed for user (lisi)
```

```
Dec 13 21:37:40 test01 sshd[10257]: pam_unix(sshd:auth): authentication failure; logname=
uid=0 euid=0 tty=ssh ruser= rhost=10.226.114.5  user=lisi
Dec 13 21:37:40 test01 sshd[10257]: Accepted password for lisi from 10.226.114.5 port
53231 ssh2
Dec 13 21:37:41 test01 sshd[10257]: pam_unix(sshd:session): session opened for user lisi
by (uid=0)
Dec 13 21:37:48 test01 sshd[10262]: Received disconnect from 10.226.114.5: 0:
Dec 13 21:37:48 test01 sshd[10257]: pam_unix(sshd:session): session closed for user lisi
```

圖 7-2　zhangsan（OpenLDAP 使用者）登入 test01.gdy.com

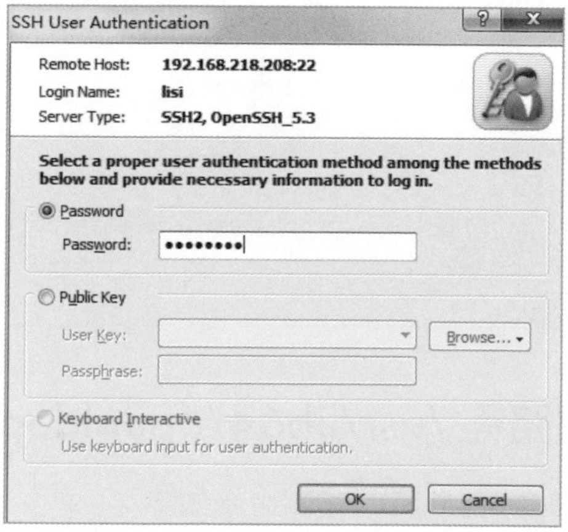

圖 7-3　lisi（OpenLDAP 使用者）登入 test01.gdy.com

透過 secure 日誌，得出 zhangsan 使用者登入系統時先透過 pam_unix 模組進行驗證，因為 zhangsan 在 access.conf 檔中定義拒絕登入此系統，所以日誌驗證時密碼失敗，然後到 OpenLDAP 伺服端進行驗證並透過 pam_access.so 模組認證檔進行檢測，拒絕登入。而 lisi 使用者 pam_unix 密碼驗證失敗，但透過 pam_access.so 模組認證，成功登入系統。

如果要拒絕或允許多個使用者登入系統，可以透過在 OpenLDAP 伺服端上將使用者加入到指定的群組中，然後在 access.conf 設定檔中限制拒絕或允許即可，因為所有驗證都透過 OpenLDAP 伺服端讀取資訊。

透過 pam_access.so 模組，從 ssh 登入以及 IP 位址方式限制了使用者登入主機，但無法限制從控制台登入，所以筆者建議根據當前需求進行選擇。但筆者建議使用 OpenLDAP 伺服端定義主機規則來限制使用者是否有權登入主機。

7.5 │ OpenLDAP 伺服端主機控制規則

透過自訂模組並調整主機設定可實現 OpenLDAP 使用者登入權限限制。

7.5.1 定義 olcModuleList 物件

透過以下命令定義 olcModuleList 物件。

```
[root@mldap01 cn=config]# cat << EOF | ldapadd -Y EXTERNAL -H ldapi:///
dn: cn=module,cn=config
objectClass: olcModuleList
cn: module
EOF
SASL/EXTERNAL authentication started
SASL username: gidNumber=0+uidNumber=0,cn=peercred,cn=external,cn=auth
SASL SSF: 0
adding new entry "cn=module,cn=config"
```

7.5.2 新增模組路徑 /usr/lib64/openldap

要新增模組路徑 /usr/lib64/openldap，相關命令如下：

```
cat << EOF | ldapadd -Y EXTERNAL -H ldapi:///
dn: cn=module{0},cn=config
changetype: modify
add: olcModulePath
olcModulePath: /usr/lib64/openldap/
EOF
```

執行結果如下：

```
[root@mldap01 cn=config]# cat << EOF | ldapadd -Y EXTERNAL -H ldapi:///
> dn: cn=module{0},cn=config
> changetype: modify
> add: olcModulePath
> olcModulePath: /usr/lib64/openldap/
> EOF
SASL/EXTERNAL authentication started
SASL username: gidNumber=0+uidNumber=0,cn=peercred,cn=external,cn=auth
SASL SSF: 0
modifying entry "cn=module{0},cn=config"
```

7.5.3 定義主機控制模組

要定義主機控制模組，相關命令如下：

```
# cat << EOF | ldapmodify -Y EXTERNAL -H ldapi:///
dn: cn=module{0},cn=config
changetype: modify
add: olcModuleLoad
olcModuleLoad: dynlist.la
EOF
```

執行結果如下：

```
[root@mldap01 cn=config]# cat << EOF | ldapmodify -Y EXTERNAL -H ldapi:///
> dn: cn=module{0},cn=config
> changetype: modify
> add: olcModuleLoad
> olcModuleLoad: dynlist.la
> EOF
SASL/EXTERNAL authentication started
SASL username: gidNumber=0+uidNumber=0,cn=peercred,cn=external,cn=auth
SASL SSF: 0
modifying entry "cn=module{0},cn=config"
```

7.5.4 定義主機 objectClass 物件

要定義主機 objectClass 物件，命令如下：

```
[root@mldap01 cn=config]# cat <<EOF | ldapadd -Y EXTERNAL -H ldapi:///
> dn: olcOverlay=dynlist,olcDatabase={2}bdb,cn=config
```

```
> objectClass: olcOverlayConfig
> objectClass: olcDynamicList
> olcOverlay: dynlist
> olcDlAttrSet: inetOrgPerson labeledURI
> EOF
SASL/EXTERNAL authentication started
SASL username: gidNumber=0+uidNumber=0,cn=peercred,cn=external,cn=auth
SASL SSF: 0
adding new entry "olcOverlay=dynlist,olcDatabase={2}bdb,cn=config"
```

7.5.5 定義 ldapns 的 schema 規範

要定義 ldapns 的 schema 規範，命令如下：

```
[root@mldap01 cn=config]# cat <<EOF | ldapadd -Y EXTERNAL -H ldapi:///
> dn: cn=ldapns,cn=schema,cn=config
> objectClass: olcSchemaConfig
> cn: ldapns
> olcAttributeTypes: {0}( 1.3.6.1.4.1.5322.17.2.1 NAME 'authorizedService' DESC
>  'IANA GSS-API authorized service name' EQUALITY caseIgnoreMatch SYNTAX 1.3.6.
>  1.4.1.1466.115.121.1.15{256} )
> olcAttributeTypes: {1}( 1.3.6.1.4.1.5322.17.2.2 NAME 'loginStatus' DESC 'Curre
>  ntly logged in sessions for a user' EQUALITY caseIgnoreMatch SUBSTR caseIgnor
>  eSubstringsMatch ORDERING caseIgnoreOrderingMatch SYNTAX OMsDirectoryString )
> olcObjectClasses: {0}( 1.3.6.1.4.1.5322.17.1.1 NAME 'authorizedServiceObject'
>  DESC 'Auxiliary object class for adding authorizedService attribute' SUP top
>  AUXILIARY MAY authorizedService )
> olcObjectClasses: {1}( 1.3.6.1.4.1.5322.17.1.2 NAME 'hostObject' DESC 'Auxilia
>  ry object class for adding host attribute' SUP top AUXILIARY MAY host )
> olcObjectClasses: {2}( 1.3.6.1.4.1.5322.17.1.3 NAME 'loginStatusObject' DESC '
>  Auxiliary object class for login status attribute' SUP top AUXILIARY MAY logi
>  nStatus )
> EOF
SASL/EXTERNAL authentication started
SASL username: gidNumber=0+uidNumber=0,cn=peercred,cn=external,cn=auth
SASL SSF: 0
adding new entry "cn=ldapns,cn=schema,cn=config"
```

7.5.6 定義主機清單群組

要定義主機清單群組（ou），可以新增 ou 為 servers，並在 servers 下新增子 ou
（apphost 和 dbahost），然後將應用系統清單加入到 apphost 群組中，將資料庫系統加入到 dbahost 群組中，從而以群組為目錄樹單位限制不同使用者登入不同系統。例如，應用系統的使用者只允許登入應用系統（JBOSS、Tomcat、Nginx、OpenStack 等）以及監控系統（Cacti、Nagios、Zabbix 等），資料庫使用者只允許登入資料庫系統（Oracle、MySQL、MariaDB 等），這樣就對使用者登入不同系統進行了限制。

為了限制使用者登入的系統，筆者使用群組的形式進行劃分。例如，以專案名稱為單位劃分群組，然後將每個專案的機器加入到每個群組中，在新增使用者時指定 objectClass 物件為 hostObject，並新增 host 和 labeledURI 屬性及值即可。具體命令如下：

```
[root@mldap01 ~]# cat << EOF |  ldapadd -x -D cn=Manager,dc=gdy,dc=com -W -H
ldap://mldap01.gdy.com/
> dn: ou=servers,dc=gdy,dc=com
> objectClass: organizationalUnit
> ou: servers
>
> dn: ou=apphost,ou=servers,dc=gdy,dc=com
> objectClass: organizationalUnit
> objectClass: hostObject
> ou: apphost
> host: test01.gdy.com
>
> dn: ou=dbhost,ou=servers,dc=gdy,dc=com
> objectClass: organizationalUnit
> objectClass: hostObject
> ou: dbhost
> host: test02.gdy.com
> EOF
Enter LDAP Password:
adding new entry "ou=servers,dc=gdy,dc=com"

adding new entry "ou=apphost,ou=servers,dc=gdy,dc=com"

adding new entry "ou=dbhost,ou=servers,dc=gdy,dc=com"
```

上述結果顯示，在新增 ou 時，新增了 objectClass 作為 hostObject 類型，新增了 host 屬性，並將 test01.gdy.com 主機新增至 apphost 群組，test02.gdy.com 系統新增至 dbhost 群組中。

7.5.7　定義使用者群組

本節新增使用者群組，並將使用者新增至不同的群組中，從而以群組為單位限制主機登入。具體使用者群組和使用者如下。

▶　兩個使用者群組分別為 appteam 和 dbteam。

▶　兩個使用者分別為 lisi 和 zhangsan，lisi 屬於應用群組（appteam）成員，zhangsan 屬於資料庫群組（dbateam）成員。

具體步驟如下。

1. 新增使用者群組（appteam 和 dbateam），命令如下：

```
[root@mldap01 ~]# cat << EOF |  ldapadd -x -D cn=Manager,dc=gdy,dc=com -W -H
ldap://mldap01.gdy.com/
> dn: cn=appteam,ou=groups,dc=gdy,dc=com
> objectClass: posixGroup
> cn: appteam
> gidNumber: 10010
>
> dn: cn=dbateam,ou=groups,dc=gdy,dc=com
> objectClass: posixGroup
> cn: dbateam
> gidNumber: 10011
> EOF
Enter LDAP Password:
adding new entry "cn=appteam,ou=groups,dc=gdy,dc=com"

adding new entry "cn=dbateam,ou=groups,dc=gdy,dc=com"

[root@mldap01 ~]#
```

2. 新增個人使用者（lisi 和 zhangsan），並新增登入的機器群組，命令如下：

```
[root@mldap01 ~]# cat << EOF |  ldapadd -x -D cn=Manager,dc=gdy,dc=com -W -H
ldap://mldap01.gdy.com/
> dn: uid=lisi,ou=people,dc=gdy,dc=com
> objectClass: posixAccount
> objectClass: shadowAccount
> objectClass: person
> objectClass: inetOrgPerson
> objectClass: hostObject
> cn: lisi
> sn: li
```

```
> givenName: si
> displayName: lisi
> uid: lisi
> userPassword: gdy@123!
> uidNumber: 10006
> gidNumber: 10010
> gecos: App Manager
> homeDirectory: /home/lisi
> loginShell: /bin/bash
> shadowLastChange: 15000
> shadowMin: 0
> shadowMax: 999999
> shadowWarning: 7
> shadowExpire: -1
> employeeNumber: 159521
> employeeType: Appteam
> homePhone: 12345678901
> mobile: 12345678901
> mail: lis@126.com
> postalAddress: Shanghai
> initials: lisi
> labeledURI: ldap:///ou=apphost,ou=servers,dc=gdy,dc=com?host
> EOF
Enter LDAP Password:
adding new entry "uid=lisi,ou=people,dc=gdy,dc=com"
[root@mldap01 ~]# cat << EOF |  ldapadd -x -D cn=Manager,dc=gdy,dc=com -W -H
ldap://mldap01.gdy.com/
> dn: uid=zhangsan,ou=people,dc=gdy,dc=com
> objectClass: posixAccount
> objectClass: shadowAccount
> objectClass: person
> objectClass: inetOrgPerson
> objectClass: hostObject
> cn: zhangsan
> sn: zhang
> givenName: san
> displayName: zhangsan
> uid: zhangsan
> userPassword: gdy@123!
> uidNumber: 10007
> gidNumber: 10011
> gecos: DBA Manager
> homeDirectory: /home/zhangsan
> loginShell: /bin/bash
> shadowLastChange: 15000
> shadowMin: 0
```

```
> shadowMax: 999999
> shadowWarning: 7
> shadowExpire: -1
> employeeNumber: 159520
> employeeType: Dbateam
> homePhone: 12345678901
> mobile: 12345678901
> mail: zhangsan@126.com
> postalAddress: Shanghai
> initials: zhangsan
> labeledURI: ldap:///ou=dbhost,ou=servers,dc=gdy,dc=com?host
> EOF
Enter LDAP Password:
adding new entry "uid=zhangsan,ou=people,dc=gdy,dc=com"
```

7.6 | OpenLDAP 用戶端部署

為了限制使用者登入的主機，此時還需要在用戶端修改設定檔，使其識別 OpenLDAP 伺服端設定中關於限制主機的策略。

RHEL 5.x 系統組態如下。

▶ test01.gdy.com 為應用系統主機名稱，系統版本 RHEL5.5 x86_64。

▶ test02.gdy.com 為資料庫系統主機名稱，系統版本 RHEL6.5 x86_64。

7.6.1 定義 FQDN 解析

為了讓當前系統可以識別 OpenLDAP 伺服端主機限制規則，需要讓當前系統可以正常解析 OpenLDAP 伺服端主機名稱和 IP 位址。在工作環境中，可以透過 DNS 來保證主機名稱及 IP 位址的解析來識別機器，本章透過修改 hosts 檔來替代主機名稱與 IP 位址的解析。具體命令如下：

```
[root@test01 ~]# cat >> /etc/hosts << EOF
> 192.168.218.206        mldap01.gdy.com        mldap01
> EOF
[root@test01 ~]# tail -n 1 /etc/hosts
192.168.218.206        mldap01.gdy.com        mldap01
[root@test01 ~]# ping -c 2 mldap01.gdy.com &> /dev/null && echo $?
0
```

7.6.2 載入 LDAP 主機控制規則

編輯設定檔（/etc/ldap.conf）時在最後一行新增如下內容，使其識別 OpenLDAP 伺服端主機限制策略。

```
[root@test01 ~]# cat >> /etc/ldap.conf << EOF
> pam_check_host_attr yes
> EOF
[root@test01 ~]# tail -n 1 /etc/ldap.conf
pam_check_host_attr yes
[root@test01 ~]#
```

7.6.3 在用戶端驗證控制策略

首先驗證當前系統是否取得 OpenLDAP 使用者，命令如下：

```
[root@test01 ~]# getent passwd zhangsan lisi
zhangsan:x:10007:10011:DBA Manager:/home/zhangsan:/bin/bash
lisi:x:10006:10010:App Manager:/home/dba:/bin/bash
[root@test01 ~]#
```

從 getent 結果得知，當前系統取得使用者資訊並得知 zhangsan 為資料庫管理員，lisi 為應用管理員（作為帳號管理員，在新增帳號時一定要做到見名知意，方便後期維護管理）。

然後驗證使用者登入主機是否受限。

▶ 在圖 7-4 所示畫面中，透過命令驗證李四（lisi）使用者是否能登入應用系統和資料庫系統。

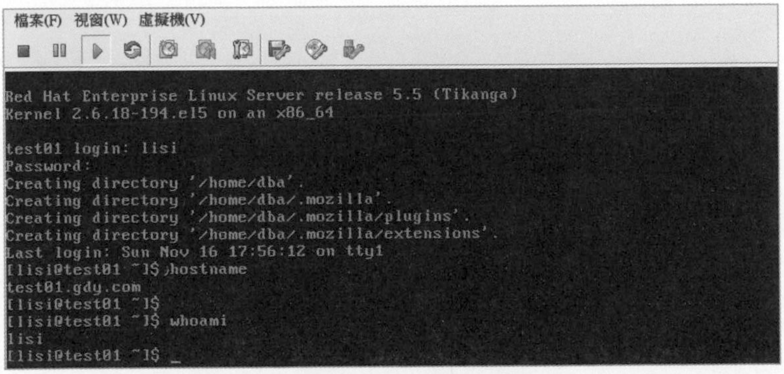

圖 7-4 驗證李四使用者的登入權限

▶ 在圖 7-5 所示畫面中，透過命令驗證張三（zhangsan）使用者是否能登入應用系統。

當張三使用者輸入帳號和密碼後，系統又回到 login（登入）畫面，從 OpenLDAP 伺服端日誌發現 zhangsan 使用者是不允許登入應用伺服器的，因為在 OpenLDAP 伺服端上我們限制登入應用伺服器。

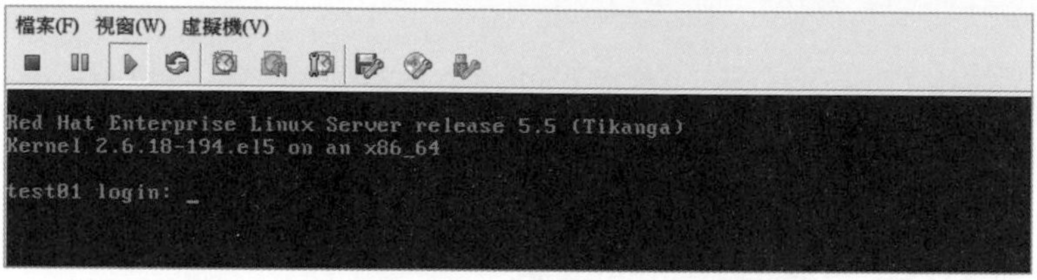

圖 7-5 驗證張三使用者的登入權限

7.6.4 日誌分析

下面分析對系統 secure 日誌進行監控並對 OpenLDAP 伺服端日誌進行監控的結果。

系統 secure 日誌如下：

```
[root@test01 ~]# cat /dev/null > /var/log/secure
[root@test01 ~]# tail -f /var/log/secure
=============start=============================================
Nov 16 18:04:16 test01 login: pam_unix(login:auth): authentication failure;
logname=LOGIN
uid=0 euid=0 tty=tty1 ruser= rhost=  user=zhangsan
Nov 16 18:04:16 test01 login: Permission denied
```

OpenLDAP 伺服端日誌如下：

```
Nov 16 18:22:22 mldap01 slapd[1890]: => key_read
Nov 16 18:22:22 mldap01 slapd[1890]: daemon: epoll: listen=7 active_threads=0 tvp=zero
Nov 16 18:22:22 mldap01 slapd[1890]: bdb_idl_fetch_key: [b49d1940]
Nov 16 18:22:22 mldap01 slapd[1890]: daemon: epoll: listen=8 active_threads=0 tvp=zero
Nov 16 18:22:22 mldap01 slapd[1890]: daemon: epoll: listen=9 active_threads=0 tvp=zero
Nov 16 18:22:22 mldap01 slapd[1890]: <= bdb_index_read: failed (-30988)
Nov 16 18:22:22 mldap01 slapd[1890]: <= bdb_equality_candidates: id=0, first=0, last=0
Nov 16 18:22:22 mldap01 slapd[1890]: <= bdb_filter_candidates: id=0 first=0 last=0
Nov 16 18:22:22 mldap01 slapd[1890]: => bdb_filter_candidates
Nov 16 18:22:22 mldap01 slapd[1890]: #011AND
Nov 16 18:22:22 mldap01 slapd[1890]: => bdb_list_candidates 0xa0
Nov 16 18:22:22 mldap01 slapd[1890]: => bdb_filter_candidates
```

```
Nov 16 18:22:22 mldap01 slapd[1890]: #011EQUALITY
Nov 16 18:22:22 mldap01 slapd[1890]: => bdb_equality_candidates (objectClass)
Nov 16 18:22:22 mldap01 slapd[1890]: => key_read
Nov 16 18:22:22 mldap01 slapd[1890]: bdb_idl_fetch_key: [5941c014]
Nov 16 18:22:22 mldap01 slapd[1890]: <= bdb_index_read 3 candidates
```

讀者都瞭解,所有使用者登入都需要透過 PAM 進行驗證,使用者和密碼都正確方可登入,否則驗證失敗,返回 login(登入)畫面。當使用者登入系統時,輸入帳號後,系統調用 /etc/nsswitch.conf 檔按順序查找使用者,發現本地不存在此使用者,然後透過本機的行程調用設定檔連接 OpenLDAP 伺服端查詢此使用者。系統透過查詢結果判斷哪些使用者可以登入哪些系統,當與登入的系統匹配時方可登入,否則不允許登入系統。

透過對 secure 日誌進行監控,不難發現,當透過張三使用者登入,需要透過 pam_unix 驗證,驗證結果失敗,提示登入權限被拒絕。從 OpenLDAP 日誌中也發現阻止張三使用者登入機器。此時證明資料庫使用者無法登入應用該系統。

接下來驗證透過張三(zhangsan)和李四(lisi)使用者是否能登入資料庫系統。在圖 7-6 所示畫面中,分別輸入使用者名稱和密碼。

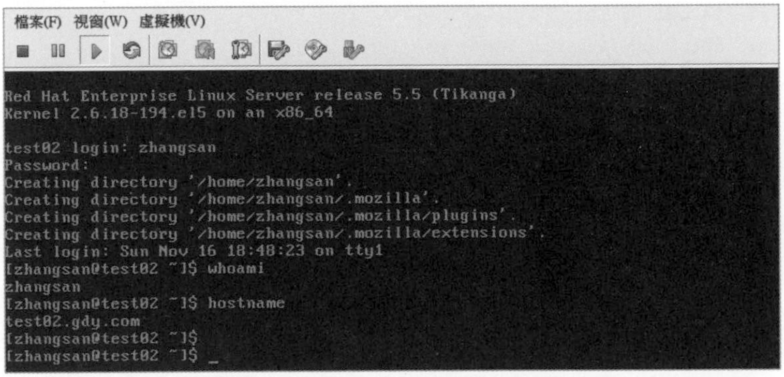

圖 7-6 輸入使用者名稱和密碼

透過張三和李四使用者分別登入資料庫系統,並對 secure 日誌進行監控,日誌如下:

```
[root@test02 ~]# tail -f /var/log/secure
=====================Start=============================
Nov 16 18:49:49 test02 login: pam_unix(login:auth): authentication failure; logname=LOGIN
uid=0 euid=0 tty=tty1 ruser= rhost=  user=zhangsan
```

```
Nov 16 18:49:49 test02 login: pam_unix(login:session): session opened for user zhangsan
by LOGIN(uid=0)
Nov 16 18:49:49 test02 login: LOGIN ON tty1 BY zhangsan
Nov 16 18:52:03 test02 login: pam_unix(login:session): session closed for user zhangsan
Nov 16 18:52:10 test02 login: pam_unix(login:auth): authentication failure; logname=LOGIN
uid=0 euid=0 tty=tty1 ruser= rhost=  user=lisi
Nov 16 18:52:10 test02 login: Permission denied
```

從 secure 日誌監控顯示，不難發現張三使用者可以正常登入資料庫系統，而李四使用者在登入時，沒有透過 pam_unix 模組的驗證，提示失敗並提示權限拒絕，返回 login（登入）畫面。

7.7 | 6.x 用戶端部署

7.7.1 定義 FQDN 解析

為了部署 6.x 用戶端，需要定義 FQDN 解析，命令如下：

```
[root@test01 ~]# cat >> /etc/hosts << EOF
> 192.168.218.206        mldap01.gdy.com        mldap01
> EOF
[root@test01 ~]# tail -n 1 /etc/hosts
192.168.218.206        mldap01.gdy.com        mldap01
[root@test01 ~]# ping -c 2 mldap01.gdy.com &> /dev/null  && echo $?
0
[root@test01 ~]#
```

7.7.2 pam_ldap.conf 參數規劃

為了規劃 pam_ldap.conf 參數，執行以下命令。

```
[root@test01 ~]# cat >> /etc/pam_ldap.conf << EOF
> pam_check_host_attr yes
> EOF
[root@test01 ~]# tail -n 1 /etc/pam_ldap.conf
pam_check_host_attr yes
```

7.7.3 在用戶端驗證控制策略

在圖 7-7 所示畫面中，輸入使用者名稱和密碼，驗證張三（zhangsan）和李四（lisi）兩個使用者是否能登入 test01.gdy.com。

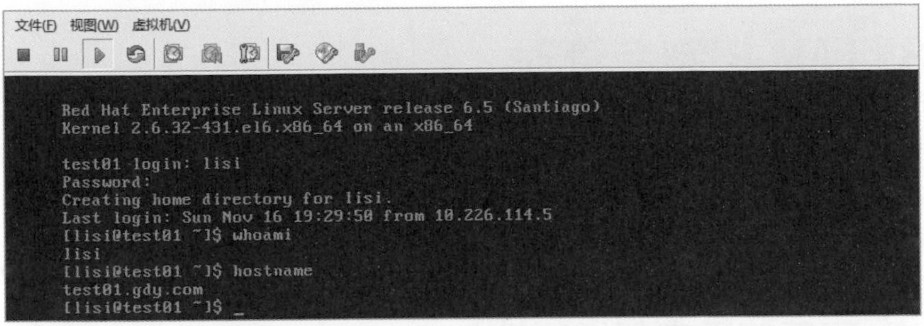

圖 7-7 在用戶端驗證兩個使用者的登入權限

7.7.4 日誌分析

作為 zhangsan、lisi、dpgdy 使用者分別登入資料庫系統，並對 secure 日誌進行監控，日誌如下：

```
[root@test01 ~]# cat /etc/redhat-release
Red Hat Enterprise Linux Server release 6.5 (Santiago)
[root@test01 ~]# uname -r
2.6.32-431.el6.x86_64
[root@test01 ~]# cat /dev/null  &> /var/log/secure
[root@test01 ~]# tail -f /var/log/secure
=====================================Start=============================
Nov 16 20:10:55 test01 unix_chkpwd[27146]: password check failed for user (lisi)
Nov 16 20:10:55 test01 login: pam_unix(login:auth): authentication failure; logname=LOGIN
uid=0 euid=0 tty=tty1 ruser= rhost=  user=lisi
Nov 16 20:10:57 test01 login: pam_unix(login:session): session opened for user lisi by
LOGIN(uid=0)
Nov 16 20:10:57 test01 login: LOGIN ON tty1 BY lisi
Nov 16 20:12:14 test01 login: pam_unix(login:session): session closed for user lisi
Nov 16 20:12:21 test01 unix_chkpwd[27183]: password check failed for user (zhangsan)
Nov 16 20:12:21 test01 login: pam_unix(login:auth): authentication failure; logname=LOGIN
uid=0 euid=0 tty=tty1 ruser= rhost=  user=zhangsan
Nov 16 20:12:21 test01 login: Permission denied
Nov 16 20:18:03 test01 unix_chkpwd[27267]: password check failed for user (dpgdy)
Nov 16 20:18:03 test01 login: pam_unix(login:auth): authentication failure; logname=LOGIN
uid=0 euid=0 tty=tty1 ruser= rhost=  user=dpgdy
Nov 16 20:18:03 test01 login: Permission denied
```

從日誌中，不難發現 lisi 使用者可以登入應用系統，而 zhangsan 和 dpgdy 使用者無法登入應用系統，沒有透過 pam_unix 驗證，提示驗證失敗、權限拒絕。那如何讓 dpgdy 使用者可以登入應用系統呢，請閱讀下一小節。

7.8 | LAM 控制台管理

為了使 dpgdy 使用者可以登入應用系統，可以透過 phpLDAPadmin、LAM 管理介面修改相關參數來實現，同時也可以使用 ldapmodify 命令進行修改，本章對於兩種方案都會介紹。

7.8.1 定義使用者新增屬性

透過 LAM 平臺，對 dpgdy 使用者新增 objectClass 物件（hostObject）以及 labeledURI 屬性的值即可。

基本步驟如下。

1. 登入 LAM，按一下"樹狀結構"功能表，顯示 OpenLDAP 目錄樹。透過左側功能表選擇使用者 dpgdy，顯示如圖 7-8 所示畫面。

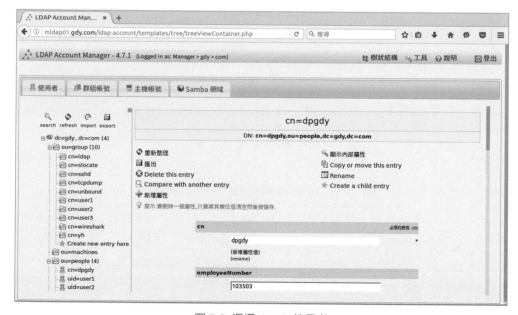

圖 7-8　選擇 dpgdy 使用者

2. 新增 objectClass 物件，在如圖 7-9 所示畫面中，按一下 "新增屬性值" 即可，
   打開如圖 7-10 所示畫面。

圖 7-9 新增屬性值

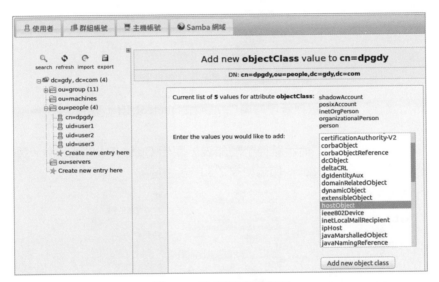

圖 7-10 完成新物件的增加

選擇要新增的 objectClass 物件，按一下 "Add new object class" 按鈕即可完成
objectClass 新物件的增加。結果如圖 7-11 所示。

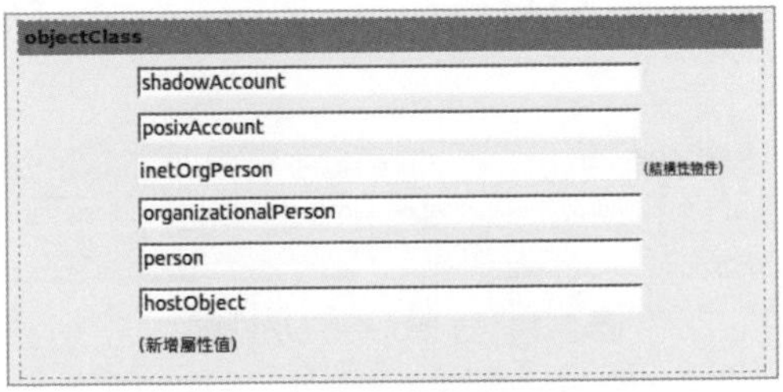

圖 7-11 完成新物件的增加

接下來要增加 dpgdy 使用者的屬性及屬性值。

在圖 7-12 所示畫面中，按一下左目錄樹並從中選擇 dpgdy，在左側窗格中，按一下 "新增屬性" 按鈕。

圖 7-12　選擇使用者名稱並新增屬性

打開 "新增屬性" 畫面，選擇新增的屬性，例如 labeledURI（見圖 7-13）。

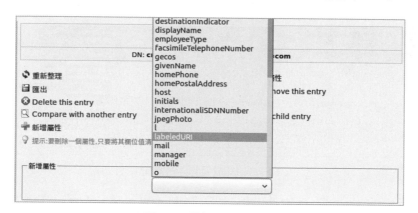

圖 7-13　選擇 labeled URI

對新增的屬性進行賦值，如圖 7-14 所示。

圖 7-14　對 labeled URI 賦值

再次確認,按一下"修改物件"按鈕即可,此時 dpgdy 使用者就可以登入應用伺服器群組中的機器。

cn=dpgdy

DN: **cn=dpgdy,ou=people,dc=gdy,dc=com**

確定更改?

屬性	舊的值	新的值	Skip
labeledURI	[Attribute doesn't exist]	ldap:///ou=apphost,ou=servers,dc=dgy,dc=com?host	☐

Update object 取消

圖 7-15 確認更改

7.8.2 在用戶端驗證

在圖 7-16 所示畫面中,驗證 dpgdy 使用者是否可正常登入應用伺服器群組中的機器。

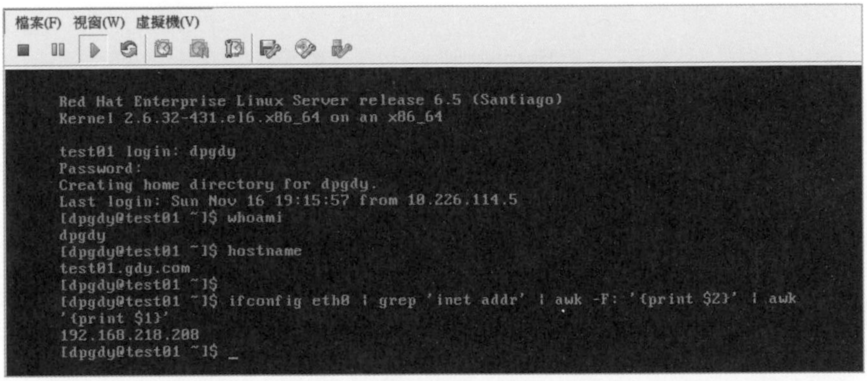

圖 7-16 驗證 dpgdy 使用者

```
Nov 16 20:40:37 test01 login: pam_unix(login:session): session opened for user dpgdy
by LOGIN(uid=0)
Nov 16 20:40:37 test01 login: LOGIN ON tty1 BY dpgdy
```

透過查看系統 secure 日誌,發現 dpgdy 使用者正常登入應用伺服器組中的機器,但無法登入資料庫系統,如果想讓 dpgdy 使用者登入資料庫系統,只需要新增 labeledURI 指定資料庫機器所在的群組即可。

此時基於伺服器類型進行分組控制使用者登入機器就完成了,這部分內容是 OpenLDAP 的重點,希望讀者能夠靈活運用以上知識,保障系統的安全性,防止出現潛在的危險影響系統穩定執行。

7.9 | 本章總結

本章分別從兩種不同方式講解如何控制 OpenLDAP 使用者登入用戶端系統。一種透過系統 access 模組實現,此時需要在用戶端新增 access 模組,並透過 access. conf 新增存取控制,從而使不同使用者具有登入系統的權限。第二種則透過在 OpenLDAP 伺服器端定義 schema 規範調用 objectClass 物件,新增額外的屬性和值來控制使用者登入的主機,這只需要在加入 OpenLDAP 伺服器的用戶端上新增一條存取策略即可,此方式可以靈活控制使用者登入用戶端的權限。在工作環境中,筆者也尤其推薦該方式。此方式也是本章重點講解的核心部分,本章所有案例均源自筆者工作環境中所採用的方法,讀者可以直接參考使用。

第**8**章

OpenLDAP 加密傳輸
與憑證授權

隨著網際網路行業迅速崛起，網路通信將成為傳遞資訊的唯一橋樑。如何在傳輸過程中保障資料的安全，已成為重要的議題。例如證券交易、銀行資料交易等眾多電子商務交易平臺的資料安全。如果使用 TCP 明碼協定進行資料傳輸，勢必無法保證資料的安全。因此，加密資料傳輸協定因應而生。如 Apache 所使用的 443 埠、OpenLDAP 所使用的 636 埠，均從協力廠商憑證授權取得證書實現資料加密傳輸。本章透過 OpenSSL 實現私有憑證授權的認證和授權。

本節重點介紹密鑰交互原理、三種加密演算法原理及應用場景、憑證授權的實現，以及 OpenLDAP 伺服端透過憑證授權提供證書實現所有資料交互均使用加密傳輸協定，例如 SASL、TLS 等加密協定。

8.1 | OpenSSL

8.1.1 SSL 概述

SSL（Secure Socket Layer，安全通訊端層）透過一種安全機制實現網際網路金鑰傳輸。其主要目的是保證兩個應用程式之間資料通信的安全性、保密性、可靠性，以及在伺服端和用戶端同時支援一種加密協定（目前主流版本為 SSLv2、SSLv3[常用]）。例如，使用者透過瀏覽器存取 Web 頁面時，需要和後端應用伺服器進行資料資訊交互，透過 SSL 提供與應用程式之間的資料加密傳輸以及身份驗證功能。

SSL 透過對稱加密演算法、單向加密演算法、非對稱加密演算法保障資料傳輸過程的機密性、完整性，以及資料發送者身份驗證功能。後面章節將詳細介紹三種加密演算法原理及適用場景。

8.1.2 OpenSSL 概述

OpenSSL 是 SSL 的開源實現，可透過 http://www.openssl.org/ 取得應用程式。它是一種安全加密程式，支援眾多加密演算法，主要用於提高遠端登入存取時各種資料傳輸的安全性，它也是目前加密演算法所使用的工具之一。

OpenSSL 是為網路通信提供安全及資料完整性的一種安全協定，包括主要的密碼演算法、常用的金鑰和證書封裝管理功能以及 SSL 協定，並提供豐富的應用程式供測試或其他目的使用。本章將透過 OpenSSL 實現自建私有憑證授權，實現證書的頒發、吊銷等相關操作，以及透過與 OpenLDAP 伺服端整合實現 TLS/SASL 資料加密傳輸，防止資料被竊取。

8.1.3 OpenSSL 會話建立過程

用戶端和伺服端 OpenSSL 會話連接分三部分：TCP 三向交握、密鑰交換、TCP 四次斷開（見圖 8-1）。

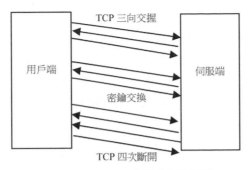

圖 8-1 OpenSSL 會話建立流程圖

下面講述 OpenSSL 加密通道建立過程。

▶ 用戶端要向伺服端發送連線請求，需要建立連線，這稱為 TCP/IP 三向交握。此時用戶端和伺服端就可以正常進行資料的傳輸，但屬於明碼傳輸，如何實現加密通道。

▶ 要實現資料加密傳輸，需要正常建立 TCP/IP 連線後進行秘鑰交換，使用加密演算法並取得秘鑰資訊，然後將資料加密後，進行資料傳輸。本章重點講解秘鑰交換方式、如何透過憑證授權實現會話加密。

▶ 當用戶端資料傳輸完成後，需要斷開連線，這稱為 TCP/IP 四次斷開。連線的斷開分為兩種：一種為用戶端斷開，另一種為伺服端斷開。先發起 FIN 請求斷開 TCP 連接的一方，都會導致發起方系統產生 TIME_WAIT 等候狀態，然後等待對方確認後方可斷開連線。關於 TIMEWAIT 參數調整，也屬於伺服端效能最佳化範圍，第 16 章會介紹如何透過調整核心參數，實現伺服端效能最佳化。

8.2 | CA

8.2.1 CA 概述

憑證授權又稱 CA（Certificate Authority）。為了保證電商網際網路行業（淘寶、京東、亞馬遜、蘇寧電器等）、銀行、物流、證券交易資料的加密傳輸以及資訊的機密性，協力廠商憑證授權因應而生，協力廠商憑證授權透過公開金鑰和私密金鑰，保障資料傳輸過程中加密傳輸並驗證對方的身份，增強資料安全性。

CA 作為權威的、可信賴的、公正的協力廠商證書機構，專門負責發放並管理所有參與網上交易的實體所需的數位憑證。它作為一個權威機構，對金鑰進行有效地管理，證明金鑰的有效性，並將公開金鑰同某一個實體（消費者、商店、銀行、電商、物流）聯繫在一起。CA 主要負責建立、分配並管理所有參與網上資訊交換各方所需的數位憑證，因此它是電子資訊安全交換的核心。

為保證客戶在網際網路上傳遞資訊的安全性、真實性、可靠性、完整性和不可抵賴性，不僅需要對客戶身份的真實性進行驗證，還需要有一個權威、公正、唯一的憑證授權，負責向電子商務的各個主體頒發並管理有效且符合國內、國際安全電子交易協定標準的安全證書。同樣，CA 也擁有一個屬於自己的證書，也就是所謂的公開金鑰和私密金鑰，並且將公開金鑰資訊放置到網際網路上，讓所有網際網路使用者均可以取得 CA 的公開金鑰，並信任 CA，從而驗證 CA 所簽發的任何有效的數位憑證。

8.2.2 CA 證書有效資訊

CA 證書的有效資訊包括以下內容：

▶ 證書版本號（version）

▶ 序號

▶ 簽名演算法標誌

▶ 發行者名稱

▶ 證書有效期

▶ 證書相關合法資訊

▶ 發行商唯一標誌

▶ 證書主體唯一標誌

▶ 擴展資訊

▶ 簽名資訊

8.2.3 秘鑰交換原理

下圖說明 Diffie-Hellman 金鑰交換原理。

Tom

Natasha

圖 8-2 Diffie-Hellman 秘鑰交換

其中，Tom 和 Natasha 使用者的秘鑰交換過程如表 8-1 所示。

表 8-1 秘鑰交換過程

Tom 使用者	Natasha 使用者
提供 x 值（隨機）	提供 y 值（隨機）
雙方交換亂數（x 和 y）	
Tom 獲得 Natasha 的隨機值 y	Natasha 獲得 Tom 的隨機值 x
Tom 提供一個素數為 p（不進行交換）	Natasha 提供一個素數為 q（不進行交換）
x ＾ p%y	y ＾ q%x
此時 Tom 和 Natasha 使用者將得到的結果與自身提供的素數分別進行計算，得到的結果就是 Tom 和 Natasha 使用者傳輸資料所採用的金鑰資訊	

8.3 | 加密演算法講解

8.3.1 對稱加密演算法

對稱加密演算法特點如下：

▶ 對稱加密提供加密演算法本身（DES[56 位]、3DES、AES[128 位元]），還需要使用者提供秘鑰，並將演算法和秘鑰從明碼轉換為密文，而且加密及解密均使用相同的秘鑰。

▶ 對稱加密演算法可以保證資料的機密性，但不能保證資料的完整性。

以下為對稱加密演算法的範例（見圖 8-3）。具體加密流程如下所示。

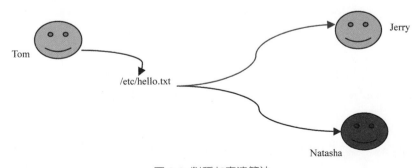

圖 8-3 對稱加密演算法

1. Tom 使用者透過 Diffie-Hellman 秘鑰交換方式將採用的秘鑰演算法（對稱加密演算法）及秘鑰告訴 Natasha 使用者，雙方完成秘鑰驗證與秘鑰傳輸。

2. Tom 使用者透過對稱加密演算法與秘鑰資訊對 hello.txt 檔進行加密後發送給 Natasha 使用者，完成資料的加密傳輸。

3. Jerry 使用者透過網路嗅探工具對 hello.txt 檔進行擷取。此時 Jerry 使用者取得 hello.txt 資料，雖然不可以解密，但可以修改加密後的檔，這無法保證資料的完整性。

4. Natasha 使用者接收 hello.txt 資料後，使用 Tom 使用者發送的秘鑰演算法以及金鑰對 hello.txt 檔進行解密，但解密後的資料是否完整就無從得到保障。

對稱加密演算法的缺點如下：

▶ 當 Tom 使用者需要給更多的使用者進行發送資料時，Tom 需要在本地建立不同的加密演算法及秘鑰，並透過 Diffie-Hellman 發送給對方，否則，任何使用者截取到資料後都可以查看資料資訊。為了保證資料的機密性，Tom 必須為每個使用者建立不同的加密演算法及秘鑰資訊。

▶ 對稱加密演算法保證了資料的機密性，但不便於金鑰的集中管理。

8.3.2 單向加密演算法

單向加密演算法特點如下：

▶ 單向加密演算法只能加密，但不能解密。

▶ 單向加密演算法透過雜湊計算，提取資料的特徵碼以及指紋資訊。

▶ 單向加密演算法可以保證資料的完整性。

▶ 單向加密演算法加密的固定字串長度輸出。

▶ 輸入資料的微小改變會引發輸出結果的巨大改變（雪崩效應）。

以下為單向加密演算法的範例（見圖 8-4）。具體加密流程如下。

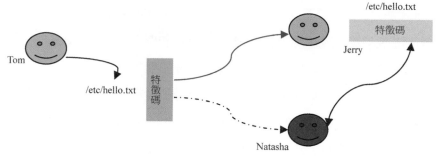

圖 8-4 單向加密演算法

1. Tom 使用者透過 Diffie-Hellman 秘鑰交換方式將採用的秘鑰演算法（單向加密演算法）及秘鑰告訴 Natasha 使用者，雙方完成秘鑰驗證與秘鑰傳輸。

2. Tom 透過單向加密演算法計算出 hello.txt 特徵碼及資料後發給 Natasha 使用者，完成資料加密傳輸。

3. Jerry 使用者截取到 hello.txt 資料後，重新利用加密演算法提取特徵碼及指紋資訊後把資料發送給 Natasha 使用者。

4. Natasha 使用者收到資料後，透過事先協商的演算法對 hello.txt 計算特徵碼，並與 Tom 使用者發來的特徵碼進行比較，若一樣說明資料沒有被竄改，否則說明資料被竄改。但是 Natasha 使用者無法驗證資料是否來自 Tom。

下面給出一段原始碼：

```
[root@mldap01 ~]# echo "test" > hello.txt
[root@mldap01 ~]# openssl dgst -md5 -hex hello.txt
MD5(hello.txt)= d8e8fca2dc0f896fd7cb4cb0031ba249
[root@mldap01 ~]# sed -i  's/e/a/g' hello.txt
[root@mldap01 ~]# openssl dgst -md5 -hex hello.txt
MD5(hello.txt)= d8e8fca2dc0f896fd7cb4cb0031ba249
```

筆者只是將 e 字元換成了 a 字元，然後再計算特徵碼，讀者不難發現 hello.txt 特徵碼或指紋資訊發生了巨大的變化。微小的改變就會引發巨大的改變，這就是單向加密演算法的雪崩效應。

單向加密演算法的缺點如下：

▶ 單向加密演算法保證資料的完整性，但無法保證資料的機密性。

8.3.3 非對稱加密演算法

非對稱加密演算法特點如下：

▶ 非對稱加密演算法透過數學函數（費馬小定理和歐拉定理）計算實現。

▶ 非對稱加密演算法可以保證資料的機密性及身份驗證。

▶ 非對稱機密演算法主要用於金鑰的交換，而非對資料進行加密。

▶ 私密金鑰加密的資料（私有）由與之配對的公開金鑰進行解密（公開金鑰）。

▶ 公開金鑰加密的資料（公開）由與之配對的私密金鑰進行解密（私密金鑰）。

以下為非對稱加密演算法的範例（見圖 8-5）。具體加密流程如下。

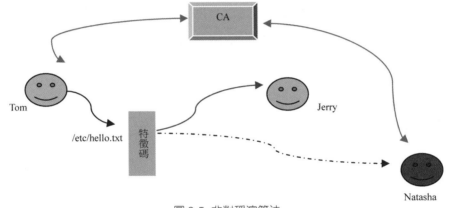

圖 8-5 非對稱演算法

1. Tom 和 Natasha 都將自己的資訊提交給協力廠商機構（CA）註冊並簽發自己的證書。

2. Tom 使用者和 Natasha 使用者透過協商採用一種加密演算法——對稱加密演算法。

3. Tom 將採用 Natasha 的公開金鑰與加密演算法對秘鑰進行加密，並發送給 Natasha 使用者。

4. Natasha 使用者接收到加密的資料後，透過自身的私密金鑰對資料進行解密並取得金鑰資訊。

5. Tom 使用者採用單向加密演算法計算 hello.txt 特徵碼，並使用自己的私密金鑰對特徵碼進行加密，保證特徵碼不會被篡改，從而接收方驗證發送方的身份。發送方使用自己的私密金鑰對資料的特徵碼進行加密，這就是所謂的數位簽章。

6. Tom 使用者使用自身的私密金鑰對資料的特徵碼進行加密,再使用對稱加密演算法將全部資訊進行加密,然後發送給 Natasha 使用者。如果之前沒有將對稱金鑰發送 Natasha 使用者,此時 Tom 使用者可以使用 Natasha 的公開金鑰將對稱金鑰進行加密,然後發送給 Natasha 使用者即可。

7. Natasha 使用者接收資料後,使用自身的私密金鑰進行解密,取得對稱加密字串,並對整個資料進行解密,然後透過合法途徑到 CA 取得 Tom 公開金鑰資訊並對特徵碼進行解密,如果正常解密說明是 Tom 發送的,然後再透過 Tom 採用的單向加密演算法進行對資料的特徵碼計算後,與 Tom 發送的特徵碼進行比較,若一樣說明資料沒有篡改,保證了資料的機密性。

非對稱加密演算法透過結合協力廠商憑證授權,保證了資料的機密性、完整性以及身份驗證等功能。

8.4 | OpenSSL 元件與命令

8.4.1 OpenSSL 元件

前面提到,OpenSSL 是 SSL 的開源實現,包括以下三個元件:

▶ libcrypto:實現加密、解密所使用的各種密碼庫。

▶ libssl:TLS/SSL 協定的實現,基於會話實現身份認證、資料機密性和會話完整性的 TLS/SSL 函式庫,主要作為某個軟體、服務軟體實現 SSL 功能而使用的函式庫。

▶ OpenSSL:多用途的命令列工具,能夠實現私有憑證授權,即在公司內部實現身份的驗證。

8.4.2 OpenSSL 命令講解

OpenSSL 提供了許多命令幫助使用者查看 SSL/TLS 各種加密演算法、自建 CA、查看證書資訊、測試透過 SSL/TLS 連接的狀態、提取檔案特徵碼、檔案的加密與解密等。

OpenSSL 包含以下命令：

▸ genrsa：透過 RSA 演算法，建立金鑰（私密金鑰和公開金鑰）。

▸ req：申請和產生證書。

▸ -new：產生新的證書。

▸ -x509：網際網路常用的一種標準。

▸ -in：證書的位置（簽署證書及證書請求常常用到）。

▸ -out：證書的存放位置。

▸ -days：證書的有效期限。

▸ -enc：取得加密類型。

以下是一個 OpenSSL 資料加密、解密的一個範例。

資料加密的命令如下：

```
[root@ca ~]# file hello.txt
hello.txt: ASCII text        //ASCII碼檔
[root@ca ~]# openssl enc -des3 -in hello.txt -out hello.txt.des3
enter des-ede3-cbc encryption password:              //輸入加密密碼
Verifying - enter des-ede3-cbc encryption password:    //確認加密密碼
[root@ca ~]# file hello.txt.des3
hello.txt.des3: data    //資料檔案
[root@ca ~]#
```

資料解密的命令如下：

```
[root@ca ~]# openssl enc -des3 -d -in hello.txt.des3 -out /tmp/hello.txt
enter des-ede3-cbc decryption password:              //輸入解密密碼
[root@ca ~]# file /tmp/hello.txt
/tmp/hello.txt: ASCII text
```

8.5 | 使用 OpenSSL 構建憑證授權

看到這裡，相信讀者對 CA 的概念、原理以及 OpenSSL 相關知識已有一定的瞭解。
企業用戶如何得到一份有效的、合法的證書呢？該如何實現呢？

8.5.1 CA 證書取得途徑

目前常見的有兩種 CA 證書取得方式。第一種透過 OpenSSL 軟體自建 CA，回應使用者的證書請求並實現證書的頒發、管理等操作。另一種則透過協力廠商合法的憑證授權提出申請，並經過各種審核確認使用者身份，CA 將申請者的相關資訊進行審核後，進行簽名，最後形成證書頒發給申請者。

兩種實現方式相較，使用商業化證書機構價格昂貴，對於中小型企業而言，自建憑證授權無疑也是一種不錯的解決方案。本章主要介紹如何透過 OpenSSL 軟體自建 CA 以及給各種應用簽發證書，實現加密傳輸資料，例如 OpenLDAP（636）、Apache（443）等。

8.5.2 自建 CA

建立 CA 的基本步驟如下：

1. 安裝 OpenSSL 軟體。

   自建 CA，需要 OpenSSL 軟體的支援，所以要確認當前系統是否安裝 OpenSSL 軟體。如果沒有安裝，則使用 yum install openssl* -y 安裝，命令如下：

```
[root@ca ~]# rpm -qa | grep openssl
openssl-devel-1.0.1e-15.el6.x86_64
openssl-1.0.1e-15.el6.x86_64
```

2. CA 中心生成自身私密金鑰，命令如下：

```
[root@ca ~]# cd /etc/pki/CA
[root@ca CA]# (umask 077; openssl genrsa -out private/cakey.pem 2048)
Generating RSA private key, 2048 bit long modulus
...............+++
..........................+++
e is 65537 (0x10001)
//為了保證CA機構私密金鑰的安全，需要把私密金鑰檔權限設定為077
```

3. CA 簽發自身公開金鑰，命令如下：

```
[root@ca CA]# openssl req -new -x509 -key private/cakey.pem -out cacert.pem -days 365
You are about to be asked to enter information that will be incorporated
into your certificate request.
What you are about to enter is what is called a Distinguished Name or a DN.
There are quite a few fields but you can leave some blank
```

```
For some fields there will be a default value,
If you enter '.', the field will be left blank.
-----
Country Name (2 letter code) [XX]:CN
State or Province Name (full name) []:Shanghai
Locality Name (eg, city) [Default City]:Shanghai
Organization Name (eg, company) [Default Company Ltd]:gdy.com
Organizational Unit Name (eg, section) []:Tech
Common Name (eg, your name or your server's hostname) []:ca.gdy.com
Email Address []: ca@gdy.com
[root@ca CA]#
```

其中，各個欄位含義如下：

- Country Name (2 letter code)：兩個字母的國家代號。

- State or Province Name (full name) []：省份或州名。

- Locality Name (eg, city) [Default City]：城市或地區，如 shanghai。

- Organization Name (eg, company) [Default Company Ltd]：公司名稱。

- Organizational Unit Name (eg, section) []：部門名稱，例如 Tech。

- Common Name (eg, your name or your server's hostname) []：通用名稱，例如 OL 伺服器的功能變數名稱或 IP 位址。

- Email Address []：郵寄地址。

4. 建立資料函式庫及證書序列檔，命令如下：

註：本章採用 RHEL 6.5 系統為藍本，如果運行環境為 5.x，則需要建立 certs、crl、newcert 三個目錄以及 index.txt、serial 兩個檔案。

```
[root@ca CA]# ls -lh
total 20K
-rw-r--r--. 1 root root 1.4K Dec  7 18:51 cacert.pem
drwxr-xr-x. 2 root root 4.0K Sep 27  2013 certs
drwxr-xr-x. 2 root root 4.0K Sep 27  2013 crl
drwxr-xr-x. 2 root root 4.0K Sep 27  2013 newcerts
drwx------. 2 root root 4.0K Dec  7 18:49 private
[root@ca CA]# touch serial index.txt
[root@ca CA]# echo "01" > serial
```

目錄檔用途如下：

- cacert.pem：CA 自身證書檔（可根據自己需求進行修改）。

- certs：用戶端證書存放目錄。

- crl：CA 吊銷的用戶端證書存放目錄。

- newcerts：產生新證書存放目錄。

- index.txt：存放用戶端證書資訊。

- serial：用戶端證書編號（編號可以自訂），用於識別用戶端證書。

- private：存放 CA 自身私密金鑰的目錄。

5. 透過 OpenSSL 命令取得根證書資訊，命令如下：

```
[root@ca ~]# openssl x509 -noout -text -in  /etc/pki/CA/cacert.pem
Certificate:
    Data:
        Version: 3 (0x2)
        Serial Number: 11155409922657448414 (0x9acffa3883dd71de)
    Signature Algorithm: sha1WithRSAEncryption
        Issuer: C=CN, ST=Shanghai, L=Shanghai, O=gdy.com, OU=Tech, CN=ca.gdy.com/
        emailAddress=ca@gdy.com
        Validity
            Not Before: Dec  7 11:22:44 2014 GMT
            Not After : Dec  4 11:22:44 2024 GMT
        Subject: C=CN, ST=Shanghai, L=Shanghai, O=gdy.com, OU=Tech, CN=ca.gdy.com/
        emailAddress=ca@gdy.com
        Subject Public Key Info:
            Public Key Algorithm: rsaEncryption
                Public-Key: (2048 bit)
                Modulus:
                    00:b9:90:19:62:01:c3:d9:45:05:24:76:1c:86:65:
                    83:16:06:f4:c4:57:ba:26:32:29:9a:61:e1:10:19:
                    b4:0d:2d:8d:18:cf:8f:b1:86:88:9c:7d:0e:1c:95:
                    5a:7b:84:76:04:35:6f:be:80:ea:e3:b6:3f:d3:b2:
                    3c:33:d6:78:02:35:32:20:a9:d7:b7:5b:f0:15:5e:
                    88:e8:45:d6:be:59:e1:49:92:af:0e:00:1f:de:27:
                    cf:0f:ce:bb:0c:28:8a:2b:e2:f6:f4:4b:c9:31:9e:
                    34:b0:c8:b4:a5:43:b8:ec:5e:7a:79:f0:88:9f:91:
                    71:9c:24:7b:e4:1d:62:b6:15:3b:4f:75:c2:89:32:
                    5b:23:cd:27:14:48:f3:cc:a5:62:a4:8c:36:a9:16:
                    22:6d:d5:12:e5:d9:9e:27:1a:00:22:06:ba:e9:a9:
                    8c:01:bb:d8:72:94:d7:46:b1:bc:4b:c2:74:4f:95:
                    15:76:d3:4a:f1:68:dd:9f:4a:db:e5:b0:de:5a:df:
```

```
                    8b:eb:06:44:7c:af:26:c0:bc:05:25:91:db:42:a8:
                    2b:c1:97:96:a3:2f:8f:cb:64:b2:59:ad:4b:4f:44:
                    04:b7:9f:94:b8:ca:c5:a4:96:42:be:71:c6:72:96:
                    57:e7:26:32:3f:8b:df:c2:9c:a7:45:5a:f5:4e:9a:
                    83:7d
                Exponent: 65537 (0x10001)
        X509v3 extensions:
            X509v3 Subject Key Identifier:
                EA:35:00:79:3C:FF:B8:87:43:01:77:0E:35:26:80:B5:3F:90:95:06
            X509v3 Authority Key Identifier:
                keyid:EA:35:00:79:3C:FF:B8:87:43:01:77:0E:35:26:80:B5:3F:90:95:06

            X509v3 Basic Constraints:
                CA:TRUE
    Signature Algorithm: sha1WithRSAEncryption
        2c:35:84:3f:c8:7a:53:f3:18:a9:16:8c:d3:5e:94:53:6b:25:
        72:c9:3e:e7:ac:a6:48:29:38:42:38:bf:e6:31:5c:e6:34:e9:
        e5:05:34:df:75:96:bb:e2:4a:69:02:96:cf:b7:3c:2e:84:8e:
        eb:7e:9e:43:8b:60:e2:c4:3f:0b:8a:b4:13:86:17:a4:e8:6e:
        81:8a:79:f5:7d:82:86:17:01:f3:1b:1b:da:97:da:5e:5e:7f:
        22:87:6e:54:93:43:c0:a7:cb:83:8b:4a:a9:0c:a1:e3:84:1c:
        3b:68:ec:08:3c:05:3a:0a:99:37:11:fb:76:29:3b:4f:c0:c5:
        d4:a8:94:9b:99:23:0b:dc:bd:12:ed:e9:11:95:3c:89:19:83:
        d1:70:7e:80:2f:45:2d:07:dc:e7:b9:74:78:ca:35:ec:a8:0d:
        cb:eb:51:44:8b:3e:90:c3:b1:11:42:3c:1c:6c:36:a1:ef:86:
        7a:2b:2f:bc:32:fd:1e:7d:58:50:06:e1:28:4d:4f:3e:c2:8d:
        c6:e3:83:d9:bd:db:66:74:cf:3c:1a:e9:cc:f8:1d:e3:53:95:
        4c:d4:34:46:c6:0f:46:5d:31:2f:95:e7:49:c6:a7:aa:39:17:
        1c:43:39:a8:2a:a4:af:4a:1e:26:91:78:c6:8c:d4:ba:5d:3d:
        7a:0b:69:dc
[root@ca ~]#
```

至此，透過 OpenSSL 軟體自建 CA 就完成了，後續就要接收用戶端證書請求，驗證所提供資訊的合法性並簽發證書以及後續證書的頒發、吊銷證書等操作。

8.6 | OpenLDAP 與 CA 整合

預設情況下，OpenLDAP 伺服端與用戶端之間使用明碼進行驗證、查詢等一系列操作，由於在網際網路上進行傳輸存在不安全的因素，那麼如何透過密文交換資料呢？OpenLDAP 在開發時支援以 SSL、TLS 方式進行會話加密，這需要提供 OpenLDAP 伺服端證書以及修改設定檔來支援加密傳輸，具體該如何操作呢？

8.6.1 OpenLDAP 證書取得

要取得 OpenLDAP 證書，可按以下步驟操作。

1. OpenLDAP 伺服端生成秘鑰，命令如下：

```
[root@ldap01 ssl]# (umask 077; openssl genrsa -out ldapkey.pem 1024)
Generating RSA private key, 1024 bit long modulus
...............+++++
...........................+++++
e is 65537 (0x10001
```

2. OpenLDAP 伺服端向 CA 申請證書簽署請求，命令如下：

```
[root@mldap01 ssl]# openssl req -new -key ldapkey.pem -out ldap.csr -days 3650
You are about to be asked to enter information that will be incorporated
into your certificate request.
What you are about to enter is what is called a Distinguished Name or a DN.
There are quite a few fields but you can leave some blank
For some fields there will be a default value,
If you enter '.', the field will be left blank.
-----
Country Name (2 letter code) [XX]:CN
State or Province Name (full name) []:Shanghai
Locality Name (eg, city) [Default City]:Shanghai
Organization Name (eg, company) [Default Company Ltd]:gdy.com
Organizational Unit Name (eg, section) []:Tech
Common Name (eg, your name or your server's hostname) []:mldap01.gdy.com
Email Address []:

Please enter the following 'extra' attributes
to be sent with your certificate request
A challenge password []:
An optional company name []:
```

> 註：除 Common Name、Email Address 以外，以上所有值必須和 CA 證書所填資訊保持一致，否則無法得到驗證。

3. CA 核實並簽發證書，命令如下：

> 註：CA 簽署使用者請求時，需要檢測使用者證書請求資訊，檢測通過後，才能簽署證書。

```
[root@ca ssl]# openssl ca -in ldap.csr -out ldapcert.pem -days 3650
Using configuration from /etc/pki/tls/openssl.cnf
Check that the request matches the signature
Signature ok
Certificate Details:
        Serial Number: 1 (0x1)
        Validity
            Not Before: Dec  9 00:39:52 2014 GMT
            Not After : Dec  6 00:39:52 2024 GMT
        Subject:
            countryName               = CN
            stateOrProvinceName       = Shanghai
            organizationName          = gdy.com
            organizationalUnitName    = Tech
            commonName                = mldap01.gdy.com
        X509v3 extensions:
            X509v3 Basic Constraints:
                CA:FALSE
            Netscape Comment:
                OpenSSL Generated Certificate
            X509v3 Subject Key Identifier:
                01:EC:BD:0A:A1:E3:11:33:72:A1:57:7A:83:09:ED:E3:D5:A2:58:17
            X509v3 Authority Key Identifier:
                keyid:22:9A:30:32:BA:AD:95:E0:2F:7B:C9:31:A0:C6:DD:C6:0E:CB:42:21

Certificate is to be certified until Dec  6 00:39:52 2024 GMT (3650 days)
Sign the certificate? [y/n]:y


1 out of 1 certificate requests certified, commit? [y/n]y
Write out database with 1 new entries
Data Base Updated
```

註：如果 CA 為獨立的伺服器，則需要將使用者的證書頒發請求透過 ssh 傳至 CA 伺服端中，當伺服端完成簽發後，再透過 SSH 將使用者證書檔傳送給用戶端即可。本章中，因為筆者將 OpenLDAP 伺服端也作為 CA，所以不需要透過 SSH 進行傳輸資料。在工作環境中部署時筆者不建議二者混合使用，而推薦採用獨立的伺服器作為 CA。

8.6.2 OpenLDAP TLS/SASL 部署

要完成 OpenLDAP TLS/SASL 部署,可按以下步驟操作。

1. 修改證書權限,命令如下:

```
# chown -R ldap:ldap /etc/openldap/ssl/*
# chmod -R 0400 /etc/openldap/ssl/*
```

2. 修改 OpenLDAP 設定檔,新增證書檔,命令如下:

```
[root@mldap01 ~]# vim /etc/openldap/slapd.conf
```

找到如下內容:

```
66 TLSCACertificatePath /etc/openldap/certs
67 TLSCertificateFile "\"OpenLDAP Server\""
68 TLSCertificateKeyFile /etc/openldap/certs/password
```

並把它們修改為如下內容:

```
olcTLSCACertificateFile: /etc/openldap/ssl/cacert.pem
olcTLSCertificateFile: /etc/openldap/ss/ldapcert.pem
olcTLSCertificateKeyFile: /etc/openldap/ssl/ldapkey.pem
TLSVerifyClient never
```

這裡需要注意以下幾點。

TLSVerifyClient <value> 設定是否驗證用戶端的身份。Value 可以取下面幾個值。

- never:伺服端回應使用者請求時,不需要驗證用戶端的身份,只需要提供 CA 公有證書即可。
- allow:伺服端回應使用者請求時,服務要求驗證用戶端的身份,如果用戶端沒有證書或者證書無效,會話依然進行。
- try:用戶端提供證書,如果證書有誤,則終止連接。若無證書,會話繼續進行。
- demand:伺服端需要對用戶端證書進行驗證,用戶端需要向 CA 申請證書。

3. 開啟 OpenLDAP SSL 功能，命令如下：

```
[root@mldap01 ~]# vim /etc/sysconfig/ldap
# Run slapd with -h "... ldap:/// ..."
7 #   yes/no, default: yes
8 SLAPD_LDAP=yes
9
10 # Run slapd with -h "... ldapi:/// ..."
11 #   yes/no, default: yes
12 SLAPD_LDAPI=yes
13
14 # Run slapd with -h "... ldaps:/// ..."
15 #   yes/no, default: no
16 SLAPD_LDAPS=yes
```

註：將 SLAPD_LDAPS 的值修改為 yes 即可開啟 LDAPS 功能，預設值為 no。

4. 載入 slapd 資料函式庫，命令如下：

註：透過 slapd.conf 來設定 LDAP，每次修改設定資訊都需要手動操作如下內容，而且還需要重新載入 slapd 行程。如果透過修改資料庫（cn=config）後，所有的修改操作立即生效。

```
[root@mldap01 ssl]# rm -rf /etc/openldap/slapd.d/*
[root@mldap01 ssl]# slaptest -u
config file testing succeeded
[root@mldap01 ssl]# slaptest -f /etc/openldap/slapd.conf -F /etc/openldap/slapd.d/
config file testing succeeded
[root@mldap01 ssl]# chown -R ldap.ldap /etc/openldap/slapd.d/
[root@mldap01 ssl]#
[root@mldap01 ssl]# service slapd restart
Stopping slapd:                                        [  OK  ]
Starting slapd:                                        [  OK  ]
```

5. 查看後端 slapd 監聽埠，命令如下：

```
[root@mldap01 ~]# netstat -ntplu | grep :636
tcp     0     0 0.0.0.0:636          0.0.0.0:*           LISTEN     15784/slapd
tcp     0     0 :::636               :::*                LISTEN     15784/slapd
```

註：若透過 netstat 指令取得當前 OpenLDAP 監聽的 tcp 636 加密埠，則透過用戶端的連接均為加密通道連接，但需要在用戶端設定，並使用證書檔進行連接。

6. 透過 CA 證書公開金鑰驗證 OpenLDAP 伺服端證書的合法性，命令如下：

```
[root@mldap01 ssl]# openssl verify -CAfile /etc/pki/CA/cacert.pem /etc/openldap/ssl/
ldapcert.pem
/etc/openldap/ssl/ldapcert.pem: OK
```

7. 確認當前通訊端是否能通過 CA 的驗證，命令如下：

```
[root@mldap01 ssl]# openssl s_client -connect mldap01.gdy.com:636 -showcerts -state
-CAfile /etc/openldap/ssl/cacert.pem
CONNECTED(00000003)
SSL_connect:before/connect initialization
SSL_connect:SSLv2/v3 write client hello A
SSL_connect:SSLv3 read server hello A
depth=1 C = CN, ST = Shanghai, L = Shanghai, O = gdy.com, OU = Tech, CN = mldap01.gdy.com
verify return:1
depth=0 C = CN, ST = Shanghai, O = gdy.com, OU = Tech, CN = mldap01.gdy.com
verify return:1
SSL_connect:SSLv3 read server certificate A
SSL_connect:SSLv3 read server key exchange A
SSL_connect:SSLv3 read server done A
SSL_connect:SSLv3 write client key exchange A
SSL_connect:SSLv3 write change cipher spec A
SSL_connect:SSLv3 write finished A
SSL_connect:SSLv3 flush data
SSL_connect:SSLv3 read finished A
---
Certificate chain
 0 s:/C=CN/ST=Shanghai/O=gdy.com/OU=Tech/CN=mldap01.gdy.com
   i:/C=CN/ST=Shanghai/L=Shanghai/O=gdy.com/OU=Tech/CN=mldap01.gdy.com
-----BEGIN CERTIFICATE-----
MIIDOzCCAiOgAwIBAgIBATANBgkqhkiG9w0BAQUFADBuMQswCQYDVQQGEwJDTjER
MA8GA1UECAwIU2hhbmdoYWkxETAPBgNVBAcMCFNoYW5naGFpMRAwDgYDVQQKDAdn
ZHkuY29tMQ0wCwYDVQQLDARUZWNoMRgwFgYDVQQDDA9tbGRhcDAxLmdkeS5jb20w
HhcNMTQxMjA5MDAzOTUyWhcNMjQxMjA2MDAzOTUyWjBbMQswCQYDVQQGEwJDTjER
MA8GA1UECAwIU2hhbmdoYWkxEDAOBgNVBAoMB2dkeS5jb20xDTALBgNVBAsMBFRl
Y2gxGDAWBgNVBAMMD21sZGFwMDEuZ2R5LmNvbTCBnzANBgkqhkiG9w0BAQEFAAOB
jQAwgYkCgYEAxpE87YrjeVNhX77sNar2R1xqC+s+57mz9CR4DjJzwqwPc9qDOdc/
lrWv8qq1Coi+pZcTQTVfUsckZDFOvhFPOCl3aDYNfO6pPBwOOL3ngsb95p0Xw9QG
ZNz7a7BJjZCXePqE8SJTY4M0BpLHELlZoyAysBBgI8xLMY+TqSvILCMCAwEAAaN7
MHkwCQYDVR0TBAIwADAsBglghkgBhvhCAQ0EHxYdT3BlblNTTCBHZW5lcmF0ZWQg
Q2VydGlmaWNhdGUwHQYDVR0OBBYEFAHsvQqh4xEzcqFXeoMJ7ePVolgXMB8GA1Ud
IwQYMBaAFCKaMDK6rZXgL3vJMaDG3cYOy0IhMA0GCSqGSIb3DQEBBQUAA4IBAQC5
EquJfHjwLUmFV2D2kbkbZDu9SH4DZSXvNfU/iKFQ7qlypzg9Od14xBAJtte94WVl
81qFaikZt1Hik+/tmLLKwBLoDuMb9LIqznN0xnL3uLEGr4iyfeeNy5NXkeQbD+8l
vSxV4N64RPhfiWL/MLL96cWFBIH6+TYwndwTSGL92nNDzQLdNOMQt15cKfIPI1WF
```

```
b+NNiY3ISli+iUlH8TBBAp9N3jOK6LUsYj+3H9ilC7OYjnyKJY8lbHOpywQT3Bt/
mjg2F/Pywkxw/L97tpUBaF8A+pzi062eqxGVSeA11RFV1Oifh7AOo9jAinvXmw2G
50RoOd0IPOlTQaF+JbGJ
-----END CERTIFICATE-----
---
Server certificate
subject=/C=CN/ST=Shanghai/O=gdy.com/OU=Tech/CN=mldap01.gdy.com
issuer=/C=CN/ST=Shanghai/L=Shanghai/O=gdy.com/OU=Tech/CN=mldap01.gdy.com
---
No client certificate CA names sent
---
SSL handshake has read 1199 bytes and written 443 bytes
---
New, TLSv1/SSLv3, Cipher is ECDHE-RSA-AES256-SHA
Server public key is 1024 bit
Secure Renegotiation IS supported
Compression: NONE
Expansion: NONE
SSL-Session:
    Protocol  : TLSv1
    Cipher    : ECDHE-RSA-AES256-SHA
    Session-ID: 45936D0A15D55D78CF776F59286295FA6E46E7190A63DAC6EFD26FF72841B8FC
    Session-ID-ctx:
    Master-Key: 8D984819D45782874E9A621AD53C7C7FF09DE47666F96D3A9F21B7DB86BD3B9FB1A76
    716A2121F3D3098EB9B5BBC14F8
    Key-Arg   : None
    Krb5 Principal: None
    PSK identity: None
    PSK identity hint: None
    Start Time: 1418086177
    Timeout   : 300 (sec)
    Verify return code: 0 (ok)
```

出現上述資訊，說明 OpenLDAP 伺服端使用 SSL/TLS 加密傳輸協定，此時傳輸的資料均為加密傳輸，從而保障了資料的安全性。

8. 查看後端日誌，命令如下：

```
[root@mldap01 ssl]# tail -f /var/log/ldap.log
==========================================================
Dec  9 08:49:37 mldap01 slapd[17811]: conn=1000 fd=15 ACCEPT from IP=192.168.218.206:
45546 (IP=0.0.0.0:636)
Dec  9 08:49:37 mldap01 slapd[17811]: conn=1000 fd=15 TLS established tls_ssf=256 ssf=256
Dec  9 08:49:37 mldap01 slapd[17811]: conn=1001 fd=16 ACCEPT from IP=192.168.218.208:
35824 (IP=0.0.0.0:389)
```

```
Dec  9 08:49:37 mldap01 slapd[17811]: conn=1001 op=0 BIND dn="" method=128
Dec  9 08:49:37 mldap01 slapd[17811]: conn=1001 op=0 RESULT tag=97 err=0 text=
Dec  9 08:49:37 mldap01 slapd[17811]: conn=1001 op=1 SRCH base="dc=gdy,dc=com" scope=2
deref=0 filter="(&(objectClass=posixGroup)(cn=dpgdy))"
Dec  9 08:49:37 mldap01 slapd[17811]: conn=1001 op=1 SRCH attr=cn userPassword memberUid
gidNumber uniqueMember
Dec  9 08:49:37 mldap01 slapd[17811]: conn=1001 op=1 SEARCH RESULT tag=101 err=0
nentries=0 text=
Dec  9 08:49:37 mldap01 slapd[17811]: conn=1002 fd=19 ACCEPT from IP=192.168.218.208:
35825 (IP=0.0.0.0:389)
Dec  9 08:49:37 mldap01 slapd[17811]: conn=1002 op=0 BIND dn="" method=128
Dec  9 08:49:37 mldap01 slapd[17811]: conn=1002 op=0 RESULT tag=97 err=0 text=
Dec  9 08:49:37 mldap01 slapd[17811]: conn=1002 op=1 SRCH base="dc=gdy,dc=com" scope=2
deref=0 filter="(&(objectClass=posixAccount)(uid=root))"
Dec  9 08:49:37 mldap01 slapd[17811]: conn=1002 op=1 SRCH attr=uid
Dec  9 08:49:37 mldap01 slapd[17811]: conn=1002 op=1 SEARCH RESULT tag=101 err=0
nentries=0 text=
Dec  9 08:49:37 mldap01 slapd[17811]: conn=1002 op=2 SRCH base="dc=gdy,dc=com" scope=2
deref=0 filter="(&(objectClass=posixGroup)(memberUid=root))"
Dec  9 08:49:37 mldap01 slapd[17811]: conn=1002 op=2 SRCH attr=cn userPassword memberUid
gidNumber uniqueMember
Dec  9 08:49:37 mldap01 slapd[17811]: conn=1002 op=2 SEARCH RESULT tag=101 err=0
nentries=0 text=
```

至此為止，OpenLDAP 伺服端與 CA 提供證書實現 SSL 加密通道功能。

8.6.3 用戶端部署

用戶端設定 TLS/SASL 加密驗證為了讓用戶端支援並使用加密通道傳輸資料，我們需要對用戶端進行簡單的設定，否則用戶端預設設定不支援 TLS/SSL 加密通道傳輸。藉由第 4 章瞭解到，部署用戶端加入 OpenLDAP 有三種方式，一種為修改設定檔來實現，另一種為 authconfig 交互設定，第三種透過 setup/authconfig-gui 調用圖形介面來操作。筆者透過圖形介面詳細介紹，系統參照 RHEL 6.x 版本機器進行示範。具體步驟如下。

1. 圖形化設定加密傳輸部署。

   - 在第 4 章我們瞭解了設定 OpenLDAP 用戶端的方法，這裡的設定方法大同小異，為了節約篇幅，筆者只介紹不同之處即可，其他設定均一樣。

   在把用戶端加入 OpenLDAP 伺服端前，需要將 CA 公開金鑰證書下載到本地，預設路徑為 /etc/openldap/cacerts，然後方可進行設定，命令如下：

```
[root@controller ~]# scp 192.168.218.206:/etc/pki/CA/cacert.pem /etc/openldap/
The authenticity of host '192.168.218.206 (192.168.218.206)' can't be established.
RSA key fingerprint is 15:c8:82:a7:a8:e3:be:9b:e5:82:00:b5:b0:b4:99:80.
Are you sure you want to continue connecting (yes/no)? yes
Warning: Permanently added '192.168.218.206' (RSA) to the list of known hosts.
Permission denied, please try again.
root@192.168.218.206's password:
cacert.pem                                       100% 1338     1.3KB/s   00:00
```

2. 透過 setup/authconfig-tui 進行設定。

按照圖 8-6 中的設定，預設使用 TLS 加密，我們需要手動修改設定檔來支援 SSL 加密方式。

圖 8-6 設定 SSL 加密傳輸

編輯 /etc/pam_ldap.conf 以及 /etc/nslcd.conf 找到如下行。

```
ssl start_tls
```

把它修改成如下行。

```
ssl on
```

3. 重新開機 nslcd 服務行程並執行開機自動啟動，命令如下：

```
[root@controller ~]# service nslcd restart
Stopping nslcd:                                        [  OK  ]
Starting nslcd:                                        [  OK  ]
[root@controller ~]# chkconfig nslcd on
```

4. 透過用戶端匿名測試 SSL 連接是否正常，命令如下：

```
[root@controller ~]# ldapwhoami -v -x -Z
ldap_initialize( <DEFAULT> )
ldap_start_tls: Operations error (1)
additional info: TLS already started
anonymous
Result: Success (0)
```

註：OpenLDAP 伺服端後端日誌會有如下資訊，表明成功透過 SSL 連接 OpenLDAP 伺服端。

```
[root@mldap01 ~]# tail -f /var/log/ldap.log
================================================================================
Dec 10 10:34:49 mldap01 slapd[18011]: conn=1403 fd=25 ACCEPT from IP=192.168.218.208:
46067 (IP=0.0.0.0:636)
Dec 10 10:34:49 mldap01 slapd[18011]: conn=1403 fd=25 TLS established tls_ssf=256
ssf=256
Dec 10 10:34:49 mldap01 slapd[18011]: conn=1403 op=0 EXT oid=1.3.6.1.4.1.1466.20037
Dec 10 10:34:49 mldap01 slapd[18011]: conn=1403 op=0 STARTTLS
Dec 10 10:34:49 mldap01 slapd[18011]: conn=1403 op=0 RESULT oid= err=1 text=TLS
already started
Dec 10 10:34:49 mldap01 slapd[18011]: conn=1403 op=1 BIND dn="" method=128
Dec 10 10:34:49 mldap01 slapd[18011]: conn=1403 op=1 RESULT tag=97 err=0 text=
Dec 10 10:34:49 mldap01 slapd[18011]: conn=1403 op=2 EXT oid=1.3.6.1.4.1.4203.1.11.3
Dec 10 10:34:49 mldap01 slapd[18011]: conn=1403 op=2 WHOAMI
Dec 10 10:34:49 mldap01 slapd[18011]: conn=1403 op=2 RESULT oid= err=0 text=
Dec 10 10:34:49 mldap01 slapd[18011]: conn=1403 op=3 UNBIND
Dec 10 10:34:49 mldap01 slapd[18011]: conn=1403 fd=25 closed
```

5. LDAP 使用者驗證密碼，命令如下：

```
[root@controller ~]# ldapwhoami -D "uid=zhangsan,ou=people,dc=gdy,dc=com" -W -H
ldaps://mldap01.gdy.com -v
ldap_initialize( ldaps://mldap01.gdy.com:636/??base )
Enter LDAP Password:
dn:uid=zhangsan,ou=people,dc=gdy,dc=com
Result: Success (0)
```

透過 getent 在用戶端執行，查看是否能取得帳號資訊，命令如下：

```
[root@controller ~]# getent  passwd zhangsan
zhangsan:x:10007:10011:DBA Manager:/home/zhangsan:/bin/bash
[root@controller ~]# getent  passwd lisi
lisi:x:10006:10010:App Manager:/home/lisi:/bin/bash
```

6. 在用戶端搜索 OpenLDAP 域資訊，命令如下：

```
[root@controller ~]# ldapsearch -x -b "dc=gdy,dc=com" -H ldaps://mldap01.gdy.com
# extended LDIF
#
# LDAPv3
# base <dc=gdy,dc=com> with scope subtree
```

```
# filter: (objectClass=*)
# requesting: ALL
#

# gdy.com
dn: dc=gdy,dc=com
dc: gdy
objectClass: dcObject
objectClass: organization
o: gdy.com

# people, gdy.com
dn: ou=people,dc=gdy,dc=com
ou: people
objectClass: organizationalUnit

# machines, gdy.com
dn: ou=machines,dc=gdy,dc=com
objectClass: organizationalUnit
ou: machines

# groups, gdy.com
dn: ou=groups,dc=gdy,dc=com
objectClass: organizationalUnit
ou: groups
```

從以上結果得知,用戶端成功取得 OpenLDAP 伺服端目錄樹相關資訊。

OpenLDAP 伺服端後台日誌,正常查詢 zhangsan 和 lisi 使用者,而且使用加密通道
進行 entry 傳輸,命令如下:

```
[root@mldap01 ~]# tail -f /var/log/ldap.log
Dec 10 15:23:26 mldap01 slapd[18011]: conn=1469 op=3 UNBIND
Dec 10 15:23:26 mldap01 slapd[18011]: conn=1469 fd=26 closed
Dec 10 15:23:26 mldap01 slapd[18011]: conn=1474 fd=25 ACCEPT from IP=192.168.218.208:
46147 (IP=0.0.0.0:636)
Dec 10 15:23:26 mldap01 slapd[18011]: conn=1474 fd=25 TLS established tls_ssf=256
ssf=256
Dec 10 15:23:26 mldap01 slapd[18011]: conn=1474 op=0 BIND dn="" method=128
Dec 10 15:23:26 mldap01 slapd[18011]: conn=1474 op=0 RESULT tag=97 err=0 text=
Dec 10 15:23:26 mldap01 slapd[18011]: conn=1474 op=1 SRCH base="dc=gdy,dc=com" scope=2
deref=0 filter="(&(objectClass=posixAccount)(uid=zhangsan))"
==============================
Dec 10 15:24:24 mldap01 slapd[18011]: conn=1479 op=1 SEARCH RESULT tag=101 err=0
nentries=1 text=
```

```
Dec 10 15:24:51 mldap01 slapd[18011]: conn=1475 op=2 UNBIND
Dec 10 15:24:51 mldap01 slapd[18011]: conn=1475 fd=26 closed
Dec 10 15:24:51 mldap01 slapd[18011]: conn=1480 fd=26 ACCEPT from IP=192.168.218.208:
46154 (IP=0.0.0.0:636)
Dec 10 15:24:51 mldap01 slapd[18011]: conn=1480 fd=26 TLS established tls_ssf=256
ssf=256
Dec 10 15:24:51 mldap01 slapd[18011]: conn=1480 op=0 BIND dn="" method=128
Dec 10 15:24:51 mldap01 slapd[18011]: conn=1480 op=0 RESULT tag=97 err=0 text=
Dec 10 15:24:51 mldap01 slapd[18011]: conn=1480 op=1 SRCH base="dc=gdy,dc=com" scope=2
deref=0 filter="(&(objectClass=posixAccount)(uid=lisi))"
```

至此為止，所有 OpenLDAP 伺服端與用戶端資料交互，均使用加密通道進行傳輸、查詢等一系列維護操作等。

8.7 | phpLDAPadmin 加密通道認證

第 3 章介紹了如何透過 Apache 驗證功能存取 phpLDAPadmin GUI 提供 OpenLDAP 管理員及密碼完成驗證登入 phpLDAPadmin 管理介面，然後才會顯示 phpLDAPadmin 登入畫面（見圖 8-7）。預設 Apache 平臺使用明碼傳輸資訊，那麼如何透過 SSL 實現 https（埠：443）加密傳輸呢？

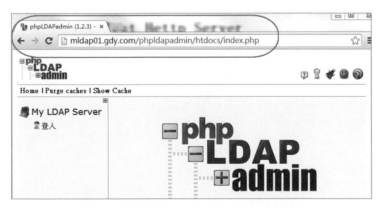

圖 8-7 明碼存取 phpLDAPadmin GUI 介面

8.7.1 部署環境規劃

IP 位址及主機名稱規劃如表 8-2 所示。

表 8-2 IP 位址及主機名稱規劃

主機	系統版本	IP 位址	主機名稱
CA 中心	RHEL 伺服器版本 6.5	192.168.218.205	ca.gdy.com
LDAP 伺服端	RHEL 伺服器版本 6.5	192.168.218.206	mldap01.gdy.com
Windows 用戶端	Windows 7	10.226.114.5	Dayong_guo

PhpLDAPadmin 透過 SSL 實現加密通道傳輸的拓撲圖如圖 8-8 所示。

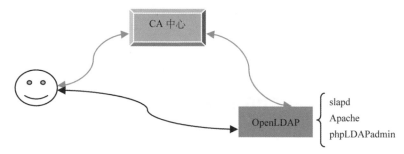

圖 8-8 phpLDAPadmin 透過 SSL 實現加密通道傳輸（拓撲圖）

8.7.2 phpLDAPadmin 加密通道

要實現 phpLDAPadmin 加密通道，可按以下步驟操作：

1. 為 Apache 伺服端建立私密金鑰，命令如下：

```
[root@mldap01 ~]# mkdir /etc/httpd/ssl
[root@mldap01 ~]# cd /etc/httpd/ssl/
[root@mldap01 ssl]# (umask 077; openssl genrsa -out httpd.key 1024)
Generating RSA private key, 1024 bit long modulus
.........++++++
............++++++
e is 65537 (0x10001)
[root@mldap01 ssl]#
```

2. Apache 向 CA 提出證書簽署請求，命令如下：

```
[root@mldap01 ssl]# clear
[root@mldap01 ssl]# openssl req -new -key httpd.key -out httpd.csr -days 3650
You are about to be asked to enter information that will be incorporated
into your certificate request.
What you are about to enter is what is called a Distinguished Name or a DN.
```

```
There are quite a few fields but you can leave some blank
For some fields there will be a default value,
If you enter '.', the field will be left blank.
-----
Country Name (2 letter code) [XX]:CN
State or Province Name (full name) []:Shanghai
Locality Name (eg, city) [Default City]:Shanghai
Organization Name (eg, company) [Default Company Ltd]:gdy.com
Organizational Unit Name (eg, section) []:Tech
Common Name (eg, your name or your server's hostname) []:mldap01.gdy.com
Email Address []:

Please enter the following 'extra' attributes
to be sent with your certificate request
A challenge password []:
An optional company name []:
[root@mldap01 ssl]# ls -l
total 8
-rw-r--r--. 1 root root 660 Dec  7 19:10 httpd.csr    //請求檔
-rw-------. 1 root root 887 Dec  7 19:06 httpd.key    //私密金鑰檔
```

註：這裡也要輸入和建立根證書時一樣的資訊，需要注意的是，組織（O）、城市 /
地點（L）、州 / 省（ST）、國家 / 地區要和剛才產生的 CA 證書中的內容保持一致，
否則會出現錯誤。至於額外屬性（'extra' attributes）可以選擇輸入或者不輸入。

3. CA 為 Apache 伺服端簽發數位憑證，命令如下：

   註：筆者的 Apache 伺服端及 CA 在同一台機器上，所以直接簽發證書即可。如果
   CA 在另外一台機器上，讀者只需將證書請求檔透過 SSH 協定發送到 CA 即可。

```
[root@mldap01 ssl]# openssl ca -in httpd.csr -out httpd.crt -days 3650
Using configuration from /etc/pki/tls/openssl.cnf
Check that the request matches the signature
Signature ok
Certificate Details:
        Serial Number: 1 (0x1)      //證書編號
        Validity
            Not Before: Dec  8 00:43:20 2014 GMT
            Not After : Dec  5 00:43:20 2024 GMT
        Subject:
            countryName               = CN
            stateOrProvinceName       = Shanghai
            organizationName          = gdy.com
```

```
              organizationalUnitName    = Tech
              commonName                = mldap01.gdy.com
       X509v3 extensions:
           X509v3 Basic Constraints:
               CA:FALSE
           Netscape Comment:
               OpenSSL Generated Certificate
           X509v3 Subject Key Identifier:
               3A:67:A1:16:70:30:4C:C2:16:AB:88:D2:8E:67:3D:B8:ED:4E:F9:13
           X509v3 Authority Key Identifier:
               keyid:EA:35:00:79:3C:FF:B8:87:43:01:77:0E:35:26:80:B5:3F:90:95:06

Certificate is to be certified until Dec  5 00:43:20 2024 GMT (3650 days)
Sign the certificate? [y/n]:y


1 out of 1 certificate requests certified, commit? [y/n]y
Write out database with 1 new entries
Data Base Updated
[root@mldap01 ssl]#
```

4. 查看證書資訊，命令如下：

```
[root@mldap01 CA]# cat index.txt
V 241205004320Z 01  unknown/C=CN/ST=Shanghai/O=gdy.com/OU=Tech/CN=mldap01.gdy.com
[root@mldap01 CA]# cat serial
02
[root@mldap01 CA]#
```

從上述資訊得知，目前 CA 中心已經頒發一個證書，證書編號為 01，下一個證書編號為 02。

5. 安裝 mod_ssl 模組，命令如下：為了使其 Apache 支援 https 功能，只需要當前伺服端安裝 mod_ssl 模組即可，否則設定無效。

```
[root@mldap01 ~]# yum install mod_ssl -y &> /dev/null
[root@mldap01 ~]# rpm -qa | grep mod_ssl
mod_ssl-2.2.15-29.el6_4.x86_64
```

註：安裝 mod_ssl 模組後，會在 /etc/httpd/conf.d 中生成 ssl.conf 設定檔，此設定檔主要用於設定加密的網站，但也可以透過自訂虛擬主機來實現網站的 SSL 功能，但需要指定證書的公開金鑰、私密金鑰以及 CA 公開金鑰的位置。

6. 設定 SSL 加密網站,命令如下:

註:筆者透過虛擬主機設定指定加密網站,完成 phpLDAPadmin 目錄的加密傳輸。

```
[root@mldap01 ~]# cd /etc/httpd/conf.d/
[root@mldap01 conf.d]# touch default.conf
[root@mldap01 conf.d]# cat >> default.conf << EOF
<VirtualHost 192.168.218.206:443>
ServerName mldap01.gdy.com
DocumentRoot "/var/www/html/phpldapadmin"
SSLEngine on
SSLProtocol all -SSLv2
SSLCertificateFile /etc/httpd/ssl/httpd.crt
SSLCertificateKeyFile /etc/httpd/ssl/httpd.key
SSLCertificateChainFile /etc/pki/CA/cacert.pem
</VirtualHost>
EOF
```

7. 重新載入 httpd 行程,命令如下:

```
[root@mldap01 conf.d]# /etc/init.d/httpd restart
Stopping httpd:                                        [  OK  ]
Starting httpd:                                        [  OK  ]
```

8. 查看後端是否正常監聽 433 埠,命令如下:

```
[root@mldap01 conf.d]# netstat -ntpul | grep :443
tcp        0      0 :::443              :::*           LISTEN      15285/httpd
```

Apache 預設使用 80 埠,此埠採用明碼傳輸,443 埠採用加密通道傳輸。

9. 在用戶端驗證 phpLDAPadmin。透過 ftp 工具或者其他用戶端軟體從 CA 取得 CA 公開金鑰並下載到 Windows 用戶端(見圖 8-9),然後在本地進行安裝。

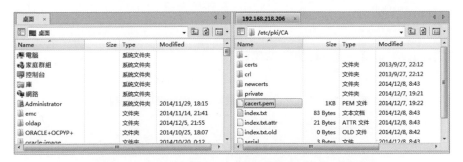

圖 8-9　在用戶端下載 CA 公開金鑰至 Windows 用戶端

下載到本地後，需要將 cacert.pem 重命名為 cacert.crt，然後按照如下步驟安裝到瀏覽器證書清單中即可，否則無法進行安裝。

10.安裝 CA 證書到瀏覽器中，具體操作可參照圖 8-10 ～圖 8-13。

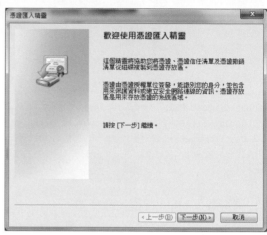

(a)　　　　　　　　　　　　　　　　(b)

圖 8-10　安裝 CA 公開金鑰證書安裝本地嚮導

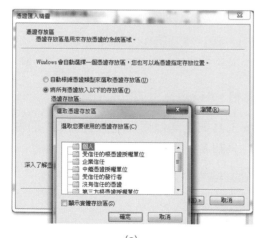

(a)　　　　　　　　　　　　　　　　(b)

圖 8-11　安裝 CA 公開金鑰證書至本地受信任憑證授權

圖 8-12 安裝 CA 公開金鑰證書至本地

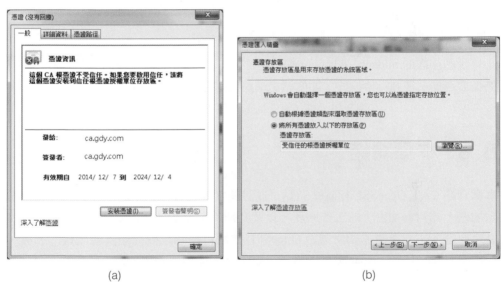

(a)   (b)

圖 8-13 安裝 CA 公開金鑰證書至本地並驗證證書合法性

11. 透過 Windows 7 用戶端存取加密網站，具體操作如圖 8-14 ～圖 8-15 所示。

圖 8-14　安裝 CA 公開金鑰證書至本地
受信任憑證授權完成滙入

圖 8-15　Windows 7 透過 SSL 加密傳輸驗證加密
網站

此時我們存取的 mldap01.gdy.com 網站是透過 SSL 進行通道加密的，所有資料資訊
都是透過加密後進行傳輸的，即使透過網路嗅探工具截獲資料，也無法進行解密。

8.8 本章總結

本章介紹 CA、OpenSSL 相關知識點，並討論當前三種加密演算法（對稱加密、單
向加密、非對稱加密）的工作原理，以及介紹當前常用的 Diffie-Hellman 秘鑰交換
協定原理。本章還講述如何透過 OpenSSL 軟體自建憑證授權並實現證書的頒發，
以及與 OpenLDAP、Apache 伺服端整合實現加密通道傳輸，保證資料交互安全性。

目前大部分網際網路企業均採用 OpenSSL 軟體實現用戶端與後端伺服端之間的加
密通道傳輸。所以希望讀者能夠認真學習本章。

## 第9章

OpenLDAP 同步原理及設定

在工作環境中，每個應用都是由多個節點來協調工作，從而保障應用的可用性，例如 MySQL 主從式（master/slave）、Redis 主從式以及透過協力廠商開源軟體實現的高可用負載等解決方案。OpenLDAP 應用也不例外，OpenLDAP 根據不同情境，提供五種同步解決方案來提高其應用效能及資料的安全。

本章將說明 OpenLDAP 的五種同步原理，以及如何在工作環境中根據不同場景靈活運用。

9.1 | OpenLDAP 同步

9.1.1 OpenLDAP 同步原理

OpenLDAP 同步複製（簡稱 syncrepl）機制是消費方的一個複製引擎，能讓消費者伺服器維護一個抽取片段的影子副本。一個 syncrepl 引擎作為 slapd 的一個執行緒駐留在消費者那裡。它建立和維護一個消費者複製，方法是連接一個複製提供者以執行初始化 DIT（Directory Infromation Tree）內容負載以及接下來定期內容拉取或及時根據內容變更來更新目錄樹資訊。

syncrepl 使用 LDAP 內容同步協定作為伺服器之間同步資料所使用的協定。LDAP Sync（replication）提供一個有狀態的複製，它同時支援拉模式（pull-mode）和推（push-mode）模式同步，並且不要求使用歷史儲存。在拉模式同步下，消費者定期拉取提供者（master）伺服器的內容來更新本地目錄樹並應用。在推模式同步下，消費者監聽提供者即時發送的更新資訊。因為協定不要求歷史儲存，所以提供者不需要維護任何接收到的更新日誌（注意，syncrepl 引擎是可擴展的，並支援未來新增的複製協定）。

syncrepl 透過維護和交換同步 cookie 來保持對複製內容的狀態跟蹤。因為 syncrepl 消費者和提供者維護它們的內容狀態，所以消費者可以依提供者的內容來執行增量同步，只需要請求那些最新的提供者內容 entry。syncrepl 也透過維護複製狀態方便了複製的管理。消費者副本可以在任何同步狀態下從一個消費方或一個提供方的備份來構建。syncrepl 能自動重新同步消費者副本到和當前的提供者內容一致的最新狀態。

syncrepl 同時支援拉模式（pull-mode）和推模式（push-mode）兩種。在它基本的 refreshOnly 同步模式下，提供者使用基於拉模式的同步，這裡消費者伺服器不需要被跟蹤並且不維護歷史資訊。需要提供者處理的定期的拉請求資訊，包含在請求本身的同步 cookie 裡面。為了最佳化基於拉模式的同步，syncrepl 把 LDAP 同步協定的當前階段當成它的刪除階段一樣，而不是頻繁地復原完全重載。為了更好地最佳化基於拉模式的同步，提供者可以維護一個按範圍劃分的會話日誌作為歷史儲存。在它的 refreshAndPersist 同步模式下，提供者使用基於推模式的同步。提供者維護對請求了一個持久性搜索的消費者伺服器的跟蹤，並且當提供者複製內容修改時，向它們發送必要的更新。

如果消費者伺服器有對被複製的 DIT 片段的適當操作權限，那麼一個消費者伺服器可以建立一個複製而不修改提供者的設定，並且不需要重新開機提供者伺服器。消費者伺服器可以停止複製，也不需要提供方的任何變更和重啟。

syncrepl 支援局部的、稀疏的片段複製。影子 DIT 片段由一個標準通用搜索來定義，包括基礎、範圍、過濾條件和屬性清單。複製內容也受限於 syncrepl 複製連接的綁定使用者的操作權限。

9.1.2 syncrepl、slurpd 同步機制優缺點

syncrepl 同步機制的特點如下。

syncrepl 是 OpenLDAP 伺服器之間同步所使用的協定，且屬於 slapd 的一個模組。目前有 5 種同步機制（syncrepl、N-Way Multi-Master、MirrorMode、syncrepl Proxy 和 Delta-syncrepl），且 LDAP 同步提供一個有狀態的複製，同時支援以拉（Pull）和推（Push）模式進行目錄樹資訊同步。

拉模式同步機制下，消費者定期到提供者以拉取的方式進行同步資料更新。推模式同步機制下，消費者即時監聽並接收提供者發送的更新資訊，並在本地目錄樹進行更新。

syncrepl 支援多主要伺服器之間同步資料，且實現雙向資料同步。

slurpd 同步機制的特點如下。

slurpd 作為 OpenLDAP 伺服器獨立守護行程，主要用於兩台伺服器之間同步資料，且需要 ldap 行程協商後生效，且 slurpd 行程只能以推的方式將更新的資料推送至其他伺服器節點。

在爆量連線時，資料同步資訊不完整，需要人為干涉同步過程來解決資料不一致問題。當增加從節點時，需要手工停止 ldap 行程，新增完成時，在重新載入 ldap 行程後才生效。但 slurpd 守護行程只應用於 OpenLDAP 2.3 軟體版本資料同步。

當對端伺服器 slapd 行程異常時，會導致主要伺服器的 replog 日誌過大，使得 slurpd 無法處理，最終導致資料無法保持一致。

目前網際網路企業均使用 6.x 以上的系統版本，且 6.x 以上系統自帶的 OpenLDAP 軟體版本為 2.4，在 2.4 版本中 slurpd 同步機制已廢棄，而採用 syncrepl 方式進行同步。故本節基於 OpenLDAP 2.4 軟體版本來介紹 syncrepl 同步原理及實現過程。

9.1.3 OpenLDAP 同步條件

OpenLDAP 的 5 種同步模式需要滿足以下六點要求：

1. OpenLDAP 伺服器之間需要保持時間同步。

2. OpenLDAP 套件版本保持一致。

3. OpenLDAP 節點之間功能變數名稱可以互相解析。

4. 設定 OpenLDAP 同步複製，需要提供完全一樣的設定及目錄樹資訊。

5. 資料 entry 保持一致。

6. 額外的 schema 檔保持一致。

9.1.4 OpenLDAP 同步參數

OpenLDAP 主要伺服器參數的含義如下：

```
#後端工作在overlay模式
overlay syncprov
#設定同步條件
syncprov-checkpoint  100  10
#當滿足修改100個entry或者10分鐘的條件時主動以推的方式執行
#Session日誌entry的最大數量
syncprov-sessionlog 100
#設定同步更新時間
interval=01:00:00:00
(interval格式day:hour:minitus:second)
#匹配根域所有entry
scope=sub
base只與所給的DN相匹配，one只與父entry所給DN的entry相匹配，sub只與根為所給DN的子樹下所有entry相
匹配，所以我們在master-1中透過phpldapadmin進行備份時，選擇的是sub。
#同步屬性資訊
attrs="*,+"      #同步所有屬性資訊
attrs="cn,sn,ou,telephoneNumber,title,l"    #同步指定屬性資訊
#  同步更新時是否開啟schema語法檢測
schemachecking=off
```

OpenLDAP 從伺服器參數的含義如下：

```
serverID 1
節點ID必須在整個OpenLDAP叢集中是唯一的，serverID與MySQL複製中的server-id是同等的概念
overlay syncprov
syncrepl  rid=001
        provider=ldap://192.168.218.206:389  ## 另外一台主要OpenLDAP伺服器IP位址及埠
        type=refreshAndPersist               ## 設定類型為持續保持同步
        searchbase="dc=gdy,dc=com"           ## 從另外一台OpenLDAP伺服器域同步entry
        schemachecking=on                    ## 開啟schema語法檢測功能
        bindmethod=simple                    ## 同步驗證模式為簡單模式（即明碼），或修改為密文
        binddn="cn=Manager,dc=gdy,dc=com"    ##使用Manager使用者讀取目錄樹資訊
        credentials=redhat                   ##使用者密碼（cn=Manager）
        retry="60  +"                        ##嘗試時間，切記60與+號之間有空格
```

9.2 | OpenLDAP 的五種同步模式

9.2.1 syncrepl 模式

syncrepl 模式是指從（slave）伺服器到主（master）伺服器以拉的模式同步目錄樹。當主要伺服器對某個 entry 或更多 entry 修改 entry 屬性時，從伺服器會把修改的整個 entry 進行同步，而不是單獨地同步修改的屬性值。

9.2.2 N-Way Multi-Master 模式

N-Way Multi-Master 主要用於多台主要伺服器之間進行 LDAP 目錄樹資訊的同步，更好地提供了伺服器的冗餘性。

9.2.3 MirrorMode 模式

MirrorMode 屬於鏡像同步模式，而且主要伺服器互相以推的方式實現目錄樹 entry 同步，最多只允許且兩台機器為主要伺服器。如果要新增更多節點，此時只能增加多台從伺服器，而不能將新增的節點設定為主要伺服器。

當一台伺服器出現故障時，另一台伺服器立即對外提供驗證服務。當異常伺服器恢復正常時，會自動透過另一個節點所新增或修改的 entry 資訊進行同步，並應用在本地。

9.2.4 syncrepl Proxy 模式

syncrepl Proxy 同步模式屬於代理同步，它將主要伺服器隱藏起來，而代理主機上面透過 syncrepl 從主要伺服器上以拉的方式同步目錄樹資料，當代理主機資料發生改變時，代理伺服器又以推的方式將資料更新到下屬的從 LDAP 伺服器上，且從 LDAP 伺服器只有對代理 LDAP 伺服器有讀權限。

9.2.5 Delta-syncrepl 模式

在 Delta-syncrepl 同步模式下，當主要伺服器對目錄樹上的相關 entry 進行修改時，會產生一條日誌資訊，於是這時候，從伺服器會透過複製協定，將主要伺服器記錄的日誌應用到從伺服器本地，完成資料同步的過程。但每個消費者取得和處理完全改變的物件，都執行同步操作。

9.3 | OpenLDAP 主從同步實戰案例

9.3.1 部署環境

筆者以兩台伺服器為藍本示範其同步過程（見圖 9-1），系統版本均為 6.5，主機名稱、IP 位址以及 OpenLDAP 套件版本規劃如表 9-1 所示。

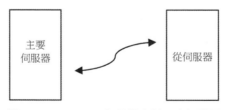

圖 9-1 OpenLDAP 伺服器資料同步拓撲圖

表 9-1 主機名稱、IP 位址、OpenLDAP 軟體版本

主機名稱	IP 位址	OpenLDAP 軟體版本
（主要伺服器） mldap01.gdy.com	192.168.218.206	openldap-devel-2.4.23-32.el6_4.1.x86_64
		openldap-servers-2.4.23-32.el6_4.1.x86_64
（從伺服器） mldap02.gdy.com	192.168.218.205	openldap-clients-2.4.23-32.el6_4.1.x86_64
		openldap-2.4.23-32.el6_4.1.x86_64

9.3.2 OpenLDAP 伺服器初始化

透過 9.1.3 節可知，在設定資料同步前，需要滿足 6 個條件：網路校時、資料內容一致、套件版本一致以及額外的 schema 設定等保持一致即可，否則在匯入時會提示語法有誤。下面的步驟可完成準備工作。

1. OpenLDAP 伺服器網路校時，命令如下：

```
[root@mldap02 ~]# ntpdate  0.rhel.pool.ntp.org
12 Jan 10:58:29 ntpdate[15265]: adjust time server 202.112.29.82 offset 0.024003 sec
[root@mldap01 ~]# ntpdate  0.rhel.pool.ntp.org
12 Jan 10:58:36 ntpdate[4126]: adjust time server 202.112.29.82 offset 0.023740 sec
```

2. 取得 OpenLDAP 軟體版本，命令如下：

```
# rpm -qa | grep openldap-server
openldap-servers-2.4.39-8.el6.x86_64
```

3. OpenLDAP 伺服器目錄樹 entry 保持一致。

通常資料同步方式包括：用戶端管理工具匯出、slaptest 指令、資料目錄備份。本節介紹如何透過 phpLDAPadmin 用戶端管理工具進行備份以及如何實現恢復操作。

本節透過 phpLDAPadmin GUI 平臺將主要伺服器所有目錄樹資訊進行匯出，將內容另存為 ldif 檔案格式，然後將備份的 ldif 檔在備伺服器上進行匯入，使主備目錄樹資訊保持一致。備份、還原會在第 16 章進行講解。

要匯出 OpenLDAP 目錄樹 entry，在 Windows 瀏覽器位址欄中輸入 mldap01.gdy.com/phpldapadmin，進入 phpLDAPadmin 介面（見圖 9-2）。將目錄樹資訊進行匯出，另存為 ldif 格式，將其命名為 openldap-backup.ldif 即可完成 OpenLDAP 目錄樹所有 entry 的保存工作。

接下來,在圖 9-2 所示畫面中,選擇 export,在圖 9-3 所示畫面中,選擇 Sub(entire subtree)及 LDIF 選項按鈕。

Export format 分為 4 種:CSV、DSML、LDIF、VCARD,本節採用 LDIF 格式。

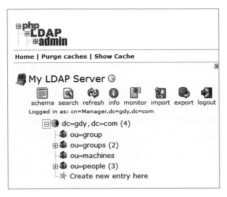

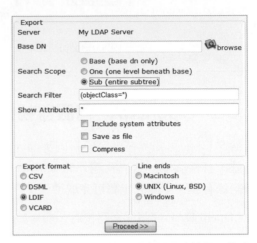

圖 9-2 OpenLDAP 伺服器所有 entry 資訊   圖 9-3 OpenLDAP 伺服器資料匯出範圍及格式

Search Scope 包括以下三個選項。

▶ Base(base dn only):符合基本的 entry 資訊。

▶ One(one level beneath base):按目錄樹基本進行匹配。

▶ Sub(entire subtree):所有的目錄樹 entry。

這裡選擇的是 Sub 選項,用於匯出全部資料,後期可以根據實際情況選擇其他選項進行資料 entry 的匯出。

接下來,在圖 9-3 所示畫面中,選擇 Proceed 按鈕,開始匯出資料,相關資訊如下所示。

```
# LDIF Export for dc=gdy, dc=com
# 伺服器：My LDAP Server(127.0.0.1)
# 搜尋範圍：sub
# 搜尋物件類別：(objectClass=*)
# 條目總數：13
#
# Generated by phpLDAPadmin (http://phpldapadmin.sourceforge.net) on January 10, 2015 2:40 am
# Version: 1.2.3

version: 1

# 條目 1: dc=gdy, dc=com
dn: dc=gdy, dc=com
dc: gdy
o: gdy.com
objectclass: dcObject
objectclass: organization

# 條目 2: ou=group, dc=gdy, dc=com
dn: ou=group, dc=gdy, dc=com
objectclass: organizationalUnit
ou: group

# 條目 3: ou=groups, dc=gdy, dc=com
dn: ou=groups, dc=gdy, dc=com
objectclass: organizationalUnit
ou: groups

# 條目 4: cn=appteam, ou=groups, dc=gdy, dc=com
dn: cn=appteam, ou=groups, dc=gdy, dc=com
cn: appteam
gidnumber: 10010
objectclass: posixGroup

# 條目 5: cn=dbateam, ou=groups, dc=gdy, dc=com
dn: cn=dbateam, ou=groups, dc=gdy, dc=com
cn: dbateam
gidnumber: 10011
objectclass: posixGroup

# 條目 6: cn=system, ou=groups, dc=gdy, dc=com
dn: cn=system, ou=groups, dc=gdy, dc=com
cn: system
```

後面 entry 內容省略，將這些 entry 進行複製，保存到相關檔並命名為 openldap-backup.ldif 即可。

9.3.3　設定主要伺服器同步策略

要對於主要伺服器設定同步規則，可按以下步驟操作。

1. 主要伺服器端關閉 OpenLDAP slapd 行程，命令如下：

```
[root@mldap01 ~]# service slapd stop > /dev/null && echo $?
0
```

2. 備份 OpenLDAP 主設定檔，命令如下：

```
[root@mldap01 ~]# cp /etc/openldap/slapd.conf /etc/openldap/slapd.conf.bak
```

3. 編輯 OpenLDAP 主設定檔,新增一行內容並將取消注釋相關行。首先執行以下命令。

```
[root@mldap01 ~]# vim /etc/openldap/slapd.conf
```

然後新增一行。

```
index entryCSN,entryUUID  eq
```

接下來將如下行將前面的 # 號刪除。

```
moduleload syncprov.la
modulepath /usr/lib/openldap
modulepath /usr/lib64/openldap
```

之後在設定檔最後一行新增如下內容。

```
syncprov-checkpoint 100 10
syncprov-sessionlog 100
```

4. 重新建立資料函式庫,使其將設定生效。

修改 slapd.conf 需要重新建立資料庫設定檔,並重新載入 slapd 行程,否則設定無效。直接修改資料函式庫,無須重新載入 slapd 行程,設定立即生效。這裡筆者透過腳本自動產生資料函式庫。本節後續案例會介紹如何透過修改資料庫設定檔來實現同步。

透過以下命令定義啟動腳本:

```
[root@mldap01 ~]# cat > openldap-generate.sh << EOF
#!/bin/bash
# To generate the database configuration file
service slapd stop
rm -rf /etc/openldap/slapd.d/*
slaptest -f /etc/openldap/slapd.d/slapd.conf -F /etc/openldap/slapd.d/
chown -R ldap.ldap /etc/openldap/slapd.d
service slapd restart  && chkconfig slapd on
EOF
```

透過以下命令執行 openldap-generate.sh 腳本:

```
[root@mldap01 ~]# bash -x openldap-generate.sh
+ rm -rf /etc/openldap/slapd.d/cn=config /etc/openldap/slapd.d/cn=config.ldif
+ slaptest -f /etc/openldap/slapd.conf -F /etc/openldap/slapd.d/
```

```
config file testing succeeded
+ chown -R ldap.ldap /etc/openldap/certs /etc/openldap/ldap.conf /etc/openldap/schema
/etc/openldap/slapd.conf /etc/openldap/slapd.d
+ chown -R ldap.ldap /var/lib/ldap
+ service slapd restart
Stopping slapd:                                          [  OK  ]
Starting slapd:                                          [  OK  ]
```

至此為止，主 OpenLDAP 伺服器關於同步的策略就設定完成。下面介紹如何設定從伺服器同步主要伺服器的資料 entry。

9.3.4 OpenLDAP 主從同步

OpenLDAP 伺服器安裝、初始化、基本設定以及 phpLDAPadmin 安裝設定請參照第 2 章及第 5 章內容，這裡不做過多的介紹，只簡單提示安裝步驟即可。

安裝步驟如下。

1. 設定網路資訊（主機名稱及 IP 位址）。

2. 設定時間源。

3. 設定伺服器之間互信。

4. 安裝 OpenLDAP 套件。

5. 複製 OpenLDAP 服務範例設定檔及設定。

6. 複製 OpenLDAP 服務資料庫設定檔。

7. 啟動 OpenLDAP 服務行程 slapd。

8. 安裝 Apache、PHP、phpLDAPadmin 套件並設定。

要使 OpenLDAP 從伺服器同步可按以下步驟操作。

1. 設定兩台 OpenLDAP 伺服器互信。

    對於 mldap01.gdy.com，執行以下命令：

```
[root@mldap01 ~]# ssh-keygen -t rsa
[root@mldap01 ~]# ssh-copy-id -i ~/.ssh/id_rsa.pub mldap02.gdy.com
```

對於 mldap02.gdy.com，執行以下命令：

```
[root@mldap02 ~]# ssh-keygen -t rsa
[root@mldap02 ~]# ssh-copy-id -i ~/.ssh/id_rsa.pub mldap01.gdy.com
```

2. 設定 OpenLDAP 主設定檔。

這裡將 mldap01.gdy.com 伺服器上的 OpenLDAP 主設定檔 slapd.conf 複製到 mldap02.gdy.com 伺服器的 OpenLDAP 設定目錄中。具體命令如下：

```
[root@mldap01 ~]# scp /etc/openldap/slapd.conf mldap02:/etc/openldap/slapd.conf
```

3. OpenLDAP 目錄樹 entry 匯入。

登入 OpenLDAP 伺服器的 phpldapadmin GUI 介面，將主 OpenLDAP 伺服器目錄樹資訊匯入從伺服器上，實現主從伺服器 entry 資料的一致性。

首先，登入 phpLDAPadmin 介面，如圖 9-4 所示。

圖 9-4　phpLDAPadmin 介面

因為新部署的 OpenLDAP 認證伺服器，預設沒有任何 entry 規則資訊，所以透過 phpLDAPadmin 介面才顯示如圖 9-4 所示結果。現在只需要將主要伺服器上匯出的 openldap-backup.ldif 檔匯入即可。

接下來，在圖 9-4 所示畫面中，選擇 "匯入"，在圖 9-5 所示畫面中，選擇檔案（主要伺服器的備份檔案 openldap-backup.ldif），在圖 9-6 所示畫面中，查看匯出檔案的大小。

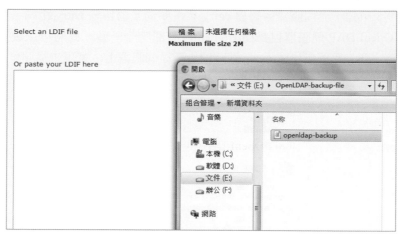

圖 9-5 選擇匯出檔 openldap-backup.ldif

圖 9-6 顯示 openldap-backup.ldif 大小

之後，選擇 Proceed 按鈕，開始匯入檔案，匯入進度見圖 9-7。

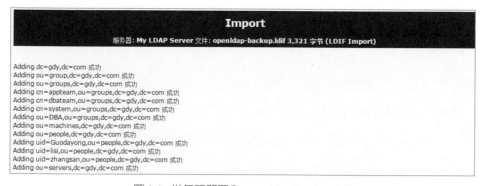

圖 9-7 從伺服器匯入 openldap-backup.ldif

4. 透過以下指令取得兩台 OpenLDAP 伺服器上所有目錄樹上的 entry。

```
[root@mldap01 ~]# ldapsearch -x -ALL | wc -l
132
[root@mldap01 ~]# ssh mldap02 ldapsearch -x -ALL | wc -l
132
[root@mldap01 ~]#
```

從圖 9-8 可知，從伺服器目錄樹 entry 和主要伺服器目錄 entry 相同，此時兩台主從 OpenLDAP 伺服器目錄樹上的 entry 資訊完全一致，此時可以設定同步機制保持主要伺服器新增的 entry 即時同步至從伺服器上，實現主從同步。

圖 9-8 phpLDAPadmin 介面

5. 為 OpenLDAP 從伺服器設定規則。

透過以下命令編輯 OpenLDAP（從）主設定檔（/etc/openldap/slapd.conf），然後新增一行並取消注釋相關行。

```
# vim /etc/openldap/slapd.conf
```

新增如下一行。

```
index entryCSN,entryUUID  eq
```

接下來，取消註釋如下行。

```
moduleload syncprov.la          #複製所使用模組
modulepath /usr/lib/openldap    #OpenLDAP 32bit所使用的模組路徑
modulepath /usr/lib64/openldap  #OpenLDAP 64bit所使用的模組路徑
```

然後，在設定檔最後一行新增如下內容。

```
syncrepl rid=003
          provider=ldap://192.168.218.205:389/
          type=refreshOnly
          retry="60 10 600 +"
          interval=00:00:00:10
          searchbase="dc=gdy,dc=com"
```

```
                scope=sub
                schemachecking=off
                bindmethod=simple
                binddn="cn=Manager,dc=gdy,dc=com"
                attrs="*,+"
                credentials=redhat
```

之後，啟動 OpenLDAP 服務 slapd 行程，命令如下：

```
[root@mldap01 openldap]# bash -x openldap-generate.sh
```

6. 在伺服器上查看 OpenLDAP 日誌資訊，命令如下：

```
[root@mldap02 openldap]# tail -f /var/log/ldap.log
Jan 12 11:33:49 mldap02 slapd[15143]: conn=1283 fd=13 ACCEPT from IP=192.168.218.206:
35669 (IP=0.0.0.0:389)
Jan 12 11:33:49 mldap02 slapd[15143]: conn=1283 op=0 BIND dn="cn=manager,dc=gdy,dc=com"
method=128
Jan 12 11:33:49 mldap02 slapd[15143]: conn=1283 op=0 BIND dn="cn=manager,dc=gdy,dc=com"
mech=SIMPLE ssf=0
Jan 12 11:33:49 mldap02 slapd[15143]: conn=1283 op=0 RESULT tag=97 err=0 text=
Jan 12 11:33:49 mldap02 slapd[15143]: conn=1283 op=1 SRCH base="dc=gdy,dc=com" scope=2
deref=0 filter="(objectClass=*)"
Jan 12 11:33:49 mldap02 slapd[15143]: conn=1283 op=1 SRCH attr=* +
Jan 12 11:33:49 mldap02 slapd[15143]: conn=1283 op=1 SEARCH RESULT tag=101 err=0
nentries=0 text=
Jan 12 11:33:49 mldap02 slapd[15143]: conn=1283 op=2 UNBIND
Jan 12 11:33:49 mldap02 slapd[15143]: conn=1283 fd=13 closed
```

OpenLDAP 日誌顯示，允許 192.168.218.206 伺服器連接並將主節點上的資料推送至從伺服器，完成資料同步工作。至此，OpenLDAP 伺服器主從同步部署就大功告成。

9.3.5 OpenLDAP 主從同步驗證

在主要伺服器（myldap01）上增加 entry wanagwu 使用者，查看同步日誌並查看從伺服器（mldap02）是否同步主要伺服器新增的 entry。具體步驟如下所示。

1. 新增 entry，命令如下：

```
[root@mldap01 ~]# cat << EOF |  ldapadd -x -D cn=Manager,dc=gdy,dc=com -w redhat -H
ldap://mldap01.gdy.com/
dn: uid=wangwu,ou=people,dc=gdy,dc=com
```

```
cn: wangwu
displayname: wangwu
employeenumber: 159522
employeetype: Appteam
gecos: App Manager
gidnumber: 10010
givenname: wu
homedirectory: /home/wangwu
initials: wangwu
loginshell: /bin/bash
objectClass: posixAccount
objectClass: shadowAccount
objectClass: person
objectClass: inetOrgPerson
postaladdress: Shanghai
shadowexpire: -1
shadowlastchange: 15000
shadowmax: 999999
shadowmin: 0
shadowwarning: 7
sn: li
uid: wangwu
uidnumber: 10006
userpassword: gdy@123!
EOF
adding new entry "uid=wangwu,ou=people,dc=gdy,dc=com"
```

2. 監控主節點日誌，命令如下：

```
[root@mldap02 ~]# tail -f /var/log/ldap.log
Jan 12 14:36:49 mldap02 slapd[15143]: conn=2414 fd=13 ACCEPT from IP=192.168.218.205:
39629 (IP=0.0.0.0:389)
Jan 12 14:36:49 mldap02 slapd[15143]: conn=2414 op=0 BIND dn="cn=Manager,dc=gdy,dc=com"
method=128
Jan 12 14:36:49 mldap02 slapd[15143]: conn=2414 op=0 BIND dn="cn=Manager,dc=gdy,dc=com"
mech=SIMPLE ssf=0
Jan 12 14:36:49 mldap02 slapd[15143]: conn=2414 op=0 RESULT tag=97 err=0 text=
Jan 12 14:36:49 mldap02 slapd[15143]: conn=2414 op=1 ADD dn="uid=wangwu,ou=people,
dc=gdy,dc=com"
Jan 12 14:36:49 mldap02 slapd[15143]: conn=2414 op=1 RESULT tag=105 err=0 text=
Jan 12 14:36:49 mldap02 slapd[15143]: conn=2414 op=2 UNBIND
Jan 12 14:36:49 mldap02 slapd[15143]: conn=2414 fd=13 closed
Jan 12 14:36:52 mldap02 slapd[15143]: conn=2415 fd=13 ACCEPT from IP=192.168.218.206:
36780 (IP=0.0.0.0:389)
Jan 12 14:36:52 mldap02 slapd[15143]: conn=2415 op=0 BIND dn="cn=manager,dc=gdy,dc=com"
method=128
```

```
Jan 12 14:36:52 mldap02 slapd[15143]: conn=2415 op=0 BIND dn="cn=manager,dc=gdy,dc=com"
mech=SIMPLE ssf=0
Jan 12 14:36:52 mldap02 slapd[15143]: conn=2415 op=0 RESULT tag=97 err=0 text=
Jan 12 14:36:52 mldap02 slapd[15143]: conn=2415 op=1 SRCH base="dc=gdy,dc=com" scope=2
deref=0 filter="(objectClass=*)"
Jan 12 14:36:52 mldap02 slapd[15143]: conn=2415 op=1 SRCH attr=* +
Jan 12 14:36:52 mldap02 slapd[15143]: conn=2415 op=1 SEARCH RESULT tag=101 err=0
nentries=1 text=
Jan 12 14:36:52 mldap02 slapd[15143]: conn=2415 op=2 UNBIND
Jan 12 14:36:52 mldap02 slapd[15143]: conn=2415 fd=13 closed
```

從 主 要 伺 服 器（192.168.218.206） 查 看 OpenLDAP 日 誌 得 知，從 伺 服 器
（192.168.218.205）觸發連接主要伺服器進行 entry 同步。並將主要伺服器新增
的 wangwu 使用者 entry 同步到本地，完成 entry 的新增。

3. 查看從伺服器是否存在新增的 entry。

- 主要伺服器查看 wangwu 使用者的資訊，命令如下：

```
[root@mldap01 ~]# ldapsearch -x -ALL uid=wangwu
dn: uid=wangwu,ou=people,dc=gdy,dc=com
cn: wangwu
displayName: wangwu
employeeNumber: 159522
employeeType: Appteam
gecos: App Manager
gidNumber: 10010
givenName: wu
homeDirectory: /home/wangwu
```

- 從伺服器查看 wangwu 使用者的資訊，命令如下：

```
[root@mldap02 ~]# ldapsearch -x -ALL uid=wangwu
dn: uid=wangwu,ou=people,dc=gdy,dc=com
cn: wangwu
displayName: wangwu
employeeNumber: 159522
employeeType: Appteam
gecos: App Manager
gidNumber: 10010
givenName: wu
homeDirectory: /home/wangwu
```

註：此時主從同步機制設定完成。當主要伺服器目錄樹資訊發生變化，會通知從伺服器或者從伺服器在指定時間內同步主要伺服器上變化的 entry。但是主從同步架構，只能在主節點上維護目錄樹資訊，從節點只允許查詢操作，不能進行 entry 的新增和修改操作。OpenLDAP 主從同步架構和 MySQL 的主從架構非常類似，只有主節點才具有寫入權限，而從節點不具備寫入權限。

9.4 | OpenLDAP MirrorMode 同步實戰案例

由於 OpenLDAP 主從同步，只有主節點可以實現 entry 的新增和修改，從伺服器只有讀取的權限。當主要伺服器出現故障時，從伺服器可以接管操作。如果管理員新增或修改 entry，就會提示無權操作。為了解決此問題，OpenLDAP 伺服器還提供主主同步機制，使雙節點均具有讀寫權限。

當在主要伺服器 A 上更新資料時，該更新透過更新日誌記錄，並將更新複製到主要伺服器 B 上，完成同步。當主要伺服器 B 更新資料時，該更新請求將重定向到主要伺服器 A 上，然後主要伺服器 A 將更新資料同步到本地，這就是本節需要講解的主主同步，它類似於 MySQL 主主同步。

9.4.1 部署環境

筆者以兩台伺服器為藍本示範其同步過程（見圖 9-9），系統版本均為 RHEL 6.5，主機名稱、IP 位址以及 OpenLDAP 套件版本規劃如表 9-2 所示。

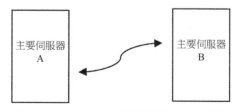

圖 9-9 OpenLDAP 伺服器鏡像同步拓撲圖

表 9-2 主機名稱、IP 位址、OpenLDAP 軟體版本

主機名稱	IP 位址	OpenLDAP 軟體版本
（主要伺服器 A） mldap01.gdy.com	192.168.218.206	openldap-devel-2.4.23-32.el6_4.1.x86_64 openldap-servers-2.4.23-32.el6_4.1.x86_64
（主要伺服器 B） mldap02.gdy.com	192.168.218.205	openldap-clients-2.4.23-32.el6_4.1.x86_64 openldap-2.4.23-32.el6_4.1.x86_64

9.4.2 為 OpenLDAP 主要伺服器 A 部署 mirrormode

由於所有的初始化操作一樣，為了節省篇幅，此處省略網路校時、OpenLDAP 服務的安裝和設定、資料同步相關初始化操作，只介紹 mirrormode 實現方式。關於 OpenLDAP 初始化操作，讀者可以查看 9.2 節相關內容。

要為主要伺服器 A 部署 mirrormode，可按以下步驟操作。

1. 編輯 slapd.conf，在最後一行新增如下內容：

```
[root@mldap012]#vim /etc/openldap/slapd.conf
serverID    1
overlay syncprov
syncrepl   rid=001
         provider=ldap://192.168.218.206
         bindmethod=simple
         binddn="cn=Manager,dc=gdy,dc=com"
         credentials=redhat
        searchbase="dc=gdy,dc=com"
        schemachecking=off
        type=refreshAndPersist
        retry="60 +"
mirrormode on
```

2. 重新載入 slapd，命令如下：

```
[root@mldap01 ~]# cat > openldap-generate.sh << EOF
#!/bin/bash
# To generate the database configuration file
service slapd stop
rm -rf /etc/openldap/slapd.d/*
slaptest -f /etc/openldap/slapd.d/slapd.conf -F /etc/openldap/slapd.d/
chown -R ldap.ldap /etc/openldap/slapd.d
```

```
service slapd restart
EOF
[root@mldap01 ~]# bash -x openldap-generate.sh
```

9.4.3　為 OpenLDAP 主要伺服器 B 部署 mirrormode

要為主要伺服器 B 部署 mirrormode，可按以下步驟操作。

1. 編輯 slapd.conf，在最後一行新增如下內容：

```
#vim /etc/openldap/slapd.conf
[root@mldap02 ~]# vim /etc/openldap/slapd.conf
serverID    2
overlay syncprov
syncrepl rid=001
        provider=ldap://192.168.218.205
        type=refreshAndPersist
        searchbase="dc=gdy,dc=com"
        schemachecking=off
        bindmethod=simple
        binddn="cn=Manager,dc=gdy,dc=com"
        credentials=redhat
        retry="60 +"
mirrormode on
```

> 註：兩台伺服器 provider 的值指向對端的伺服器的 FQDN 或 IP 位址，同時兩台伺服器的 rid 值不能一樣，否則啟動 slapd 行程時會提示錯誤或無法完成資料同步。

2. 重新載入 slapd，命令如下：

```
[root@mldap02 ~]# cat > openldap-generate.sh << EOF
#!/bin/bash
# To generate the database configuration file
service slapd stop
rm -rf /etc/openldap/slapd.d/*
slaptest -f /etc/openldap/slapd.d/slapd.conf -F /etc/openldap/slapd.d/
chown -R ldap.ldap /etc/openldap/slapd.d
service slapd restart
EOF
[root@mldap02 ~]# bash -x openldap-generate.sh
```

9.4.4 OpenLDAP mirrormode 驗證

要驗證 OpenLDAP mirrormode，可按以下步驟操作。

1. 刪除 entry。

   透過以下命令將主節點其中一條 entry 刪除，查看是否會在另一個主節點上同樣刪除此 entry。

```
[root@mldap01 ~]# ldapdelete -D "cn=Manager,dc=gdy,dc=com" -W -h 192.168.218.206 -x
Enter LDAP Password:
uid=wangwu,ou=people,dc=gdy,dc=com
Ctrl+d
```

2. 透過以下命令監控 OpenLDAP 日誌。

```
[root@mldap01 ~]# cat/var/log/slapd.log
Jan 12 20:59:43 mldap01 slapd[2343]: conn=1609 fd=15 closed (connection lost)
Jan 12 20:59:44 mldap01 slapd[2343]: conn=1610 fd=15 ACCEPT from IP=127.0.0.1:54223
(IP=0.0.0.0:389)
Jan 12 20:59:44 mldap01 slapd[2343]: conn=1610 op=0 BIND dn="cn=Manager,dc=gdy,dc=com"
method=128
Jan 12 20:59:44 mldap01 slapd[2343]: conn=1610 op=0 BIND dn="cn=Manager,dc=gdy,dc=com"
mech=SIMPLE ssf=0
Jan 12 20:59:44 mldap01 slapd[2343]: conn=1610 op=0 RESULT tag=97 err=0 text=
Jan 12 20:59:44 mldap01 slapd[2343]: conn=1610 op=1 SRCH base="uid=wangwu,ou=people,
dc=gdy,dc=com" scope=0 deref=0 filter="(&(objectClass=*))"
Jan 12 20:59:44 mldap01 slapd[2343]: conn=1610 op=1 SRCH attr=* +
Jan 12 20:59:44 mldap01 slapd[2343]: conn=1610 op=1 SEARCH RESULT tag=101 err=0 nentries=1
text=
Jan 12 20:59:44 mldap01 slapd[2343]: conn=1610 op=2 DEL dn="uid=wangwu,ou=people,
dc=gdy,dc=com"
Jan 12 20:59:44 mldap01 slapd[2343]: conn=1610 op=2 RESULT tag=107 err=0 text=
Jan 12 20:59:44 mldap01 slapd[2343]: conn=1610 op=3 UNBIND
Jan 12 20:59:44 mldap01 slapd[2343]: conn=1610 fd=15 closed
```

3. 查看兩台 OpenLDAP 伺服器是否還存在 wangwu 使用者。

   對於 mldap02，命令如下：

```
[root@mldap02 ~]# ldapsearch -x -ALL uid=wangwu
[root@mldap02 ~]#
```

對於 mldap01，命令如下：

```
[root@mldap01 ~]# ldapsearch -x -ALL uid=wangwu
[root@mldap01 ~]#
```

由以上結果得知，兩台 OpenLDAP 伺服器均無 wangwu 使用者。在鏡像同步模式下，當在其中一台伺服器上執行刪除操作時，另一台將會檢查並同步前一台伺服器上的操作來實現資料的同步。在鏡像同步模式下，兩台伺服器均可進行讀寫操作，任何一台資訊發生變化，都會以推的方式進行通知。

9.5 | OpenLDAP N-Way Multi-master 同步實戰操作

9.5.1 部署環境

筆者以兩台伺服器為藍本示範其同步過程（見圖 9-10），系統版本均為 RHEL 6.5，主機名稱、IP 位址以及 OpenLDAP 套件版本規劃如表 9-3 所示。

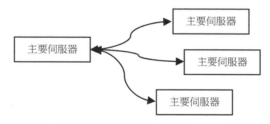

圖 9-10 OpenLDAP 伺服器 N-Way Multimaster 同步拓撲圖

表 9-3 主機名稱、IP 位址、OpenLDAP 軟體版本

主機名稱	IP 位址	OpenLDAP 軟體版本
（主要伺服器 A） mldap01.gdy.com	192.168.218.206	openldap-devel-2.4.23-32.el6_4.1.x86_64
（主要伺服器 B） mldap02.gdy.com	192.168.218.205	openldap-servers-2.4.23-32.el6_4.1.x86_64 openldap-clients-2.4.23-32.el6_4.1.x86_64
（主要伺服器 C） mldap03.gdy.com	192.168.218.207	openldap-2.4.23-32.el6_4.1.x86_64

9.5.2 OpenLDAP N-Way Multimaster 部署

本節將完成 OpenLDAP N-Way Multimaster 部署，具體步驟如下。

註：對於以下所有操作，在三個節點上都需要操作，為了節省篇幅，筆者只在一個節點
上執行操作。

1. 新增模組及路徑，命令如下：

```
Hostname: mldap01.gdy.com configuring

[root@mldap01 ~]# cat << EOF | ldapmodify -Y EXTERNAL -H ldapi:///
dn: cn=module,cn=config
objectClass: olcModuleList
cn: module

dn: cn=module{0},cn=config
changetype: modify
add: olcModulePath
olcModulePath: /usr/lib64/openldap/

dn: cn=module{0},cn=config
changetype: modify
add: olcModuleLoad
olcModuleLoad: syncprov.la
EOF
```

2. 設定資料同步策略，命令如下：

```
Hostname: mldap01.gdy.com configuring
[root@mldap01 ~]# cat << EOF | ldapmodify -Y EXTERNAL -H ldapi:///
#Specify ServerID for both the masters
dn: cn=config
changetype: modify
add: olcServerID
olcServerID: 101 ldap://mldap01.gdy.com
olcServerID: 201 ldap://mldap02.gdy.com
olcServerID: 301 ldap://mldap03.gdy.com

#Enable Syncprov Overlay for config database
dn: olcOverlay=syncprov,olcDatabase={2}config,cn=config
changetype: add
objectclass: olcOverlayConfig
objectclass: olcSyncProvConfig
```

```
olcOverlay: syncprov
olcSpCheckpoint: 100 5

#Configure SyncRepl for config database
dn: olcDatabase={2}config,cn=config
changetype: modify
add: olcSyncRepl
olcSyncRepl: rid=001
            provider=ldap://mldap01.gdy.com
            binddn="cn=Manager,dc=gdy,dc=com"
            bindmethod=simple
            credentials=redhat
            searchbase="dc=gdy,dc=com"
            type=refreshAndPersist
            retry="5 5 300 5"
            timeout=1
olcSyncRepl: rid=002
            provider=ldap://mldap02.gdy.com
            binddn="cn=Manager,dc=gdy,dc=com "
            bindmethod=simple
            credentials=redhat
            searchbase="dc=gdy,dc=com"
            type=refreshAndPersist
            retry="5 5 300 5"
            timeout=1
olcSyncRepl: rid=003
            provider=ldap://mldap03.gdy.com
            binddn="cn=Manager,dc=gdy,dc=com"
            bindmethod=simple
            credentials=redhat
            searchbase="dc=gdy,dc=com"
            type=refreshAndPersist
            retry="5 5 300 5"
            timeout=1
-
add: olcMirrorMode
olcMirrorMode: TRUE
EOF
```

3. 重新載入 slapd，命令如下：

```
[root@mldap01 ~]# cat > openldap-generate.sh << EOF
#!/bin/bash
# To generate the database configuration file
service slapd stop
rm -rf /etc/openldap/slapd.d/*
slaptest -f /etc/openldap/slapd.d/slapd.conf -F /etc/openldap/slapd.d/
chown -R ldap.ldap /etc/openldap/slapd.d
service slapd restart
EOF
[root@mldap01 ~]# bash -x openldap-generate.sh
```

> 註：為了提高資料的安全性，在設定 OpenLDAP 伺服器同步時，建議使用獨立使
> 用者用於複製，而且還需要對使用者做安全方面的限制，防止重要且敏感的資料洩
> 露。以上設定無須重新載入 slapd 行程，即可立即生效。

9.5.3 用戶端驗證

本節完成用戶端驗證，步驟如下。

1. 刪除 entry。

   透過以下命令將主節點中一條 entry 刪除，看是否會在另一個主節點上同樣刪
   除此 entry。

```
[root@mldap01 ~]# ldapdelete -D "cn=Manager,dc=gdy,dc=com" -W -h 192.168.218.206 -x
Enter LDAP Password:
uid=zhangsan,ou=people,dc=gdy,dc=com
Ctrl+d
```

2. 透過以下命令查看是否同步到其他節點。

```
[root@mldap01 ~]# ldapsearch -x -ALL uid=zhangsan
[root@mldap02 ~]# ldapsearch -x -ALL uid=zhangsan
[root@mldap03 ~]# ldapsearch -x -ALL uid=zhangsan
```

至此 OpenLDAP N-Way Multimaster 資料同步部署完成。

9.6 本章總結

在工作環境中，各個應用、資料庫都需要實現資料的同步。當一個節點出現問題時，另一個節點會立即提供服務，例如 MySQL 主從同步等。

本章基於 OpenLDAP 2.4 軟體版本介紹 OpenLDAP 的 5 種同步機制（syncrepl、N-Way Multi-Master MirrorMode、syncrepl Proxy、Delta-syncrepl）工作原理。筆者將目前企業中常見的三種同步方式進行詳細介紹並透過案例介紹主從同步、鏡像同步、多主同步實現方式。

讀者可以透過當前伺服器數量以及需求合理規劃 OpenLDAP 同步機制，保證伺服器可用性。筆者在工作環境中採用的是 N-Way Multi-Master 同步機制，並結合協力廠商開放原始碼軟體實現 OpenLDAP 高可用負載架構。關於設計 OpenLDAP 高可用負載架構，第 10 章會詳細介紹其原理及在企業中實現方式。

第 **10** 章

OpenLDAP 負載平衡、
高可用系統架構

第 9 章介紹了透過 OpenLDAP 同步機制來實現 OpenLDAP 伺服器的備援,但目前會面臨兩個問題。一是兩台伺服器無法透過負載平衡對外提驗證服務,二是伺服器單點故障,當一台伺服器出現故障時,備機無法頂替並提供帳號驗證。所以我們需要對伺服器構建負載平衡且高可用的系統架構,避免伺服器單點故障並實現負載平衡從而提高伺服器效能。

透過前端調度器及各種調度策略使後端伺服器負載分擔客戶請求,實現資源合理分配。透過自訂檢測腳本防止後端伺服器出現單點故障,當一台伺服器出現故障時,透過檢測腳本將其剔除叢集服務,所有客戶請求均分發至後端的健全伺服器上。當異常伺服器恢復時,會自動新增至叢集服務清單中,並提供服務。

透過構建前端負載平衡且高可用的系統架構,防止前端負載平衡設備出現異常。當前端其中一個負載平衡節點出現異常時,備機會立即接管並提供驗證服務,防止造成整個架構無法提供服務。

10.1 | 負載平衡、高可用

高可用、負載平衡概念闡述

要實現服務高可用性，目前常用的開放原始碼軟體有：Pacemaker、CoroSync、Heartbeat 和 Keepalived。服務高可用架構，使用 VIP 作為前端相應的 IP 位址，但同時只能有一台伺服器提供服務，另一台作為備機。當一台伺服器出現故障時，HA 軟體透過檢測機制，在備機上設定 VIP 位址並啟動應用行程來實現切換。

實現伺服器負載平衡有兩種方法。一種透過硬體設備實現。常見的硬體負載設備有 F5（F5-1600、F5-3900）、NetScaler、A10 Networks、Radware 以及 Array 等商用而且較為昂貴的負載等化器。其優點是後端有專業的維護團隊進行維護，而且不需要較為專業的 Linux 技術人員進行設定，所有設定均可以透過圖形介面進行設定，且不需要大量維護人員對其設備進行維護。其缺點是硬體成本較高。另一種則透過 Linux 開源免費軟體實現應用伺服器負載平衡，例如 LVS、HAProxy、Nginx 等，其費用比較低廉，因為只需要購買低廉的 X86 伺服器及開放原始碼軟體。目前淘寶、騰訊、京東、百度、Google 等均大量使用軟體實現各種應用的負載平衡。

本章主要介紹基於 LVS（Linux Virtual Server）、F5、A10 硬體負載平衡設備與 OpenLDAP 應用伺服器的結合實現負載平衡，並示範如何透過結合 LVS、Keepalived 實現 OpenLDAP 伺服器負載平衡且高可用的架構。

10.2 | LVS 介紹

10.2.1 LVS 調度演算法

本節介紹實現 LVS 負載平衡常見的 8 種調度演算法。讀者可以根據自己的環境來選擇適合自己環境的調度策略，來提高後端 realserver 的效能。

▶ 輪詢（Round Robin）

　　該演算法將使用者請求有次序地分發到後端的應用伺服器，對所有 realserver 一視同仁，而並不計算具體伺服器上的連結和負載情況，它適用於伺服器效能相同的環境。

▶ 加權輪詢（Weighted Round Robin）

該調度演算法根據各個後端伺服器的不同負載能力，給後端伺服器設定不同的權重，處理能力強的應用伺服器的權重設定較大，來回應更多的使用者請求，它適用於伺服器效能差距大的環境。

▶ 最少連接（Least Connection）

該演算法將使用者發送的請求分配到連接最少的後端應用伺服器上。

▶ 加權最少連接（Weighted Least Connection）

該演算法根據應用伺服器的不同負載能力，設定大小不同的權值，權重較大並且連接請求數少的應用伺服器優先分配使用者請求，並提供回應。

▶ 基於局部性的最少連接（Locality-Based Least Connection）

該演算法是針對目標 IP 位址的負載平衡演算法，主要用於快取叢集系統。此演算法會根據使用者請求的目標 IP 位址找出與目標位址最近的應用伺服器，如果伺服器沒有超載，則請求被分發到該應用伺服器，如果伺服器不可用或者負載較大，則使用最少連接演算法，選擇目標應用伺服器。

▶ 帶複製且基於局部性的最少連接（Locality-Based Least Connections with Replication）

該演算法也是針對目標 IP 位址的負載平衡演算法，主要用於快取叢集系統。與基於局部性的最少連接的區別在於，前者維護一個 IP 位址到一組伺服器的映射。而後者則維護一個 IP 位址到一台應用伺服器的映射。

▶ 目標位址雜湊（Destination Hashing）

該演算法將使用者請求的目標位址作為雜湊鍵，並嘗試從靜態設定的雜湊表中找出對應的應用伺服器。如果目標應用伺服器沒有超載，那麼將使用者的請求資訊分發至該應用伺服器；否則，返回空。

▶ 來源位址雜湊（Source Hashing）

該演算法將請求的來源位址作為雜湊鍵，並嘗試從靜態設定的雜湊表中找出對應的應用伺服器。如果目標應用伺服器可用並且沒有超載，那麼將使用者請求的資訊分發至此應用伺服器；否則，返回空。

以上為實現 LVS 負載平衡的 8 種調度演算法，讀者可以根據自己的環境以及後端 realserver 效能情況合理利用調度演算法，充分利用調度演算法的特性最大化後端資源的利用率。

10.2.2 LVS 叢集工作模式

LVS 叢集工作模式有以下三種。

1. NAT：網路位址轉譯模式。

2. DR：直接路由模式。

3. TUN：隧道模式。

LVS NAT（網路位址轉譯）模式（見圖 10-1）

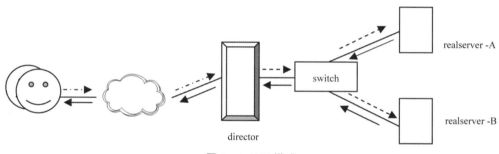

圖 10-1 NAT 模式

使用者發起請求，前端 Director 透過網路位址轉譯，將重寫請求封包的目標位址，並根據 Director 的調度演算法，將使用者請求分發至後端的 realserver；realserver 接收請求，並將結果回應至 Director，Director 將回應封包的源位址重寫，再返回給使用者，完成整個負載調度的過程。

NAT 特點：

▶ 叢集節點跟 director 必須在同一個 IP 網路中；

▶ RIP 通常是私有位址，僅用於各叢集節點間的通信；

▶ director 位於 client 和 real server 之間，並負責處理進出的所有通信；

▶ realserver 必須將閘道指向 DIP；

▶ 支援埠映射；

▶ realserver 可以使用任意 OS；

▶ 較大規模的應用情況，director 易成為系統瓶頸。

LVS TUN 隧道模式（見圖 10-2）

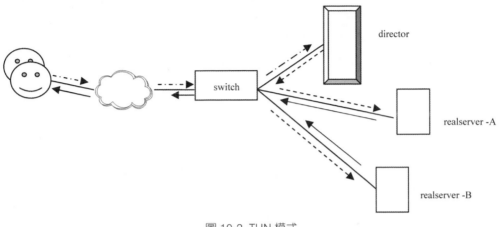

圖 10-2　TUN 模式

IP 隧道模式工作在網路層，director 透過接收 TCP/IP 請求，並將請求進行重新封裝及透過調度策略轉發至後端 realserver，回應封包則直接由後端 realserver 進行回應。但 director 和後端 realserver 之間透過 IP Tunneling 協定進行轉發，所以後端 realserver 必須支援 IP Tunneling。

LVS-TUN 特點：

▶ 叢集節點可以跨越 Internet；

▶ RIP 必須是公網位址；

▶ director 僅負責處理入站請求，回應封包則由 realserver 直接發往用戶端；

▶ realserver 閘道不能指向 director；

▶ 只有支援隧道功能的 OS 才能用於 realserver；

▶ 不支援埠映射。

LVS DR（直接路由）模式（見圖 10-3）

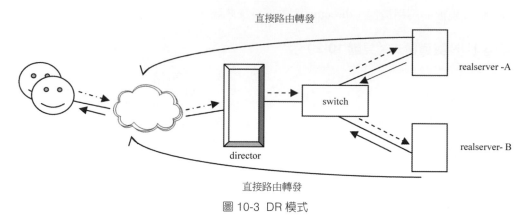

圖 10-3 DR 模式

直接路由模式工作在資料連結層，director 和後端 realserver 使用同一個 VIP 位址進行對外提供服務，但此時只有 director 接收使用者請求，後端 realserver 對本位址的 ARP 請求進行遮罩，遮罩透過 arp_ignore 和 arp_announce 兩個選項進行設定。前端 director 接收使用者請求後，並根據調度演算法定位後端對應的 realserver，將其目的 MAC 位址更改為指定 realserver 的 MAC 位址，然後轉發至匹配的 realserver。回應封包由 realserver 直接回應使用者，完成整個調度過程。

LVS-DR 特點：

▶ 叢集節點跟 director 必須在同一個物理網路中；

▶ RIP 可以使用公網位址，實現便捷的遠端系統管理和監控；

▶ director 僅負責處理入站請求，回應封包則由 realserver 直接發往用戶端；

▶ realserver 不能將閘道指向 DIP；

▶ 不支援埠映射。

10.2.3 ipvsadm 命令

ipvsadm 是管理叢集服務的命令列工具。為了更好地設定 LVS，我們需要瞭解 ipvsadm 命令的用法，方便後期維護、管理 LVS 負載平衡伺服器。

ipvsadm 命令語法如下：

```
ipvsadm -A|E -t|u|f service-address [-s scheduler]
            [-p [timeout]] [-M netmask]
```

各個參數含義如下：

▶ -A：在核心的虛擬伺服器清單中新增一條 VIP 記錄。

▶ -E：修改核心虛擬伺服器清單中的一條 VIP 記錄。

▶ -t：表示叢集服務所使用的 TCP 協定。

▶ -u：表示叢集服務所使用的 UDP 協定。

▶ -f：表示給後端 realserver 指定埠貼上防火牆標籤。

▶ service-address：表示叢集服務所使用的 IP 位址，簡稱 VIP。

▶ -s：表示叢集服務所使用的調度演算法。

▶ -p：設定叢集持久連線時間。

▶ -M：定義叢集服務的子網路遮罩。

下面給出一些範例命令。

```
ipvsadm -D -t|u|f service-address
```

其中，-D：刪除核心虛擬伺服器清單中的一條 VIP 記錄以及整個叢集服務。

-t|u|f service-address：和上面定義的參數含義相同。

```
ipvsadm -C
```

其中，-C：清空 ipvsadm 所定義的所有規則。

```
ipvsadm -R
```

其中，-R：重新載入 ipvsadm 規則。

```
ipvsadm -S [-n]
```

其中，-S：保存 ipvsadm 定義的規則。

```
ipvsadm -a|e -t|u|f service-address -r server-address
```

其中，-a：新增後端 realserver 規則。

-e：編輯後端 realserver 規則。

-t|u|f service-address：使用方法同上。

-r：將後端 realserver 新增至叢集服務中。

```
[-g|i|m] [-w weight] [-x upper] [-y lower]
```

其中，-g：定義叢集服務的工作模式為 DR。

-i：定義叢集服務的工作模式為 TUN。

-m：定義叢集服務的工作模式為 DAT。

-w：定義後端 realserver 權重。

```
ipvsadm -d -t|u|f service-address -r server-address
```

其中，-d：刪除叢集服務中指定的後端 realserver。

```
ipvsadm -L|l [options]
```

其中，-L|l：查看叢集服務清單。

```
ipvsadm -Z [-t|u|f service-address]
```

其中，-Z：清空叢集服務計數器。

```
ipvsadm --set tcp tcpfin udp
```

其中，--set：設定 TCP 會話超時時長。

```
ipvsadm --start-daemon state [--mcast-interface interface]
        [--syncid syncid]
ipvsadm --stop-daemon state
ipvsadm -h
```

其中，-h：ipvsadm 參數說明。

10.2.4 LVS 持續連線闡述

無論使用什麼調度演算法，LVS 持續連線都能實現在一定時間內，LVS 根據記憶體緩衝區域記錄將來自同一個用戶端請求發至當前選擇的後端 realserver，一般基於 SSL Session，需要使用持續連線功能。

持續連線可以理解為 LVS 維護的一張 hash 表，以鍵值格式儲存到 hash 表中。當使用者發起請求時，由前度調度器接收並根據調度演算法轉發至後端某台 realserver 中，並且記錄使用者及後端 realserver 資訊保存至 hash 表中。以後關於來自這個使用者發起的請求根據持久類型查找 hash 表，如 hash 表存在對應關係，則直接由 LVS 轉發至 hash 表所對應的後端 realserver，沒有對應關係則由 LVS 根據調度演算法完成轉發。

LVS 記憶體快取區主要記錄每一個用戶端及分配的後端 realserver 映射關係（如：協定、過期時長、連接狀態、虛擬 IP 位址、目標位址等），也可以成為持續連線範本。透過 ipvsadm –L –c 來取得當前連接記憶體緩衝區記錄、透過 ipvsadm –L –n –persistent-conn 取得持續連線狀態。

LVS 持續連線有三種類型，分別為 PPC、PCC、PFMC。

PPC（Persistent Port Connection，持續埠連接）如圖 10-4 所示。

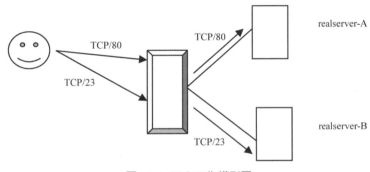

圖 10-4　PPC 工作模型圖

PPC 主要實現來自同一用戶端對同一個叢集服務發起請求，始終會定向至此前所選定的 realserver 進行回應。在圖 10-4 中，用戶端請求的 80 埠轉發至 realserver-A 進行回應，23 埠轉發至 realserver-B 進行回應（LVS 根據記憶體快取區記錄所選定的 realserver）。

PCC（Persistent Client Connection，持續用戶端連線）如圖 10-5 所示。

PCC 主要實現將來自於同一個用戶端對所有埠的請求，始終定向至目前所選定的 realserver 進行回應。在圖 1-5 中，用戶端請求來自 80 埠、23 埠，LVS 根據調度演算法選擇一台 realserver 進行回應，以後所有這台用戶端請求 80 及 23 埠，LVS 都將轉發至此前選定的 realserver。

PFMC（Persistent Firewall Mark Connection，持續防火牆標記連線）如圖 10-6 所示。

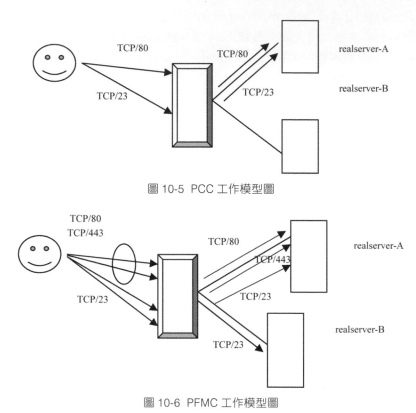

圖 10-5 PCC 工作模型圖

圖 10-6 PFMC 工作模型圖

PFMC 主要透過在 iptables PREROUTING 鏈將不同服務埠定義為同一類叢集服務並打上標記，然後根據標記轉發至後端 realserver 進行回應。LVS 根據持續和防火牆標記實現埠連線功能，在圖 10-6 中，將來自 80 和 443 埠的請求始終轉發至後端 realserver-A 上，來自 23 埠的請求將不受限制，根據 LVS 調度演算法實現後端 realserver 轉發。

10.3 | LVS 與 OpenLDAP 整合案例

讀者可以從 http://www.linuxvirtualserver.org/software/kernel-2.6/ipvsadm-1.26.tar.gz 取得 ipvsadm 原始碼套件進行編譯安裝，同樣也可以使用 rpm 進行安裝。

10.3.1 編譯安裝 ipvsadm

要編譯安裝 ipvsadm，可按以下步驟操作。

1. 解壓 ipvsadm 套件，命令如下：

```
[root@stepping ~]# ln -s /usr/src/kernels/2.6.32-431.el6.x86_64/ /usr/src/linux
[root@stepping ~]# tar xf ipvsadm-1.26.tar.gz
[root@stepping ~]# cd ipvsadm-1.26
```

2. 編譯 ipvsadm 參數，命令如下：

```
[root@stepping ipvsadm-1.26]# make
```

- 使用 make 編譯時出現如下錯誤的解決方法：

```
[root@stepping ipvsadm-1.26]# make
libipvs.c: In function 'ipvs_get_service':
libipvs.c:939: error: too many arguments to function 'ipvs_nl_send_message'
libipvs.c: In function 'ipvs_timeout_parse_cb':
libipvs.c:972: warning: initialization makes pointer from integer without a cast
libipvs.c:986: error: 'NL_OK' undeclared (first use in this function)
libipvs.c: In function 'ipvs_get_timeout':
libipvs.c:1005: error: too many arguments to function 'ipvs_nl_send_message'
libipvs.c: In function 'ipvs_daemon_parse_cb':
libipvs.c:1023: warning: initialization makes pointer from integer without a cast
libipvs.c:1048: warning: passing argument 2 of 'strncpy' makes pointer from integer
without a cast
/usr/include/string.h:131: note: expected 'const char * __restrict__' but argument is
of type 'int'
libipvs.c:1051: error: 'NL_OK' undeclared (first use in this function)
libipvs.c: In function 'ipvs_get_daemon':
libipvs.c:1071: error: 'NLM_F_DUMP' undeclared (first use in this function)
libipvs.c:1072: error: too many arguments to function 'ipvs_nl_send_message'
make[1]: *** [libipvs.o] Error 1
make[1]: Leaving directory '/root/ipvsadm-1.26/libipvs'
make: *** [libs] Error 2
```

- 安裝 popt-static 及 libnl-devel 套件，其命令如下：

```
[root@stepping ~]#  yum install popt-static-1.13-7.el6.x86_64.rpm libnl-deve -y
ipvsadm
```

3. 編譯安裝 ipvsadm，命令如下：

```
[root@stepping ipvsadm-1.26]# make install
```

4. 檢測 ipvsadm 是否安裝成功，命令如下：

```
[root@stepping ~]# ipvsadm -v
ipvsadm v1.26 2008/5/15 (compiled with popt and IPVS v1.2.1)
```

10.3.2 前端負載平衡規劃

要規劃前端負載的均衡性，步驟如下。

1. 定義前端 VIP 位址。

   在 eth0 介面下設定 VIP 位址，其別名為 eth0:1，命令如下：

```
# ifconfig eth0:1 $VIP broadcast $VIP netmask 255.255.255.255 up
```

2. 設定本機核心路由轉發功能。

   透過編輯 /etc/sysctl.conf 新增 net.ipv4.ip_forward = 1，並執行 sysctl –p 使之生效。

```
# echo 1 > /proc/sys/net/ipv4/ip_forward       #臨時打開核心路由轉發功能
```

3. 定義虛擬 VIP 主機出口路由介面，命令如下：

```
# route add -host $VIP dev eth0:1
```

4. 設定防火牆。

   因為防火牆規則和 LVS 規則不能同時使用，所以需要將 iptables 規則清除或者禁用，命令如下：

```
# iptables -F
# iptables -Z
# ipvsadm -C
```

5. 定義虛擬伺服器記錄及調度策略，命令如下：

```
# ipvsadm -A -t 192.168.218.214:389 -s rr
```

6. 新增後端 realserver 及模式。

   LVS 分為 NAT、DR、IP TUN 三種模式。這裡的命令以 DR 模式為例來示範。

```
# ipvsadm -a -t 192.168.218.214:389 -r 192.168.218.205 -g
```

7. 查看虛擬伺服器以及後端 realserver，命令如下：

```
[root@Director-1 ~]# ipvsadm -L -n
IP Virtual Server version 1.2.1 (size=4096)
Prot LocalAddress:Port Scheduler Flags
  -> RemoteAddress:Port          Forward Weight ActiveConn InActConn
TCP  192.168.218.214:389 rr
  -> 192.168.218.205:389         Route   1      0          0
  -> 192.168.218.206:389         Route   1      0          0
```

10.3.3 後端 realserver 部署

後端所有 realserver 都需要執行如下所有操作，才能加入虛擬服務資源組中，提供服務。

部署步驟如下。

1. 設定本機本地回環位址 VIP。

   建立 /etc/sysconfig/network-scripts/ifcfg-lo:0，新增如下內容：

```
# cat >> /etc/sysconfig/network-scripts/ifcfg-lo:0 << EOF
DEVICE=lo:0
ONBOOT=yes
BOOTPROTO=static
IPADDR=192.168.218.214
NETMASK=255.255.255.0
EOF
# ifdown lo
# ifup lo
```

2. 設定 VIP 位址出口路由位址及出口設備名，命令如下：

```
# route add -host 192.168.218.214 dev lo:0
# route -n | grep lo
192.168.218.214 0.0.0.0          255.255.255.255 UH    0      0        0 lo
```

3. 禁止本機 ARP 請求。

核心參數設定及含義如下：

- arp_ignore：定義接收到 ARP 請求時的回應等級。
- 0：只要本地設定的有相應位址，就給予回應。
- 1：僅在請求的目標位址設定請求到達介面上時，才給予回應。
- arp_announce：定義將自己的位址向外通告時的通告等級。
- 0：將本地任何介面上的任何位址向外通告。
- 1：試圖僅向目標網路通告與其網路匹配的位址。
- 2：僅向與本地介面上位址匹配的網路進行通告。

接下來設定核心參數。

編輯核心參數設定檔，新增如下內容：

```
# cat >> /etc/sysctl.conf << EOF
net.ipv4.conf.lo.arp_ignore=1
net.ipv4.conf.lo.arp_announce=2
net.ipv4.conf.all.arp_ignore=1
net.ipv4.conf.all.arp_announc=2
EOF
# sysctl -p
```

4. 驗證設定結果，命令如下：

```
[root@mldap01 ~]# ip addr | grep lo:0
    inet 192.168.218.214/32 brd 192.168.218.214 scope global lo:0
[root@mldap02 ~]# ip addr | grep lo:0
    inet 192.168.218.214/32 brd 192.168.218.214 scope global lo:0
```

OpenLDAP 伺服器 VIP 位址不對外進行任何回應，只回應來自目的位址 192.168.218.214 的請求。

此時關於前端負載平衡設備及後端 realserver 的相關設定均完成，下面透過用戶端驗證前端負載及後端 realserver 是否正常提供使用者請求。

10.3.4 用戶端驗證

這裡以 VIP 作為用戶端驗證入口，並將請求發送給後端的 realserver 回應。

驗證步驟如下。

1. 透過命令 setup/authconfig-tui 設定 OpenLDAP 用戶端，在圖 10-7 所示的畫面中，按一下 Ok 按鈕。

圖 10-7　按一下 Ok 按鈕

2. 透過以下原始碼在用戶端驗證。

```
File  Edit  View  Terminal  Tabs  Help
[root@test03 ~]# getent passwd lisi
lisi:x:10006:10010:App Manager:/home/lisi:/bin/bash
[root@test03 ~]# getent passwd zhangsan
zhangsan:x:10007:10011:DBA Manager:/home/zhangsan:/bin/bash
[root@test03 ~]#
```

3. 透過以下原始碼模擬 realserver 異常。

```
[root@mldap02 ~]# service slapd stop
```

4. 透過以下原始碼在用戶端驗證帳號。

```
File  Edit  View  Terminal  Tabs  Help
[root@test03 ~]# getent passwd lisi
[root@test03 ~]# getent passwd lisi
lisi:x:10006:10010:App Manager:/home/lisi:/bin/bash
[root@test03 ~]# getent passwd lisi
[root@test03 ~]# getent passwd lisi
lisi:x:10006:10010:App Manager:/home/lisi:/bin/bash
[root@test03 ~]#
[root@test03 ~]#
```

讀者不難從上述結果發現帳號有時能獲得有時無法獲得。原因是當一台 realserver 應用行程出現故障時，前端 LVS 伺服器根據調度策略將使用者驗證請求分發至後端的 realserver 進行回應，這裡設定的是輪詢調度演算法，所以會出現上述情況。下面介紹具體解決方案。

10.4 | realserver 健康監測

realserver 監控腳本要在 LVS director 節點執行，需要系統安裝 nc 命令，因為此範例是透過 nc 命令取得後端 realserver 埠狀態，否則 LVS 會把後端 realserver 剔除叢集。nc 主要用於監測後端 realserver 389 埠是否監聽。

10.4.1 定義 realserver 監控腳本

要定義 realserver 監控腳本，步驟如下。

1. 定義監控腳本，命令如下：

```
cat >> health.sh << EOF
#!/bin/bash
#
VIP=192.168.218.214
CPORT=389
RS=("192.168.218.205" "192.168.218.206")
RSTATUS=("1" "1")
RPORT=389
TYPE=g

add() {
  ipvsadm -a -t $VIP:$CPORT -r $1:$RPORT -$TYPE
  [ $? -eq 0 ] && return 0 || return 1
}

del() {
  ipvsadm -d -t $VIP:$CPORT -r $1:$RPORT
  [ $? -eq 0 ] && return 0 || return 1
}
while :; do
  let COUNT=0
  for I in ${RS[*]}; do
    if nc -z -w 2 $I 389 &> /dev/null; then
      if [ ${RSTATUS[$COUNT]} -eq 0 ]; then
        add $I ${RW[$COUNT]}
        [ $? -eq 0 ] && RSTATUS[$COUNT]=1 && echo "`date +%F-%T`, $I add finish."
      fi
    else
      if [ ${RSTATUS[$COUNT]} -eq 1 ]; then
        del $I
        [ $? -eq 0 ] && RSTATUS[$COUNT]=0  && echo "`date +%F-%T`, $I delete finish."
```

```
      fi
    fi
    let COUNT++
  done
  sleep 5
done
EOF
```

2. 進行後端 realserver 行程健康狀況監測,命令如下:

```
[root@Director-2 ~]# bash  health.sh
```

3. 模擬 192.168.218.205 伺服器 389 埠異常,命令如下:

```
[root@mldap02 ~]# service slapd stop
```

4. director 監控腳本異常警示,命令如下:

```
[root@Director-2 ~]# bash health.sh
2015-01-17 00:07:54, 192.168.218.205 is delete finish.
```

5. 在用戶端驗證帳號是否正常,命令如下:

```
[root@test03 ~]#
[root@test03 ~]# getent passwd lisi
lisi:x:10006:10010:App Manager:/home/lisi:/bin/bash
[root@test03 ~]# getent passwd zhangsan
zhangsan:x:10007:10011:DBA Manager:/home/zhangsan:/bin/bash
[root@test03 ~]# getent passwd lisi
lisi:x:10006:10010:App Manager:/home/lisi:/bin/bash
[root@test03 ~]#
```

從上述結果得知,OpenLDAP 服務即時提供驗證服務,避免帳號有時能獲得有時無法獲得的情況發生。

6. 取得 ipvsadm 叢集服務後端 realserver 狀態,命令如下:

```
[root@Director-2 ~]# ipvsadm -L -n
IP Virtual Server version 1.2.1 (size=4096)
Prot LocalAddress:Port Scheduler Flags
  -> RemoteAddress:Port           Forward Weight ActiveConn InActConn
TCP 192.168.218.214:389 rr
  -> 192.168.218.206:389          Route   1      0          3
```

目前叢集伺服器只有一台 realserver 提供回應,發生故障的 realserver 被剔除叢集服務。

7. 恢復異常 realserver，命令如下：

```
[root@mldap02 ~]# service slapd restart
```

8. Director 監控腳本恢復提示訊息，命令如下：

```
[root@Director-2 ~]# bash health.sh
2015-01-17 00:07:54, 192.168.218.205 is delete finish.
2015-01-17 00:19:40, 192.168.218.205 is add finish.
```

9. 查看 ipvsadm 叢集服務後端 realserver 狀態，命令如下：

```
[root@Director-2 ~]# ipvsadm -L -n
IP Virtual Server version 1.2.1 (size=4096)
Prot LocalAddress:Port Scheduler Flags
  -> RemoteAddress:Port          Forward Weight ActiveConn InActConn
TCP  192.168.218.214:389 rr
  -> 192.168.218.205:389         Route  1      0          12
  -> 192.168.218.206:389         Route  1      0          12
```

本章透過 LVS、F5、A10 實現了後端 OpenLDAP 服務負載平衡，並自訂 LVS 後端 realserver 監控腳本。當一台 realserver 出現故障時，director 伺服器透過自訂檢測腳本，將出現故障的伺服器從叢集中移除，並且把所有驗證請求分發到健康的 realserver 進行回應。director 伺服器會透過檢測腳本即時檢測，當出現故障的 realserver 恢復正常時，director 伺服器會自動將恢復的 realserver 加入到叢集服務清單中，並提供使用者請求。

10.4.2 自動部署 LVS、realserver

透過自訂腳本自動部署前端負載等化器及後端 realserver，此腳本支援三個參數，分別為 start、stop、status，用於實現 LVS 的設定、停止及查看狀態。

透過腳本程式設計客製兩個腳本分別用於前端調度器及後端 realserver 的部署，本節透過 shell 腳本程式設計實現部署，腳本名稱分別是：director-config.sh 和 realserver-config.sh，腳本支援三個選項，分別是 start（開始設定）、status（查看狀態）、stop（清除設定策略）。

director-config.sh 主要用於前端負載平衡設定，如 VIP 位址、後端 realserver 位址、調度演算法等。realserver-config.sh 主要用於後端 realserver 相關設定，如 lo 埠設定 vip、arp_ignore、arp_announce 模式設定等。

10.4.3 自動部署 LVS

要自動部署 LVS，步驟如下。

1. 前端負載平衡部署範例如下：

```
# cat >> director-config.sh << EOF
#!/bin/bash
# LVS script for VS/DR mode
. /etc/rc.d/init.d/functions          #載入系統函數
VIP=192.168.218.214        #前端提供伺服器虛擬位址（大寫）
RIP1=192.168.218.205
RIP2=192.168.218.206        #後端真實伺服器位址
PORT=389      #指定埠
case "$1" in
start)
    /sbin/ifconfig eth0:1 $VIP broadcast $VIP netmask 255.255.255.255 up
    /sbin/route add -host $VIP dev eth0:1        #定義虛擬vip主機路由
    echo 1 > /proc/sys/net/ipv4/ip_forward        #開啓系統路由轉發功能
    /sbin/iptables -F      #清除防火牆規則
    /sbin/iptables -Z      #重置防火牆計數器
    /sbin/ipvsadm -C
    /sbin/ipvsadm -A -t $VIP:$PORT -s rr
    /sbin/ipvsadm -a -t $VIP:$PORT -r $RIP1 -g
    /sbin/ipvsadm -a -t $VIP:$PORT -r $RIP2 -g
    /bin/touch /var/lock/subsys/ipvsadm &> /dev/null
;;
stop)
    echo 0 > /proc/sys/net/ipv4/ip_forward
    /sbin/ipvsadm -C
    /sbin/ifconfig eth0:1 down
    /sbin/route del $VIP
    /bin/rm -f /var/lock/subsys/ipvsadm
    echo "ipvs is stopped..."
;;
status)
    if [ ! -e /var/lock/subsys/ipvsadm ]; then
        echo "ipvsadm is stopped ..."
    else
        echo "ipvs is running ..."
        ipvsadm -L -n
    fi
;;
*)
    echo "Usage: $0 {start|stop|status}"
;;
```

```
esac
EOF
```

2. 透過以下命令新增 director-config.sh 腳本執行權限並運行。

```
[root@Director-1 ~]# chmod +x director-config.sh
[root@Director-1 ~]# ./director-config.sh start
```

10.4.4　自動部署 realserver

要自動部署 realserver，步驟如下。

1. 後端 realserver 部署腳本如下：

```
# cat > realserver-config.sh << EOF
#!/bin/bash
# Script to start LVS DR real server.
# description: LVS DR real server
.   /etc/rc.d/init.d/functions
VIP=192.168.218.214
host=`/bin/hostname`
case "$1" in
start)
        /sbin/ifconfig lo down
        /sbin/ifconfig lo up
        echo 1 > /proc/sys/net/ipv4/conf/lo/arp_ignore
        echo 2 > /proc/sys/net/ipv4/conf/lo/arp_announce
        echo 1 > /proc/sys/net/ipv4/conf/all/arp_ignore
        echo 2 > /proc/sys/net/ipv4/conf/all/arp_announce
        /sbin/ifconfig lo:0 $VIP broadcast $VIP netmask 255.255.255.255 up
        /sbin/route add -host $VIP dev lo:0
;;
stop)
        /sbin/ifconfig lo:0 down
        echo 0 > /proc/sys/net/ipv4/conf/lo/arp_ignore
        echo 0 > /proc/sys/net/ipv4/conf/lo/arp_announce
        echo 0 > /proc/sys/net/ipv4/conf/all/arp_ignore
        echo 0 > /proc/sys/net/ipv4/conf/all/arp_announce
;;
status)
        islothere=`/sbin/ifconfig lo:0 | grep $VIP`
        isrothere=`netstat -rn | grep "lo:0" | grep $VIP`
        if [ ! "$islothere" -o ! "isrothere" ];then
            echo "LVS-DR real server Stopped."
        else
```

```
            echo "LVS-DR real server Running."
        fi
;;
*)
        echo "$0: Usage: $0 {start|status|stop}"
        exit 1
;;
esac
EOF
```

2. 透過以下命令新增執行權限並執行。

```
# chmod +x realserver-config.sh
# ./realserver-config.sh start
```

10.5 | F5 與 OpenLDAP 整合案例

F5 支援 4 層和 7 層負載平衡，是目前比較成熟的負載平衡設備，也稱為本地流量管理器。後端基於 ICMP、TCP、HTTP 等後端健康監測協定完成監測。

所有硬體負載等化器工作原理、後端負載平衡調度策略、健康狀況監測機制大同小異，本節不做過多解釋，下面講述如何透過設定 F5 實現 OpenLDAP 後端 realserver 負載平衡。

10.5.1 部署規劃

IP 位址及主機名稱規劃如表 10-1 所示。

表 10-1 IP 位址及主機名稱

主機	系統版本	IP 位址	主機名稱	VIP 位址
LDAP 主要伺服器	RHEL 6.5	192.168.218.206	mldap01.gdy.com	192.168.17.249
LDAP 從伺服器	RHEL 6.5	192.168.218.210	mldap02.gdy.com	192.168.17.249
F5 BIG-IP	TH1030S	192.168.17.66	F5-1600	192.168.17.249

F5 與 OpenLDAP 整合實現負載平衡的拓撲圖如圖 10-8 所示。

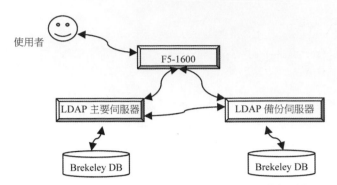

圖 10-8　F5 與 OpenLDAP 整合實現負載平衡的拓撲圖

10.5.2　F5 Big-IP 設定

設定 F5 Big-IP 的步驟如下。

1. 設定 F5 的虛擬伺服器。

   在 Windows 瀏覽器位址欄中輸入 F5 位址，並輸入使用者名稱和密碼，進入設定畫面（見圖 10-9）。

圖 10-9　設定畫面

在設定工具 Web 頁面的導航面板中，選擇 Virtual Servers 中的 Virtual Servers 標籤，按一下 ADD 按鈕新增虛擬伺服器。

在圖 10-10 所示畫面中，設定 Address 和 Service Port。

其中，Address：虛擬伺服器 IP 位址，用於接收並分發相應的伺服器處理請求。

Service Port：應用服務所使用的通訊埠，例如 OpenLDAP 服務使用的通訊埠有 389/636。

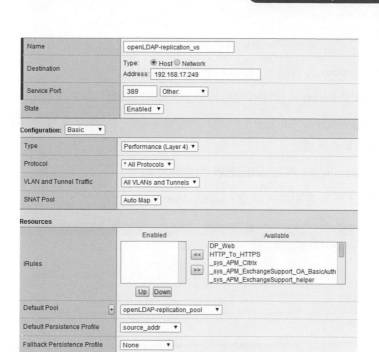

圖 10-10 設定位址與埠號

2. 建立資源池前新增後端 realserver。

   選擇 Local Traffic → Pools → Create，如圖 10-11 所示。

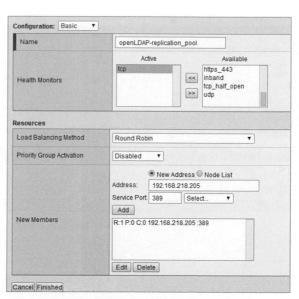

圖 10-11 選擇 Pools

圖 10-12 具體設定

在圖 10-12 所示畫面中,完成具體的設定。其中選項的含義如下:

- Name:pool 的名稱。
- Health Monitors:監控所使用的協定,筆者使用的是 TCP 協定。
- Load Banlancng Method:F5 所使用的負載平衡調度演算法,筆者使用的 Round Robin 模式。
- New Members:後端 realserver 的位址及埠。

在圖 10-13 所示畫面中,設定 Current Members。

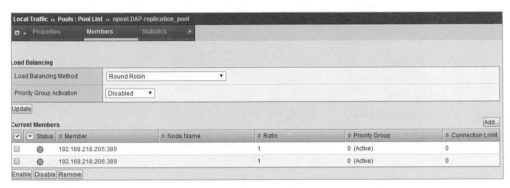

圖 10-13 設定 Current Members

3. 在圖 10-14 所示畫面中,查看 openLDAP-replication_pool 資源池監控狀態。

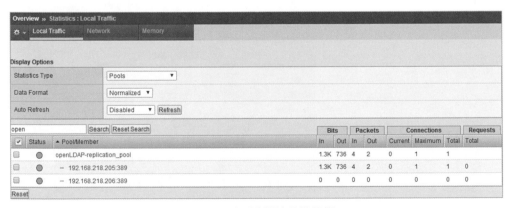

圖 10-14 查看資源池監控狀態

10.5.3 用戶端部署驗證

在用戶端部署驗證的步驟如下。

1. 透過 setup/authconfig-tui 設定 OpenLDAP 用戶端，在圖 10-15 所示畫面中，按一下 Ok 按鈕。

圖 10-15 按一下 Ok 按鈕

註：Server 選項後面填寫 F5 的 VIP 位址，不要填寫 OpenLDAP 伺服器的 IP 位址。其他相關設定和第 4 章中的設定一樣，只需要讀者區別系統版本即可，在此不做過多的介紹。

---

2. 透過以下命令在用戶端驗證。

```
[root@test01 ~]# getent passwd lisi
lisi:x:10006:10010:App Manager:/home/lisi:/bin/bash
[root@test01 ~]#
```

3. 在圖 10-16 所示畫面中，監控 F5 流量。

			Bits		Packets		Connections			Requests
	Status	▲ Pool/Member	In	Out	In	Out	Current	Maximum	Total	Total
☐	●	openLDAP-replication_pool	29.9K	26.4K	49	35	6	7	8	
☐	●	— 192.168.218.205:389	28.4K	26.0K	45	34	5	6	7	0
☐	●	-- 192.168.218.206:389	1.5K	416	4	1	1	1	1	0

圖 10-16 流量監控

透過對 openLDAP-replication_pool 進行監控不難發現，兩台主機上均有資料包通過，此時用戶端透過 openLDAP 使用者驗證時，資料流程向為用戶端→ F5 →

realserver。當一台 realserver 發生故障時，F5 會將所有的請求發送給存在且存活的 realserver 伺服器上。

10.5.4　realserver 故障案例

本節將依以下步驟示範一個 realserver 故障案例。

1. 故障類比。

    當 192.168.218.206 機器發生故障時，透過以下命令查看 OpenLDAP 服務是否還繼續提供帳號驗證服務。

```
[root@mldap01 ~]# service slapd stop
Stopping slapd:                                       [  OK  ]
[root@mldap01 ~]#
```

2. F5 健康監控。

    查看 F5 上的 OpenLDAP-replication_pool 資源池，確定 realserver 狀態。

    由圖 10-17 不難發現，openLDAP-replication_pool 資源池中 192.168.218.206 機器行程發生異常，狀態由綠色圓圈變成紅色菱形。

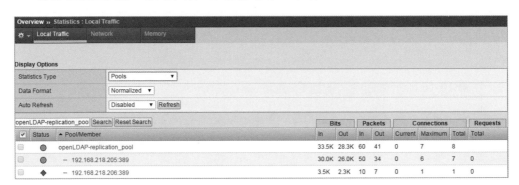

圖 10-17　查看狀態變化

3. 透過以下命令在用戶端再次驗證。

```
[root@test01 ~]# getent passwd zhangsan
zhangsan:x:10007:10011:DBA Manager:/home/zhangsan:/bin/bash
[root@test01 ~]#
```

    由上述結果不難發現，伺服端正常提供使用者請求。

4. 在圖 10-18 所示畫面中，透過 F5 查看流量。

	Status	▲ Pool/Member	Bits In	Out	Packets In	Out	Connections Current	Maximum	Total	Requests Total
openLDAP-replication_poo	Search	Reset Search								
☐	⚫	openLDAP-replication_pool	37.6K	33.2K	66	46	1	7	9	
☐	⚫	− 192.168.218.205:389	34.1K	30.9K	56	39	1	6	8	0
☐	◆	− 192.168.218.206:389	3.5K	2.3K	10	7	0	1	1	0

圖 10-18　查看流量

讀者不難發現所有的資料流程量都交由 192.168.218.205 這台伺服器進行回應。F5
後端透過健康狀況監測機制，將異常伺服器剔除叢集。當 192.168.218.206 機器恢
復時，F5 會自動將其加入到資源池並提供客戶回應。

10.6 | A10 Networks 與 OpenLDAP 整合案例

A10 Networks 設定方式分為兩種，一種是圖形介面設定，另一種則是文字介面設
定。

10.6.1　A10 Networks 管理常識

❶ 登入方式

在瀏覽器位址欄中輸入 https://A10-Networks-ip-address，預設管理位址為 172.31.
31.31，在圖 10-19 所示畫面中，輸入使用者及密碼（預設使用者名稱為 admin，密
碼為 a10），按一下 OK 按鈕即可進入登入畫面。管理位址以及使用者相關資訊都
可以根據當前需求進行修改。

圖 10-19　A10 Networks 登入驗證畫面

❷ A10 介面概述

在圖 10-20 所示畫面中，左側窗格中有 Monitor Mode 及 Config Mode，主要選項涉及伺服器負載平衡設定、廣域網路負載平衡設定、安全性原則、位址轉換、網路設定資訊、系統組態（設定、管理、維護、控制、HA）等。

中間窗格中顯示系統的相關資訊及設備資訊，例如設備的序號、軟體版本、硬體版本、設定保存時間、磁片使用情況、CPU 個數及狀態、風扇及電源資訊、CPU 及記憶體使用情況等資訊。

右側窗格中顯示裝置通訊埠狀態以及統計負載平衡數量，例如伺服器組、虛擬伺服器、真實伺服器數量等相關資訊。

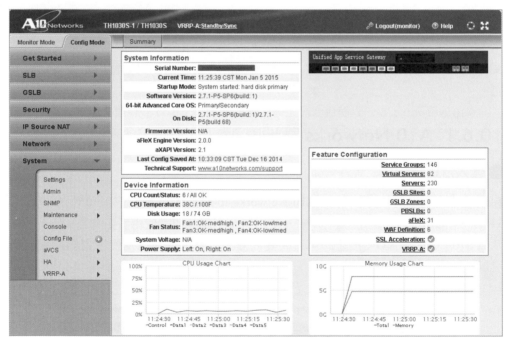

圖 10-20　A10 Networks 設定管理介面

❸ A10 Networks 中的 Maintenance 功能表

在圖 10-21 所示畫面中，透過 System 功能表下的子功能表 Maintenance 可以對 A10 Networks 實現升級、備份、還原、License 操作，其中 Backup 分為 System 及 Log 兩個選項。

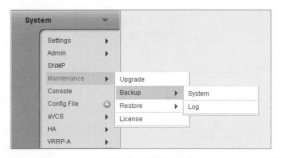

圖 10-21　A10 Networks 系統組態畫面中的 Maintenance 功能表

❹ A10-1030S 字元設定介面

註：A10 Networks 字元介面命令設定方式比較類似於 Cisco 設備設定方式（使用者模式、特權模式、全域設定模式），同樣也可以透過 Tab 鍵實現命令補全功能。但 AX 只允許一個使用者進入全域設定模式下。

可以透過 SSH 用戶端工具連接 AX。例如：Xshell、Putty 等用戶端工具。然後，輸入使用者名稱及密碼後，按一下"登入"按鈕，即可進入 AX 的使用者模式，可以透過 AX 命令進行維護管理。本節主要透過 Web 介面建立及維護叢集服務。

透過進入 AX Networks 全域設定模式，可以完成 AX 網路、系統、負載平衡等的相關設定。本節主要介紹 OpenLDAP 基於 A10 Networks 硬體設備實現負載平衡的操作方法，關於 A10 Networks 負載設備的詳細介紹，請參見 A10 Networks 白皮書或官方文件。

10.6.2　部署規劃

A10 Networks 與 OpenLDAP 結合的拓撲圖如圖 10-22 所示。

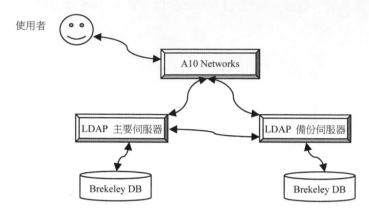

圖 10-22　A10 Networks 與 OpenLDAP 結合的拓撲圖

IP 位址及主機名稱規劃見表 10-2。

表 10-2　IP 位址及主機名稱

主機	系統版本	IP 位址	主機名稱	VIP 位址
LDAP 主要伺服器	RHEL 6.5	192.168.218.206	mldap01.gdy.com	10.224.195.54
LDAP 從伺服器	RHEL 6.5	192.168.218.210	mldap02.gdy.com	10.224.195.54
A 10	TH1030S	10.224.195.115	TH1030S	10.224.195.54

10.6.3　A10 Networks 設定

要完成 A10 Networks Web UI 的設定，按以下步驟操作：

1. 打開本地瀏覽器，在位址欄中輸入 https://<ACOS-Mgmt-IP>，然後輸入使用者驗證資訊（使用者名稱 / 密碼）進入 A10 Networks Web UI（見圖 10-23）。

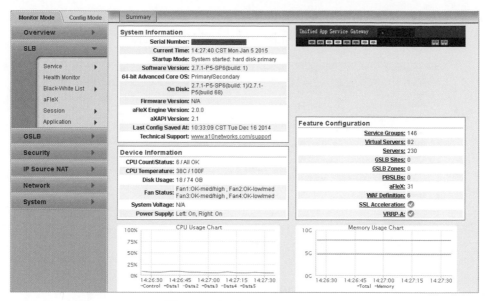

圖 10-23 A10 Networks Web UI

2. 要進入伺服器設定畫面，可以選擇 Config Mode → SLB → Service → Server，
   如圖 10-24 所示，彈出如圖 10-25 所示的畫面。

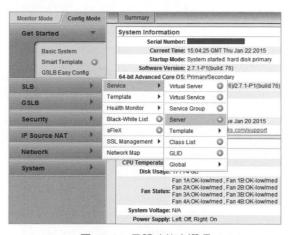

圖 10-24 具體功能表選項

圖 10-25 A10 Networks 伺服器設定介面

3. 新增後端 realserver，按一下 Add 按鈕新增後端 OpenLDAP 伺服器（192.168.
218.205、192.168.218.206），如圖 10-26、圖 10-27 所示。

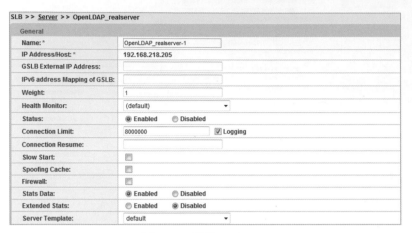

圖 10-26 設定 realserver

圖 10-27 在 A10 Networks 中新增後端 realserver 節點

4. 要新增 Service Group，在圖 10-24 所示畫面中，選擇 Config Mode → SLB（Server
Load Banlance）→ Service → Service Group，彈出如圖 10-28 所示的畫面。

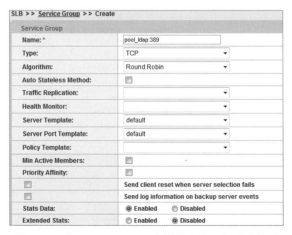

圖 10-28 在 A10 Networks 中選擇負載平衡調度策略

要將後端的兩台 realserver 新增到 Service Group 裡，在圖 10-29 所示畫面中，按一下 Add 按鈕即可。

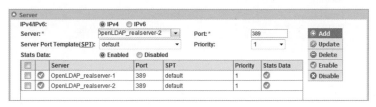

圖 10-29　按一下 Add 按鈕

5. 要新增 Virtual Server 及定義 VIP 位址，在圖 10-24 所示畫面中，選擇 Config Mode → SLB → Service → Virtual Server，在圖 10-30 ～圖 10-33 中設定 Virtual Server 的名稱、IP 位址、埠號、源 IP 持久性、埠狀態等資訊。

SLB >> Virtual Server >> virtual_ldap_ldap_389	
General	
Name: *	virtual_ldap_ldap_389
IP Address or CIDR Subnet: *	10.224.195.54　　　　⦿ IPv4 ○ IPv6
Status:	⦿ Enabled ○ Disabled
Disabled on Condition:	☐ ⦿ Disabled When All Ports Down ○ Disabled When Any Port Down
ARP Status:	⦿ Enabled ○ Disabled
Stats Data:	⦿ Enabled ○ Disabled
Extended Stats:	○ Enabled ⦿ Disabled
Redistribution Flagged:	☐
VRID:	▼
Virtual Server Template:	default ▼
Policy Template:	▼
Description:	

圖 10-30　設定 General 資訊

SLB >> Virtual Server >> virtual_ldap_ldap_389 >> Port >> Create	
Virtual Server Port	
Virtual Server:	virtual_ldap_ldap_389
Type: *	TCP ▼
Port: *	389　　☐ To　　　　　☐ Alternate
☐ Use Alternate:	Type HTTP ▼ ☐ Down ☐ Server Selection Failure ☐ Request Fail
Service Group:	pool_ldap:389 ▼
Connection Limit:	☐ 8000000 ⦿ Drop ○ Reset ☑ Logging
☑	Use default server selection when preferred method fails
☐	Use received hop for response
☐	Send client reset when server selection fails
☐	Client IP Sticky NAT
Status:	⦿ Enabled ○ Disabled
HA Connection Mirror:	○ Enabled ⦿ Disabled
Direct Server Return:	○ Enabled ⦿ Disabled
IP in IP:	○ Enabled ⦿ Disabled
SYN Cookie:	○ Enabled ⦿ Disabled
Stats Data:	⦿ Enabled ○ Disabled
Extended Stats:	○ Enabled ⦿ Disabled
Source NAT traffic against VIP:	○ Enabled ⦿ Disabled

圖 10-31　設定 Port 資訊

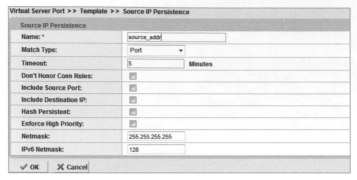

圖 10-32 設定 Source IP Persistence

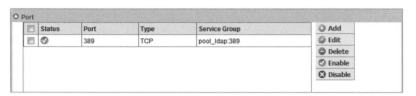

圖 10-33 設定 Port 狀態

6. 在圖 10-34 所示的畫面中，定義後端 realserver 健康狀況監測。

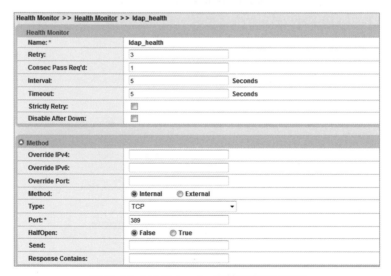

圖 10-34 A10 Networks 定義健康狀況監測

7. 在圖 10-35 (a)～(c) 所示的畫面中，將定義的健康狀況監測規則應用到資源組
或後端 realserver。

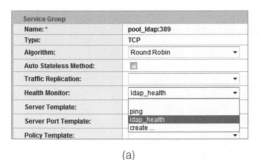 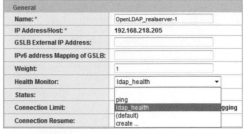

(a) (b)

(c)

圖 10-35　應用健康狀況監測規則

此時我們將自訂的資源組（pool_ldap:389）新增至 Virtual Server 中，當使用者存
取 VIP 位址後，A10 Networks 會將使用者的請求根據調度策略發送至後端資源組
中某台 realserver 進行回應。當後端 realserver 出現異常時，A10 Networks 根據自
身定義的健康狀態監測機制進行遮罩，將所有請求發送至健康的 realserver 進行回
應，待故障的 realserver 恢復正常，A10 Networks 會把它自動新增至資源組中，並
提供使用者請求。

10.6.4　取得叢集資源

透過 TH1030S 命令列模式查看虛擬伺服器綁定後端哪些 realserver，命令如下：

```
TH1030S-Active#show slb virtual-server bind
Total Number of Virtual Services configured: 1
-------------------------------------------------------------------------------
*Virtual Server : virtual_ldap_ldap_389 10.224.195.54    All Up

   +port 389  tcp ====>pool_ldap:389            State :All Up
+OpenLDAP_realserver-1:389       192.168.218.205     State : Up
    +OpenLDAP_realserver-2:389        192.168.218.206     State : Up
```

10.6.5 用戶端驗證

要在用戶端驗證,步驟如下。

1. 透過命令 setup/authconfig-tui 將 A10 Networks 對外提供服務的 VIP 位址,新增至 Server 選項後面並提供 Base DN,按一下 Ok 按鈕(見圖 10-36)。

圖 10-36 LDAP 用戶端設定

註:Server 需要填寫 A10 Networks 所定義的 VIP 位址,即 10.224.195.54。VIP 定義讀者可以根據實際情況新增。

2. 透過以下 getent 命令查詢 OpenLDAP 服務,驗證是否能正常取得使用者資訊。

```
[root@test03 ~]# getent passwd lisi
lisi:x:10006:10010:App Manager:/home/lisi:/bin/bash
[root@test03 ~]# getent passwd zhangsan
zhangsan:x:10007:10011:DBA Manager:/home/zhangsan:/bin/bash
[root@test03 ~]# getent passwd Admin
Admin:x:10020:10002:system manager:/home/Admin:/bin/bash
[root@test03 ~]#
```

由上述執行結果得知,用戶端透過使用 OpenLDAP 使用者發送請求,OpenLDAP 伺服端正常回應用戶端請求。

10.6.6 realserver 故障案例

本節依以下步驟示範一個 realserver 故障案例。

1. 透過以下命令模擬後端一台 realserver 出現異常。

```
[root@mldap02 ~]# service slapd stop
```

2. 在圖 10-37 所示畫面中,查看後端 realserver 健康狀況。

從 A10 Networks 介面發現後端一台 realserver 出現異常,此時 192.168.218.206 伺服器將不再接受使用者請求。

圖 10-37 查看後端 realserver 健康狀況

3. 透過以下命令進行使用者驗證。

```
[root@test03 ~]# getent passwd lisi
lisi:x:10006:10010:App Manager:/home/lisi:/bin/bash
[root@test03 ~]# getent passwd zhangsan
zhangsan:x:10007:10011:DBA Manager:/home/zhangsan:/bin/bash
[root@test03 ~]# getent passwd Admin
Admin:x:10020:10002:system manager:/home/Admin:/bin/bash
[root@test03 ~]#
```

從上述結果顯示,A10 Networks 成功將 192.168.218.206 從叢集資源中移除。所有使用者請求都由 192.168.218.205 伺服器回應。等異常伺服器恢復正常時,A10 Networks 自動將恢復的節點加到叢集資源中,並根據其調度策略回應使用者請求。

10.7 | OpenLDAP 開源負載高可用架構

因為透過 F5、A10 Networks 實現 OpenLDAP 服務高可用負載平衡屬於硬體架構,這對於一般中小型企業成本較高,所以透過開源方式實現具有負載平衡、高可用的架構無疑是不錯的選擇。故本節採用 Keepalived、LVS 實現 OpenLDAP 負載平衡高可用架構來取代商業化架構。

10.7.1 部署規劃

OpenLDAP 開源負載高可用架構的拓撲圖如圖 10-38 所示。

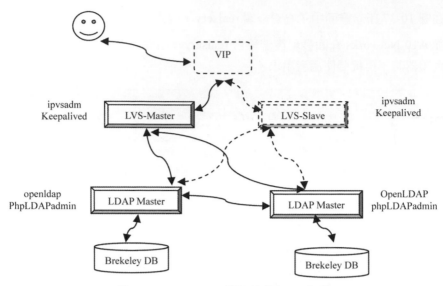

圖 10-38　OpenLDAP 開源負載高可用架構

IP 位址及主機名稱規劃見表 10-3。

表 10-3　IP 位址及主機名稱

主機	系統版本	IP 位址	主機名稱	VIP 位址
LDAP Master	RHEL 6.5	192.168.218.206	mldap01.gdy.com	192.168.218.214
LDAP Slave	RHEL 6.5	192.168.218.205	mldap02.gdy.com	192.168.218.214
LVS-Master	RHEL 6.5	192.168.218.208	Director-1.gdy.com	192.168.218.214
LVS-Slave	RHEL 6.5	192.168.218.209	Director-2.gdy.com	192.168.218.214

10.7.2　Keepalived 部署

Linux 安裝 Keepalived 軟體常見的方式分為兩種，一種是透過原始碼編譯安裝，另一種則是透過 RPM 套件安裝。本節分別介紹兩種安裝方式，主要介紹以原始碼編譯安裝的方式進行部署。

讀者可以透過 http://www.keepalived.org/download.html 下載 Keepalived 原始碼套件。

實現 LVS 的高可用需要在每台 LVS 上安裝 Keepalived 和 ipvsadm 套件，關於 ipvsadm 套件的安裝，可以回顧 10.3.1 節，這裡只說明如何編譯安裝 Keepalived 實現 LVS 高可用。

下面介紹部署 Keepalived 的步驟。

1. 編譯安裝 Keepalived。

   在 RHEL 系統光碟中，沒有提供 Keepalived 套件，要透過 rpm 安裝 Keepalived 軟體，可以指定 EPEL 源，然後透過 yum 安裝即可。本節以編譯安裝 keepalived-1.2.12.tar.gz 為例進行講解。

2. 建立互信。

   安裝 Keepalived 需要在兩台機器執行相同的編譯操作，筆者透過建立互信及 shell 迴圈腳本，使兩台機器透過 SSH 即可連接，而不需要輸入對方密碼，並且執行 shell 命令。

   完成跳板機 stepping 操作的命令如下：

```
[root@stepping ~]#  ssh-keygen -t rsa
[root@stepping ~]#  ssh-copy-id -i ~/.ssh/id_rsa.pub  Director-1
[root@stepping ~]#  ssh-copy-id -i ~/.ssh/id_rsa.pub  Director-2
```

3. 透過以下命令定義別名，利用 for 迴圈實現兩台機器同時操作，同樣可以透過 ansible 來實現。

```
[root@stepping ~]# alias machine='for  node  in  {1,2};do'
```

4. 透過以下命令同步時間。

```
[root@stepping ~]# machine ssh mldap-${node} "ntpdate 0.rhel.pool.ntp.org";done
14 Jan 19:34:42 ntpdate[10619]: step time server 202.112.29.82 offset 2.471248 sec
14 Jan 19:34:47 ntpdate[25416]: step time server 202.112.10.36 offset 3.032023 sec
```

5. 透過以下命令編譯安裝 Keepalived。

   其中涉及以下幾個步驟。

   (1) 解壓套件。

   (2) 檢測編譯環境。

   (3) 編譯。

   (4) 編譯安裝。

```
[root@Director-2 ~]# tar xf keepalived-1.2.12.tar.gz
[root@Director-2 ~2]# cd keepalived-1.2.12
[root@Director-2 keepalived-1.2.12]#./configure
```

```
[root@Director-2 keepalived-1.2.12]# make
[root@Director-2 keepalived-1.2.12]# make install
```

6. 透過以下命令定義設定檔及 Keepalived 行程。

其中涉及以下幾個步驟：

(1) 建立 Keepalived 設定檔目錄。

(2) 定義 Keepalived 二進位命令。

(3) 定義 Keepalived 設定檔。

(4) 定義 Keepalived 行程腳本。

(5) 定義 Keepalived 啟動行程。

```
[root@Director-2 ~]# mkdir /etc/keepalived
[root@Director-2 ~]# cp /usr/local/sbin/keepalived /usr/sbin/
[root@Director-2 ~]# cp /usr/local/etc/keepalived/keepalived.conf /etc/keepalived/
[root@Director-2 ~]# cp /usr/local/etc/sysconfig/keepalived /etc/sysconfig/
[root@Director-2 ~]# cp /usr/local/etc/rc.d/init.d/keepalived /etc/init.d/
```

讀者可以根據自己的編譯選項進行適當調整，如果和筆者的操作環境一致，可直接按照以上步驟進行操作。

7. 設定 Keepalived。

- 編輯 Keepalived 設定檔。

  兩台負載等化器的 Keepalived 設定檔幾乎完全相同，唯一區別的是 state（狀態）及 priority（優先順序）。Keepalived 會根據 state 和 priority 判斷 VIP 設定在哪個節點上提供負載服務。

```
[root@Director-1 keepalived]# cat keepalived.conf
! Configuration File for keepalived

global_defs {
   notification_email {
     Guodayong@126.com                    //定義接收郵箱的位址
   }
   notification_email_from keepalived@gdy.com   //當發生故障時，發送者位址
   smtp_server 127.0.0.1                  //定義郵件伺服器位址
   smtp_connect_timeout 30                //超時時間
   router_id OpenLDAP-SERVER              //id名稱
}
```

```
vrrp_instance VI_1 {              //實例名稱
    state MASTER                  //Keepalived類型，備用伺服器改為BACKUP
    interface eth0                //網卡介面
    virtual_router_id 51          //虛擬路由id,對於同一組應用，master和backup id名稱相同
    priority 99                   //優先順序，主要伺服器和備用伺服器優先順序不能相同
    advert_int 1
    authentication {
        auth_type PASS            //認證方式
        auth_pass 1111            //認證密碼
    }
    virtual_ipaddress {      虛擬IP位址集區，可以設定多個VIP提供冗餘
        192.168.218.214
    }
}
virtual_server 192.168.218.214 389 {
    delay_loop 6
    lb_algo rr
    lb_kind DR
    nat_mask 255.255.255.0
    protocol TCP     #使用的協定為TCP
    real_server 192.168.218.205 389 {
        weight 1     #設定權重
        TCP_CHECK {
            tcp_port 389     # 檢測後端realserver應用埠，這裡為389
            connect_timeout 3
            nb_get_retry 3
            delay_before_retry 3
        }
    }
    real_server 192.168.218.206 389 {
        weight 1
        TCP_CHECK {
            tcp_port 389
            connect_timeout 3
            nb_get_retry 3
            delay_before_retry 3
        }
    }
}
```

- 取消 LVS 所有的設定。

    將 LVS 上 VIP 以及後端的 realserver 剔除，透過 Keepalived 來管理 VIP 及 realserver 狀態。

```
[root@Director-1 ~]# ./direct stop
```

- 透過以下命令載入 Keepalived 行程服務。

  兩台負載平衡伺服器都需要啟動 Keepalived，啟動時 Keepalived 為讀取自身設定檔，根據 state、priority 判定 VIP 位址設定在哪個節點。

```
[root@Director-1 ~]# service keepalived restart        #Director-1引用keepalived行程
[root@Director-1 ~]# chkconfig keepalived on
[root@Director-2 ~]# service keepalived restart        #Director-2引用keepalived行程
[root@Director-2 ~]# chkconfig keepalived on
```

- 透過以下命令監控 Keepalived 日誌。命令後面是日誌內容。

```
[root@Director-1 ~]# tail -f /var/log/messages

Jan 19 16:17:58 Director-1 Keepalived[7811]: Starting Keepalived v1.2.7 (12/11,2014)
Jan 19 16:17:58 Director-1 Keepalived[7812]: Starting Healthcheck child process, pid=7813
Jan 19 16:17:58 Director-1 Keepalived[7812]: Starting VRRP child process, pid=7814
Jan 19 16:17:58 Director-1 Keepalived_vrrp[7814]: Interface queue is empty
Jan 19 16:17:58 Director-1 Keepalived_vrrp[7814]: Netlink reflector reports IP
192.168.218.208 added
Jan 19 16:17:58 Director-1 Keepalived_vrrp[7814]: Netlink reflector reports IP
fe80::250:56ff:fe99:f4a added
Jan 19 16:17:58 Director-1 Keepalived_vrrp[7814]: Registering Kernel netlink reflector
Jan 19 16:17:58 Director-1 Keepalived_vrrp[7814]: Registering Kernel netlink command
channel
Jan 19 16:17:58 Director-1 Keepalived_healthcheckers[7813]: Interface queue is empty
Jan 19 16:17:58 Director-1 Keepalived_healthcheckers[7813]: Netlink reflector reports
IP 192.168.218.208 added
Jan 19 16:17:58 Director-1 Keepalived_healthcheckers[7813]: Netlink reflector reports
IP fe80::250:56ff:fe99:f4a added
Jan 19 16:17:58 Director-1 Keepalived_healthcheckers[7813]: Registering Kernel netlink
reflector
Jan 19 16:17:58 Director-1 Keepalived_healthcheckers[7813]: Registering gratuitous ARP shared
channel
Jan 19 16:17:58 Director-1 Keepalived_healthcheckers[7813]: Registering Kernel netlink
command channel
Jan 19 16:17:58 Director-1 Keepalived_vrrp[7814]: Opening file '/etc/keepalived/
keepalived.conf'.
Jan 19 16:17:58 Director-1 Keepalived_vrrp[7814]: Configuration is using : 62986 Bytes
Jan 19 16:17:58 Director-1 Keepalived_vrrp[7814]: Using LinkWatch kernel netlink
reflector...
Jan 19 16:17:58 Director-1 Keepalived_healthcheckers[7813]: Opening file '/etc/
keepalived/keepalived.conf'.
Jan 19 16:17:58 Director-1 Keepalived_healthcheckers[7813]: Configuration is using :
13965 Bytes
```

```
Jan 19 16:17:58 Director-1 Keepalived_vrrp[7814]: VRRP sockpool: [ifindex(2), proto(112),
fd(11,12)]
Jan 19 16:17:58 Director-1 Keepalived_healthcheckers[7813]: Using LinkWatch kernel
netlink reflector...
Jan 19 16:17:58 Director-1 Keepalived_healthcheckers[7813]: Activating healthchecker for
service [192.168.218.205]:389
Jan 19 16:17:58 Director-1 Keepalived_healthcheckers[7813]: Activating healthchecker for
service [192.168.218.206]:389
Jan 19 16:17:59 Director-1 Keepalived_vrrp[7814]: VRRP_Instance(VI_1) Transition to
MASTER STATE
Jan 19 16:18:00 Director-1 Keepalived_vrrp[7814]: VRRP_Instance(VI_1) Entering MASTER
STATE
Jan 19 16:18:00 Director-1 Keepalived_vrrp[7814]: VRRP_Instance(VI_1) setting protocol
VIPs.
Jan 19 16:18:00 Director-1 Keepalived_vrrp[7814]: VRRP_Instance(VI_1) Sending gratuitous
ARPs on eth0 for 192.168.218.214
Jan 19 16:18:00 Director-1 Keepalived_healthcheckers[7813]: Netlink reflector reports
IP 192.168.218.214 added
Jan 19 16:18:05 Director-1 Keepalived_vrrp[7814]: VRRP_Instance(VI_1) Sending gratuitous
ARPs on eth0 for 192.168.218.214
```

從上述結果發現，VIP 位址設定在 Director-1 伺服器上，而且新增了兩台主機，分別是 192.168.218.205 和 192.168.218.206，埠號為 389，使用的負載平衡模式為輪詢（rr）。

8. 透過以下命令取得 VIP 設定資訊。

```
[root@Director-1 ~]# ip addr | grep -i eth0
2: eth0: <BROADCAST,MULTICAST,UP,LOWER_UP> mtu 1500 qdisc pfifo_fast state UP qlen
1000
    inet 192.168.218.208/24 brd 192.168.218.255 scope global eth0
    inet 192.168.218.214/32 scope global eth0        #vIP位址
```

9. 透過 ipvsadm 指令取得叢集服務以及後端 realserver 狀態。

```
[root@Director-1 ~]# ipvsadm -L -n
IP Virtual Server version 1.2.1 (size=4096)
Prot LocalAddress:Port Scheduler Flags
  -> RemoteAddress:Port           Forward Weight ActiveConn InActConn
TCP  192.168.218.214:389 rr
  -> 192.168.218.205:389          Route   1       0          0
  -> 192.168.218.206:389          Route   1       0          0
```

10.7.3 用戶端驗證

透過以下命令在用戶端驗證。

```
[root@test03 ~]#
[root@test03 ~]# getent passwd zhangsan
zhangsan:x:10007:10011:DBA Manager:/home/zhangsan:/bin/bash
[root@test03 ~]# getent passwd lisi
lisi:x:10006:10010:App Manager:/home/lisi:/bin/bash
[root@test03 ~]#
```

由上述結果得知，帳號驗證正常，用戶端透過 VIP 位址成功取得帳號。

10.7.4 Keepalived 異常檢測

可以按以下步驟對 Keepalived 進行異常檢測。

1. 在節點 1 上類比 Keepalived 服務異常，命令如下：

```
[root@Director-1 ~]# service keepalived stop
```

2. 在節點 1 上監測 Keepalived 日誌，日誌內容如下：

```
Jan 19 17:58:38 Director-1 Keepalived[7890]: Stopping Keepalived v1.2.7 (12/11,2014)
Jan 19 17:58:38 Director-1 kernel: IPVS: __ip_vs_del_service: enter
Jan 19 17:58:38 Director-1 Keepalived_vrrp[7892]: VRRP_Instance(VI_1) sending 0
priority
Jan 19 17:58:38 Director-1 Keepalived_vrrp[7892]: VRRP_Instance(VI_1) removing protocol
VIPs.
```

從結果發現，節點 1 停止 Keepalived 行程後，將 VIP 位址移除。

3. 在節點 2 監測 Keepalived 日誌，日誌內容如下：

```
Jan 19 17:49:06 Director-2 Keepalived_vrrp[12612]: VRRP_Instance(VI_1) Entering BACKUP
STATE
Jan 19 17:49:06 Director-2 Keepalived_vrrp[12612]: VRRP sockpool: [ifindex(2), proto(112),
unicast(0), fd(10,11)]
Jan 19 17:49:06 Director-2 Keepalived_healthcheckers[12611]: Netlink reflector reports
IP 192.168.218.209 added
Jan 19 17:49:06 Director-2 Keepalived_healthcheckers[12611]: Netlink reflector reports
IP fe80::250:56ff:fe99:638e added
Jan 19 17:49:06 Director-2 Keepalived_healthcheckers[12611]: Registering Kernel netlink
reflector
Jan 19 17:49:06 Director-2 Keepalived_healthcheckers[12611]: Registering Kernel netlink
command channel
```

```
Jan 19 17:49:06 Director-2 Keepalived_healthcheckers[12611]: Opening file '/etc/
keepalived/keepalived.conf'.
Jan 19 17:49:06 Director-2 Keepalived_healthcheckers[12611]: Configuration is using :
14114 Bytes
Jan 19 17:49:06 Director-2 Keepalived_healthcheckers[12611]: Using LinkWatch kernel
netlink reflector...
Jan 19 17:49:06 Director-2 Keepalived_healthcheckers[12611]: Activating healthchecker
for service [192.168.218.205]:389
Jan 19 17:49:06 Director-2 Keepalived_healthcheckers[12611]: Activating healthchecker
for service [192.168.218.206]:389
Jan 19 17:58:39 Director-2 Keepalived_vrrp[12612]: VRRP_Instance(VI_1) Transition to
MASTER STATE
Jan 19 17:58:40 Director-2 Keepalived_vrrp[12612]: VRRP_Instance(VI_1) Entering MASTER
STATE
Jan 19 17:58:40 Director-2 Keepalived_vrrp[12612]: VRRP_Instance(VI_1) setting protocol
VIPs.
Jan 19 17:58:40 Director-2 Keepalived_vrrp[12612]: VRRP_Instance(VI_1) Sending
gratuitous ARPs on eth0 for 192.168.218.214
Jan 19 17:58:40 Director-2 Keepalived_healthcheckers[12611]: Netlink reflector reports
IP 192.168.218.214 added
Jan 19 17:58:45 Director-2 Keepalived_vrrp[12612]: VRRP_Instance(VI_1) Sending
gratuitous ARPs on eth0 for 192.168.218.214
```

從上述結果不難發現，在 Director-2 節點上取得 VIP 資訊、叢集服務以及後端 realserver 的新增、規則的設定等操作。

4. 透過以下命令取得 VIP 及叢集資訊。

```
[root@Director-2 ~]# ip addr | grep eth0
2: eth0: <BROADCAST,MULTICAST,UP,LOWER_UP> mtu 1500 qdisc pfifo_fast state UP qlen
1000
    inet 192.168.218.209/24 brd 192.168.218.255 scope global eth0
inet 192.168.218.214/32 scope global eth0
[root@Director-2 ~]# ipvsadm -L -n
IP Virtual Server version 1.2.1 (size=4096)
Prot LocalAddress:Port Scheduler Flags
  -> RemoteAddress:Port           Forward Weight ActiveConn InActConn
TCP  192.168.218.214:389 rr persistent 50
  -> 192.168.218.205:389          Route   1      0          0
  -> 192.168.218.206:389          Route   1      0          2
```

註：節點 2 成功取得 VIP 位址後，透過 ipvsadm 指令查看當前叢集資源池，它包含後端兩台 realserver，且負載平衡調度策略為輪詢。讀者可以根據當前實際環境及業務特性合理設定調度策略。

10.8 | 本章總結

透過 LVS+ 自訂腳本、Keepalived 以及 OpenLDAP 整合實現了後端 realserver 高可用以及前端 LVS 高可用，無論後端 realserver 還是前端負載等化器中的一台出現故障，整套架構仍然對外提供服務。透過自訂腳本監控後端 realserver 的健康狀況，透過 Keepalived 實現 LVS 的高可用，整套架構避免了每個應用節點的單點故障。讀者可以根據公司規模適當調整架構。

後期可以透過 Zabbix、Cacti、Nagios 開源監控軟體結合簡訊、即時通、郵件示警機制，對前端負載以及後端 realserver 即時監控，若任何節點出現異常或預警，均能收到伺服器異常警告，在第一時間處理異常及預警，降低潛在風險，保障伺服器穩定執行。後面章節會介紹如何將 Zabbix 監控示警機制與 OpenLDAP 整合，實現透過帳號驗證登入 Zabbix 伺服器並查看伺服器效能監控資訊。

第 III 篇
實戰篇

透過對第二篇的學習，讀者對於 OpenLDAP 的進階議題以及企業採用的技術應有了一定的瞭解，能夠獨立構建一個成熟的高效能 OpenLDAP 架構，此時 OpenLDAP 伺服端只能提供系統帳號的驗證和管理。那麼如何與應用程式實現整合，實現應用帳號的集中認證管理呢？這就是第三篇所要講解的內容。

本篇為實戰篇，主要分為 7 章。

▶ 第 11 章介紹 FTP 服務工作原理、部署方式以及透過與 OpenLDAP 服務整合，使 OpenLDAP 服務作為 FTP 後端使用者認證伺服器，從而保障了 FTP 伺服器及使用者帳號的安全。

▶ 第 12 章介紹跨平臺的檔案共用伺服器 Samba 工作原理、部署方式以及透過與 OpenLDAP 服務整合，實現從不同平臺登入 Samba 存取共用資源時，僅需要提供 OpenLDAP 帳號和密碼，從而簡化了帳號的管理，並透過權限控制，限制不同使用者存取共用資源時具有不同的權限。

▶ 第 13 章介紹分散式監控系統 Zabbix 的工作原理、安裝部署以及透過 OpenLDAP 服務整合，實現使用者存取 Zabbix 平臺取得資源資訊時，僅需要提供 OpenLDAP 帳號和密碼，從而保障了 Zabbix 監控平臺的安全，並透過權限控制，限制不同使用者具有不同的權限。

▶ 第 14 章介紹目前應用比較廣泛的 Web 應用軟體 Apache 的工作原理、安裝部署以及透過與 OpenLDAP 整合和權限控制，限制不同使用者、不同群組存取不同的 Apache 目錄。

▶ 第 15 章介紹開源跳板機 jumpserver 的實現方式，以及透過與 OpenLDAP、MySQL 整合實現帳號的管理、權限的控制、密碼稽核等相關功能。

▶ 第 16 章介紹 OpenLDAP 的效能最佳化、備份還原、故障分析，透過最佳化提高伺服器的效能，透過備份保障資料的安全，透過故障分析讓讀者瞭解處理故障的步驟及解決方法。

▶ 第 17 章介紹批次部署 OpenLDAP 用戶端的自動化部署工具 Puppet，透過對 Puppet 的原理、安裝部署、語法等相關內容的介紹，讓讀者瞭解如何使用 Puppet，並透過 Puppet 客製資源清單，批次部署各種應用平臺，以及如何批次部署 OpenLDAP 用戶端。

## 第 11 章

FTP 與 OpenLDAP 整合案例

在工作環境中，難免需要提供資源的共用。Linux 系統之間一般使用 FTP、NFS 實現資源的共用，Windows 和 Linux 系統之間一般使用 Samba、FTP 實現資源的共用。FTP 的存取方式分為本地使用者存取、匿名使用者存取、虛擬使用者存取三種方式。

為了提供安全的資源分享，使用時一般需要提供帳號和密碼來存取資源。隨著使用者帳號的不斷增加，極其不便於靈活管理，如何透過協力廠商應用實現帳號的集中管理？

本章主要介紹 FTP 與 OpenLDAP 整合實現帳號的統一管理分配。關於 Samba 和 OpenLDAP 整合的應用會在下一章進行介紹。

11.1 | FTP 伺服器

11.1.1　FTP 簡介

FTP 是 File Transfer Protocol 的英文簡稱，中文為檔案傳輸協定。FTP 屬於 C/S 架構，主要提供伺服端與用戶端檔案共用，無論是 Linux 系統還是 Windows 系統，只要支援 FTP 協定，即可實現檔案共用服務。

FTP（檔案傳輸協定）是 TCP/IP 協定的一種具體應用，它工作在 OSI（Open System Interconnection）模型的第 7 層（應用層），TCP/IP 模型的第 4 層。FTP 服務使用 TCP 傳輸，所以在使用 FTP 服務時，FTP 用戶端和伺服端之間要建立連線，這個連線也就是我們熟悉的 "三向交握"，之所以建立三次連接，是為了證明用戶端和伺服端之間的連線是可靠的、安全的、連接導向（connection-oriented）的，為資料的傳輸提供可靠、安全的保障。

11.1.2　FTP 功能

FTP 服務主要提供下載資料、上傳資料，並且可以將遠端檔案複製到本地電腦上，以達到資源分享和傳遞資訊的目的，FTP 服務在傳輸檔時還支援中斷點續傳功能。FTP 服務提供兩個功能：可以在兩台完全不同的電腦之間傳輸檔資料（支援傳送二進位檔案，如：文件、程式、資料、影片、圖片等各種類型的檔案）以及提供許多檔資料同時用於共用。

11.1.3　FTP 工作原理

FTP 標準在 RFC 959 文件中說明，此協定定義在遠端電腦系統和本地電腦之間傳輸檔案的一個標準。一般來講，要進行檔案的傳輸，我們必須使用有效的使用者名稱和密碼來存取 FTP 伺服器上的資源，在 Internet 上 FTP 伺服器提供了 "guest user" 來使用 FTP 服務。

11.1.4　FTP 連接模式

本節介紹 FTP 的連接模式。

▶ 操控連接

當用戶端希望和 FTP 伺服端通信以及建立上傳／下載檔案資料傳輸時，伺服端的 TCP 21 埠發送一個建立連線的請求：FTP 伺服端接受來自用戶端的請求，完成連線的建立過程，這樣的連接稱為 FTP 操控連接。

▶ 資料連接

當 FTP 操控連接建立後，即可使用 FTP 服務傳輸檔案；FTP 服務傳輸資料分為三種傳輸模式：主動（PORT）模式、被動（PASSIVE）模式、單埠模式。

● 主動模式：主動模式下，由 FTP 伺服端向用戶端發送一個用於資料傳輸的連線，用戶端的連接埠由伺服端和用戶端透過協商確定，即 FTP 伺服端用埠 20 與用戶端的臨時埠進行連線並傳輸資料，用戶端處於接收狀態。

● 被動模式：被動模式下，由用戶端發送 PASV 命令使伺服端處於被動模式，FTP 伺服端的資料連接和操控連接方向一致，由用戶端向伺服端發送一個用於資料傳輸的連線，用戶端的連接埠是發起該資料請求時使用的通訊埠。

● 單埠模式：單埠模式下，由伺服端發起連接，使用該模式時，用戶端的控制連接埠和資料連接埠一致，這種模式無法在短時間內連續輸入資料並傳送命令，因此不建議使用此模式。

11.1.5 FTP 登入方式

FTP 的登入方式分為三種：匿名使用者登入、本地使用者登入以及虛擬使用者登入。

▶ 匿名使用者登入模式

只需要輸入使用者 anonymous/ftp，並將自己的 E-mail 作為密碼即可登入 FTP 伺服端，輸入之後直接按 Enter 即可。

▶ 本地帳戶登入模式

當進入 FTP 登入視窗時，輸入正確的本地系統使用者名稱和密碼即可登入 FTP 伺服端。

▶ 虛擬帳號登入模式

在伺服端上定義虛擬使用者，真實系統中不存在此使用者。當使用者使用虛擬使用者登入 FTP 伺服端時，FTP 伺服端將識別虛擬使用者對應的真實使用者進行存取，即使透過封包擷取工具取得虛擬使用者的密碼，也無法登入系統。因此,選擇虛擬使用者登入方式是一種比較安全的方式,筆者在工作環境中部署 FTP 服務時,也是採用這種存取模式。

11.1.6 FTP 帳號驗證方式

FTP 帳戶的驗證方式有很多種,例如可以透過 MySQL、PAM、虛擬使用者以及 OpenLDAP 來進行驗證登入。本節主要介紹透過 OpenLDAP 使用者驗證方式登入 FTP 伺服器,關於 FTP 服務透過 MySQL、PAM 的驗證方式以及相關 FTP 理論與進階設定,可以參考筆者的部落格 guodayong.blog.51cto.com,在此不做過多的講解。

11.2 | OpenLDAP 與 FTP 整合案例

11.2.1 OpenLDAP 服務、FTP 服務認證機制

FTP 服務與 OpenLDAP 集中認證伺服器整合,主要透過在 OpenLDAP 用戶端定義 pam_ldap 模組與 OpenLDAP 伺服端進行通信。當使用者使用帳號及密碼向 FTP 伺服端發起請求認證時,FTP 伺服端根據定義的 pam 設定檔將認證請求工作交由後端 OpenLDAP 伺服器進行處理。

具體工作流程見圖 11-1。

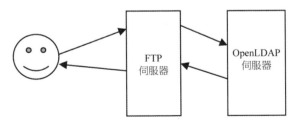

圖 11-1 OpenLDAP 伺服器與 FTP 伺服器認證流程圖

具體認證步驟如下:

1. FTP 使用者請求連接並發送帳號認證資訊。

2. FTP 伺服器根據 pure-ftpd.conf 中設定將使用者帳號資訊轉發到 OpenLDAP 伺服器進行驗證。

3. OpenLDAP 伺服器驗證帳號、密碼。

4. OpenLDAP 伺服器返回驗證資訊和帳號資訊（FTPStatus 等屬性）。

5. FTP 伺服器根據 OpenLDAP 伺服器返回的資訊對使用者授權（是否允許連接）。

6. FTP 伺服器向使用者返回授權結果。

11.2.2 部署規劃

環境平臺：VMware ESXi 5.0.0

系統版本：Red Hat Enterprise Linux Server release 6.5 (Santiago)

軟體版本：vsftpd-2.2.2-11.el6_4.1.x86_64

OpenLDAP 服務與 FTP 服務整合案例的拓撲圖如圖 11-2 所示。

▶ IP 位址及主機名稱規劃見表 11-1。

表 11-1 IP 位址及主機名稱

主機	系統版本	IP 位址	主機名稱
LDAP 伺服器	RHEL Server release 6.5	192.168.218.206	mldap01.gdy.com
FTP 伺服器	RHEL Server release 6.5	192.168.218.209	ftp01.gdy.com

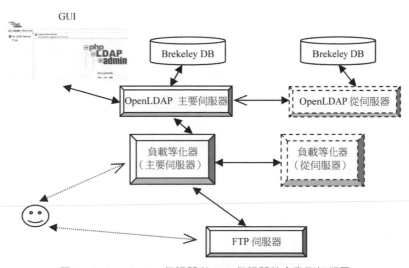

圖 11-2 OpenLDAP 伺服器與 FTP 伺服器整合案例拓撲圖

11.2.3 FTP 伺服端部署

要部署 FTP 伺服端，可按以下步驟操作。

1. 關閉防火牆和 SELinux，命令如下：

```
[root@ftp01 ~]# service iptables stop && chkconfig iptables off
iptables: Setting chains to policy ACCEPT: filter          [  OK  ]
iptables: Flushing firewall rules:                         [  OK  ]
iptables: Unloading modules:                               [  OK  ]
[root@ftp01 ~]# getenforce
Enforcing
[root@ftp01 ~]# sed -i 's/SELINUX=enforcing/SELINUX=disabled/g' /etc/selinux/config
[root@ftp01 ~]# setenforce 0
[root@ftp01 ~]# getenforce
Permissive
[root@ftp01 ~]# cat /etc/selinux/config  | grep -i '^SELINUX'
SELINUX=disabled
SELINUXTYPE=targeted
[root@ftp01 ~]#
```

> 註：如果要開啟防火牆和 SELinux，需要設定 iptables 和 SELinux。

2. 關於 FTP 防火牆的策略設定如下：

```
[root@ftp01 ~]# iptables -I INPUT 1 -p tcp --dport 20:21 -j ACCEPT
[root@ftp01 ~]# iptables -I INPUT 2 -p udp --dport 20:21 -j ACCEPT
[root@ftp01 ~]# #service iptables save          ##保存iptables設定
iptables: Saving firewall rules to /etc/sysconfig/iptables: [  OK  ]
```

3. 關於 FTP 的 SELinux 規則的設定如下。

- 透過 getsebool 命令查看當前 SELinux 關於 FTP 的規則。

```
[root@ftp01 ~]# getsebool -a | grep ftp
allow_ftpd_anon_write --> off
allow_ftpd_full_access --> off
allow_ftpd_use_cifs --> off
allow_ftpd_use_nfs --> off
ftp_home_dir --> off
ftpd_connect_db --> off
ftpd_use_fusefs --> off
ftpd_use_passive_mode --> off
httpd_enable_ftp_server --> off
tftp_anon_write --> off
```

```
tftp_use_cifs --> off
tftp_use_nfs --> off
```

- 透過允許 SELinux 規則限制設定 FTP。

```
[root@ftp01 ~]#
[root@ftp01 ~]# getsebool -a | grep ftp
allow_ftpd_anon_write --> off
allow_ftpd_full_access --> off
allow_ftpd_use_cifs --> off
allow_ftpd_use_nfs --> off
ftp_home_dir --> off
ftpd_connect_db --> off
ftpd_use_fusefs --> off
ftpd_use_passive_mode --> off
httpd_enable_ftp_server --> off
tftp_anon_write --> off
tftp_use_cifs --> off
tftp_use_nfs --> off
[root@ftp01 ~]# setsebool -P allow_ftpd_anon_write on
[root@ftp01 ~]# setsebool -P allow_ftpd_full_access on
[root@ftp01 ~]# setsebool -P allow_ftpd_anon_write on
```

4. 查看當前系統是否安裝 FTP 套件。

透過取得命令的執行結果，若發現當前系統沒有安裝 vsftpd 套件，那麼直接使用 yum install vsftpd –y 安裝即可，前提是設定好 yum 倉庫。

```
[root@ftp01 ~]# rpm -qa | grep vsftpd
[root@ftp01 ~]# echo $?
1
[root@ftp01 ~]# yum install vsftpd -y
[root@ftp01 ~]# rpm -qa | grep vsftpd
vsftpd-2.2.2-11.el6_4.1.x86_64
[root@ftp01 ~]# echo $?
0
```

5. 透過以下命令設定 FTP。FTP 預設設定位於 /etc/vsftpd/vsftpd.conf。

```
[root@ftp01 ~]# cat /etc/vsftpd.conf /etc/vsftpd.conf.bak
[root@ftp01 ~]# cat /etc/vsftpd.conf | grep -v "^#"
anonymous_enable=yes        //允許匿名使用者登入FTP伺服器
local_enable=YES            //允許本地使用者登入FTP伺服器
write_enable=YES
local_umask=022
```

```
anon_upload_enable=YES          //允許匿名使用者上傳檔案
anon_mkdir_write_enable=YES
anon_other_write_enable=YES
anon_umask=022
dirmessage_enable=YES
xferlog_enable=YES
connect_from_port_20=YES
chown_uploads=NO
xferlog_file=/var/log/vsftpd.log
idle_session_timeout=600
data_connection_timeout=120
chroot_local_user=YES
listen=YES
guest_enable=YES          //啟動guest存取，必須啟用，不然LDAP認證失敗
guest_username=sandy      //將LDAP使用者映射到此系統使用者
pam_service_name=vsftpd
//vsftp透過此pam來進行認證，修改此檔讓vsftpd指向LDAP認證模組來進行認證，後文會提到
local_root=/home/sandy  //指定使用者登入後所處的根目錄
user_config_dir=/etc/vsftpd/user_conf //為LDAP帳戶指定對應的vsftpd虛擬設定檔
anon_world_readable_only=YES
dirmessage_enable=YES
[root@ftp01 ~]#
```

6. 重啟 FTP 行程 vsftpd 及設定開機啟動。

- 透過以下命令啟動 vsftpd 行程。

```
[root@ftp01 ~]# service vsftpd restart
Shutting down vsftpd:                            [FAILED]
Starting vsftpd for vsftpd:                      [  OK  ]
```

- 透過以下命令設定開機啟動 vsftpd 行程。

```
[root@ftp01 ~]#  chkconfig vsftpd on
```

7. 透過以下命令取得後台監聽的 vsftpd 通訊端。

```
[root@ftp01 ~]# netstat -ntupl | grep -i vsftpd
tcp       0    0 0.0.0.0:21           0.0.0.0:*              LISTEN      8783/vsftpd
[root@ftp01 ~]#
```

11.2.4 用戶端驗證測試

透過以下命令在 Linux 用戶端測試 FTP 伺服器是否提供服務。

```
[root@test03 ~]# ftp 192.168.218.209
Connected to 192.168.218.209.
220 (vsFTPd 2.2.2)
530 Please login with USER and PASS.
530 Please login with USER and PASS.
KERBEROS_V4 rejected as an authentication type
Name (192.168.218.209:root): anonymous
331 Please specify the password.
Password:
230 Login successful.
Remote system type is UNIX.
Using binary mode to transfer files.
ftp> dir
227 Entering Passive Mode (192,168,218,209,24,182).
150 Here comes the directory listing.
drwxr-xr-x    2 0        0            4096 Feb 12  2013 pub
226 Directory send OK.
ftp>
```

在圖 11-3 所示畫面中，透過 Windows 7 測試 FTP 伺服器是否提供服務。

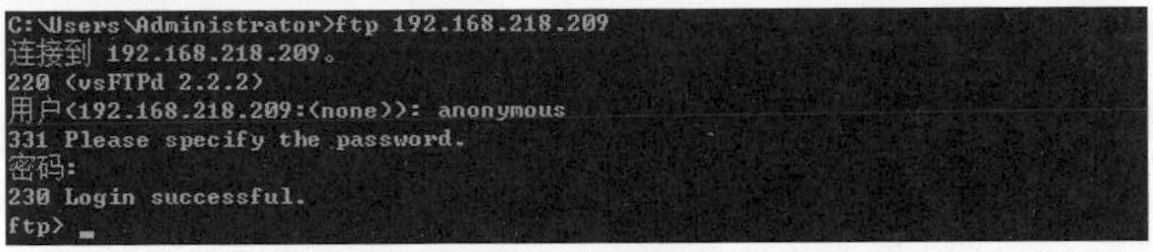

```
C:\Users\Administrator>ftp 192.168.218.209
连接到 192.168.218.209。
220 (vsFTPd 2.2.2)
用户(192.168.218.209:(none)): anonymous
331 Please specify the password.
密码:
230 Login successful.
ftp> _
```

圖 11-3 在 Windows 用戶端驗證 FTP 伺服器功能

11.2.5 設定 OpenLDAP 用戶端

本節介紹如何設定 OpenLDAP 用戶端。具體步驟如下。

註：此系統為紅帽 6.5 系統，設定 OpenLDAP 用戶端和 RHEL 5.x 版本還是有一定的區別，紅帽 6.x 版本使用 sssd 或 nslcd 來實現，所以從 sssd 和 nslcd 二者中選其一即可，一般使用後者來取得使用者資訊。

---

1. 安裝 OpenLDAP 用戶端軟體，命令如下：

```
[root@ftp01 ~]# yum install openldap-clients nss-pam-ldapd -y && echo $?
0
```

2. 載入 vsftpd 的 pam_ldap 模組，使其 FTP 伺服器透過 OpenLDAP 伺服器進行使用者驗證。否則 FTP 伺服器登入使用者無法從 OpenLDAP 驗證伺服器取得授權使用者。

在 # vim /etc/pam.d/vsftpd 後面新增如下內容即可。

```
auth required /lib64/security/pam_ldap.so
account required /lib64/security/pam_ldap.so
password required /lib64/security/pam_ldap.so
```

3. 透過以下命令部署 OpenLDAP 用戶端。

```
[root@ftp01 ~]# authconfig --enablemkhomedir --disableldaptls --enableldap
--enableldapauth  --ldapserver=ldap://192.168.218.206 --ldapbasedn="dc=gdy,dc=com"
--enableshadow  --update
```

4. 驗證 OpenLDAP 使用者是否正常登入用戶端。

圖 11-4　驗證 OpenLDAP 使用者是否正常登入用戶端

從圖 11-4 可以得出結論，OpenLDAP 使用者可以正常登入伺服器，但沒有自動建立家目錄，這可以透過設定檔（system-auth-ac）完成，編輯 pam 驗證設定檔（/etc/pam.d/system-auth），在最後一行新增如下內容：

```
[root@ftp01 ~]# vim /etc/pam.d/system-auth
 1 #%PAM-1.0
 2 # This file is auto-generated.
 3 # User changes will be destroyed the next time authconfig is run.
 4 auth        required      pam_env.so
 5 auth        sufficient    pam_fprintd.so
 6 auth        sufficient    pam_unix.so nullok try_first_pass
 7 auth        requisite     pam_succeed_if.so uid >= 500 quiet
 8 auth        sufficient    pam_ldap.so use_first_pass
 9 auth        required      pam_deny.so
10
11 account     required      pam_unix.so broken_shadow
12 account     sufficient    pam_localuser.so
13 account     sufficient    pam_succeed_if.so uid < 500 quiet
14 account     [default=bad success=ok user_unknown=ignore] pam_ldap.so
```

```
15 account     required      pam_permit.so
16
17 password    requisite     pam_cracklib.so try_first_pass retry=3 type=
18 password    sufficient    pam_unix.so sha512 shadow nullok try_first_pass use_authtok
19 password    sufficient    pam_ldap.so use_authtok
20 password    required      pam_deny.so
21
22 session     optional      pam_keyinit.so revoke
23 session     required      pam_limits.so
24 session     [success=1 default=ignore] pam_succeed_if.so service in crond quiet
use_uid
25 session     required      pam_unix.so
26 session     optional      pam_ldap.so
27 session     optional      pam_mkhomedir.so      skel=/etc/skel    umsk=077
```

再次驗證，從圖 11-5 發現 OpenLDAP 使用者可以自動建立家目錄。

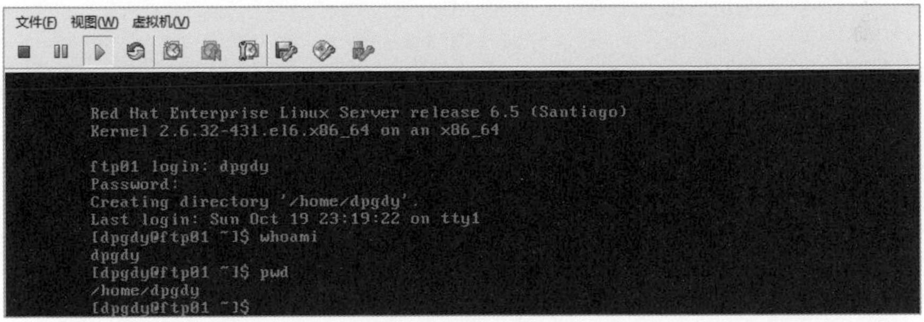

圖 11-5 建立家目錄

11.2.6 驗證 OpenLDAP 使用者登入 FTP 伺服器

下面驗證透過 OpenLDAP 使用者是否可正常登入當前 FTP 伺服器。具體命令如下：

註：在沒驗證之前，筆者在 OpenLDAP 伺服器上監控 OpenLDAP 帳號使用情況。

```
[root@mldap01 ~]# cat  /dev/null > /var/log/slapd.log
[root@mldap01 ~]# tail -f /var/log/sladpd.log
#######################start############################
Oct 19 23:26:39 mldap01 slapd[7230]: conn=1021 fd=26 ACCEPT from IP=192.168.218.209:42792
(IP=0.0.0.0:389)
Oct 19 23:26:39 mldap01 slapd[7230]: conn=1021 op=0 BIND dn="" method=128
Oct 19 23:26:39 mldap01 slapd[7230]: conn=1021 op=0 RESULT tag=97 err=0 text=
```

```
Oct 19 23:26:39 mldap01 slapd[7230]: conn=1021 op=1 SRCH base="dc=gdy,dc=com" scope=2
deref=0 filter="(uid=dpgdy)"
Oct 19 23:26:39 mldap01 slapd[7230]: conn=1021 op=1 SRCH attr=host authorizedService
shadowExpire shadowFlag shadowInactive shadowLastChange shadowMax shadowMin
shadowWarning uidNumber
Oct 19 23:26:39 mldap01 slapd[7230]: conn=1021 op=1 SEARCH RESULT tag=101 err=0 nentries=1
text=
Oct 19 23:26:39 mldap01 slapd[7230]: conn=1021 op=2 BIND dn="uid=dpgdy,ou=people,
dc=gdy,dc=com" method=128
Oct 19 23:26:39 mldap01 slapd[7230]: conn=1021 op=2 BIND dn="uid=dpgdy,ou=people,
dc=gdy,dc=com" mech=SIMPLE ssf=0
Oct 19 23:26:39 mldap01 slapd[7230]: conn=1021 op=2 RESULT tag=97 err=0 text=
Oct 19 23:26:39 mldap01 slapd[7230]: conn=1021 op=3 BIND anonymous mech=implicit ssf=0
Oct 19 23:26:39 mldap01 slapd[7230]: conn=1021 op=3 BIND dn="" method=128
Oct 19 23:26:39 mldap01 slapd[7230]: conn=1021 op=3 RESULT tag=97 err=0 text=
Oct 19 23:26:39 mldap01 slapd[7230]: conn=1021 op=4 UNBIND
Oct 19 23:26:39 mldap01 slapd[7230]: conn=1021 fd=26 closed
Oct 19 23:26:39 mldap01 slapd[7230]: conn=1013 op=31 SRCH base="dc=gdy,dc=com" scope=2
deref=0 filter="(&(objectClass=posixAccount)(uid=sandy))"
Oct 19 23:26:39 mldap01 slapd[7230]: conn=1013 op=31 SRCH attr=uid
Oct 19 23:26:39 mldap01 slapd[7230]: conn=1013 op=31 SEARCH RESULT tag=101 err=0
nentries=0 text=
Oct 19 23:26:39 mldap01 slapd[7230]: conn=1013 op=32 SRCH base="dc=gdy,dc=com" scope=2
deref=0 filter="(&(objectClass=posixGroup)(memberUid=sandy))"
Oct 19 23:26:39 mldap01 slapd[7230]: conn=1013 op=32 SRCH attr=cn userPassword memberUid
gidNumber uniqueMember
Oct 19 23:26:39 mldap01 slapd[7230]: conn=1013 op=32 SEARCH RESULT tag=101 err=0
nentries=0 text=
```

透過 OpenLDAP 使用者登入 FTP 伺服器，驗證結果如圖 11-6 所示。

圖 11-6 驗證結果

從執行結果不難發現，使用者 dpgdy 透過 OpenLDAP 成功登入 FTP 伺服器，並正常使用。

11.3 | 故障處理

11.3.1 500OP 異常處理

▶ 問題

使用新建立的 OpenLDAP 帳號登入失敗，提示：500OP 錯誤。

▶ 解決方法

修改 FTP 主設定檔 local_root= 填寫自己需要存取的目錄，例如 /opt/ftp 等，系統預設不直接往根目錄下寫任何檔，透過自己定義並將目錄權限進行修改即可解決此問題。

11.3.2 使用者權限控制

▶ 問題

登入 FTP 伺服器後，發現可以正常查看，但無法建立任何檔或目錄。

▶ 解決方法

修改 FTP 主設定檔中的 anon_upload_enable=YES 以及 anon_mkdir_write_enable=YES 即可解決。

11.4 | 本章總結

本章介紹了基於 Linux 平臺下 FTP 伺服器工作原理、部署方式、應用管理。為了提高 FTP 伺服器的安全性，本章介紹了以 OpenLDAP 使用者驗證方式登入 FTP 伺服器，從而實現了帳號的安全以及統一管理。

本章的案例來自筆者工作環境，讀者可以直接參考並使用。

## 第 12 章

Samba 與 OpenLDAP 整合案例

目前網際網路均由 Linux 系統、Windows 系統、網路設備等所組成。有時需要在 Windows 伺服器和 Linux 伺服器之間分享資源。由於 Windows 和 Linux 系統所支援的協定不同，導致資源無法共用。那麼如何使 Windows 機器可以存取 Linux 機器的資源或者讓 Linux 機器可以存取 Windows 機器的資源呢？在 Linux 系統環境中，三種檔案共用伺服器 NFS、FTP、Samba 就出現在我們的視線中。

從儲存的角度資源分享分為三種：NAS（網路附加儲存）、SAN（區域附加儲存）、DAS（直接附加儲存）。SAN 和 DAS 屬於區塊等級共用，而 NAS 屬於檔案等級共用。而 NFS、FTP、Samba 均屬於檔案等級共用，也就是儲存中所說的 NAS。

NFS 只能實現 Linux 與 Linux 之間的檔案共用，為了實現 Windows 主機與 Linux 伺服器之間的資源分享，Linux 作業系統提供了 Samba 服務，Samba 服務為兩種不同的作業系統架起了一座橋樑，使 Linux 系統和 Windows 系統之間能夠共用資源。本章介紹如何在 Linux 作業系統上安裝 Samba 服務並設定，完成 Windows 和 Linux 系統之間的資源分享，並透過與 OpenLDAP 認證伺服器結合實現 Samba 使用者和密碼的驗證，實現帳號統一集中管理。

12.1 | Samba

12.1.1 Samba 簡介

在最初,由於 Windows 和 Linux 所支援的協定不同,導致 Windows 和 Linux 系統之間無法實現資源的共用,例如雙方之間實現檔案的傳輸。為了實現資源的共用,此時 Samba 軟體就因應而生。

Samba(Server Messages Block)即伺服器訊息區塊,它是透過 SMB 協定實現 UNIX 與 Linux 系統之間、Unix 與 Windows 系統之間資源分享的一款開源通信軟體,並且可以透過 Samba 與 OpenLDAP 軟體實現 Windows AD 功能。

Samba 伺服端主要包含兩個核心行程,一個是 smb,另一個是 nmb。smb 行程主要負責用戶端和伺服端連接的建立、使用者驗證以及提供使用者存取 Samba 伺服端的資源,所以 smb 行程是 Samba 伺服器中一大核心。nmb 行程主要負責伺服端與用戶端之間的解析,例如工作群組名稱與 IP 位址映射。如果 nmb 沒有啟動,也不影響使用者存取共用資源,只不過需要透過 IP 位址進行存取而已。

12.1.2 Samba 軟體功能模組

Samba 軟體的功能模組主要完成以下幾個任務:

▶ UNIX 系統之間實現資源分享。

▶ UNIX 與 Windows 系統之間實現資源分享。

▶ 支援 SSL 協定。

▶ 支援 Windows 用戶端透過網上鄰居存取網路。

▶ 可實現印表機的共用。

▶ 支援 Wins 名稱解析。

▶ 與 OpenLDAP 結合,可實現 Windows AD 功能。

12.1.3 Samba 共用資源語法

下面給出一個 Samba 資源分享案例。

```
[share-name]
      comment = Public Stuff
      path = /home/samba
      public = yes
      writable = yes
      printable = no
      write list = +staff
```

其中，各個參數的含義如下：

▶ share-name：Samba 共用資源名稱。

▶ comment：Samba 共用資源描述。

▶ path：共用資源的實際位置。

▶ public：用於設定是否將資源分享。

▶ writable：用於設定存取者是否均有寫的權限。

▶ printable：用於設定共用資源是否具有列印權限，一般用於印表機共用。

▶ write list：具有寫權限的使用者清單，同樣也可以定義群組權限。

12.1.4 Samba 伺服器安全

Samba 伺服端提供四種安全等級，分別為 share、user、server、domain。

▶ share

此模式為共用模式，無須提供使用者和密碼即可直接訪問 Samba 共用資源，share 模式一般用於公共資源下載。

▶ user

此模式下，使用 Samba 自身資料庫中存在的使用者進行驗證，為了保證 Samba 共用資源的安全性，這也是 Samba 伺服器預設選擇的安全模式。

▶ server

此模式下，使用 Windows 系統或 Samba 伺服端自身提供的使用者名稱和密碼進行驗證。

▶ domain

此模式下，使用 Windows 網域伺服器提供的有效使用者名稱和密碼作為存取 Samba 共用資源的入口。

passdb backend 後端資料庫支援三種類型：smbpasswd、tdbsam、ldapsam。

▶ smbpasswd

使用 smbpasswd 指令基於系統使用者設定 Samba 密碼，如 smbpasswd –a tom
指令新增 tom 為 Samba 使用者。

▶ tdbsam

使用 passdb.tdb 資料庫進行使用者驗證，該檔存放在 /etc/samba 目錄下。也是
Samba 伺服器模式所採用的資料函式庫。passdb.tdb 是 tdbsam 所採用的資料庫
的檔案名稱。

▶ ldapsam

使用者存取 Samba 共用資源時，Samba 伺服端會透過 OpenLDAP 伺服端查詢
並驗證使用者提供的帳號和密碼是否有效，並根據權限設定使用者是否有權限
存取共用資源池。Samba 服務與 OpenLDAP 服務整合也透過 ldapsam 來實現
samba 伺服端與 OpenLDAP 伺服端之間的交互，前提是 OpenLDAP 伺服器也
得支援 Samba 伺服端發送的請求，例如 samba.schema。

12.2 | Samba 部署案例

12.2.1 Samba 元件

Samba 軟體元件分為伺服端程式和用戶端程式兩種。下面介紹這兩種程式的作用。

◎ 伺服端程式

Samba 主程式 samba-3.6.9-164.el6.x86_64 主要包含 Samba 行程、檢測程式
（smbstatus）、Samba 所使用的函式庫、Samba 說明檔以及 Samba 額外程式，例如
透過 samba.schema 實現 Samba 服務與 OpenLDAP 服務整合，實現使用者登入驗證
等。

samba-common-3.6.9-164.el6.x86_64 包含 Samba 的設定檔、語法檢測（testparm）、
密碼設定（smbpasswd）等程式。

samba-winbind-clients-3.6.9-164.el6.x86_64 主要用於與 Windows AD 整合。

◎ 用戶端程式

用戶端程式 samba-client-3.6.9-164.el6.x86_64 主要包含客戶程式，例如 smbclient、smbtree、smbtree、smbcacls（定義目錄存取控制清單）等。

12.2.2 Samba 部署注意事項

部署 Samba 時要注意以下幾方面。

▶ Samba 設定檔

預設 Samba 服務的設定檔存放在 /etc/samba/smb.conf 中，讀者可以藉由 rpm – ql samba-common-3.6.9-164.el6.x86_64 取得 Samba 服務的主設定檔以及相關程式。

▶ Samba 通訊埠

smbd 行程採用 TCP 的 139、145 埠，nmbd 行程採用 UDP 的 137、139 埠，當伺服端防火牆開啟時，需要將 139、145、137、139 埠在防火牆規則中放行，否則使用者無法存取伺服端共用資源。

▶ 防火牆、SELinux 設定

一般情況下，工作環境中伺服器的防火牆和 SELinux 都是關閉的，都藉由前端硬體防火牆設備進行限制。為了提高伺服器的安全等級，讀者可以開啟 iptables 和 SELinux 規則，但需要調整 SELinux setsebool 值以及定義 iptables 規則。本節關閉 iptables 和 SELinux，具體命令如下：

```
# service iptables stop &> /dev/null && chkconfig iptables off
#sed –i 's/SELINUX=enforcing/SELINUX=disabled/g' /etc/selinux/config
# setenforce 0
# getenforce
Permissive
```

12.2.3 部署 Samba 伺服端

可以按以下步驟部署 Samba 伺服端。

1. 透過以下命令檢測 Samba 軟體是否安裝。

```
# rpm -qa | grep samba
samba-winbind-clients-3.6.9-164.el6.x86_64
samba-client-3.6.9-164.el6.x86_64
samba-winbind-3.6.9-164.el6.x86_64
samba-common-3.6.9-164.el6.x86_64
samba4-libs-4.0.0-58.el6.rc4.x86_64
samba-3.6.9-164.el6.x86_64
```

命令執行結果顯示，當前系統已經安裝 Samba 相關軟體。

註：如果沒有安裝 Samba 軟體，直接透過 yum install samba –y 安裝即可。關於 yum 倉庫的設定，讀者可以參閱第 2 章進行瞭解。

2. 定義共用資源。

構建公共資源下載服務，將 /opt/share 目錄共用，使任何用戶端均可以存取它，且不需要提供使用者名稱和密碼，所以需要將 Samba 安全模式修改為 share。具體命令如下：

```
#  mkdir /opt/share
# cat >> /etc/samba/smb.conf << EOF
[test-share]
    path = /opt/share
    comment =Security Ddirectory
    writable = no              //不允許使用者具有寫權限
    guest ok = yes             //任何人都可以進行存取
EOF
```

3. 設定 Samba 安全模式。

編輯 Samba 主設定檔，按照下列方法進行修改即可。

```
# vim /etc/samba/smb.conf
```

修改前：

```
100
101         security = user
102         passdb backend = tdbsam
103
```

修改後：

```
100
101         security = share
102         passdb backend = tdbsam
103
```

4. 透過以下命令載入 Samba 行程。

```
# service smb restart &> /dev/null && chkconfig smb on
# service nmb restart &> /dev/null && chkconfig nmb on
```

5. 檢測設定檔語法。

透過 testparm 指令檢測 smb.conf 設定檔是否存在語法錯誤。

```
# testparm /etc/samba/smb.conf | tail
Load smb config files from /etc/samba/smb.conf
rlimit_max: increasing rlimit_max (1024) to minimum Windows limit (16384)
Processing section "[homes]"
Processing section "[printers]"
Processing section "[test-share]"
Loaded services file OK.
Server role: ROLE_STANDALONE
```

以上結果說明 Samba 伺服端正常提供檔案共用服務，此時用戶端可以正常存取 /opt/share 相關資源資訊。如果存在設定語法錯誤，透過執行 testparm 指令會顯示警告資訊。

12.2.4 用戶端驗證共用資源

❶ Linux 用戶端驗證

Linux 用戶端驗證，需要用戶端安裝 samba-client 套件並產生 smbclient 指令，然後透過 smbclient 指令查詢共用資源或掛載共用資源。

```
# yum install samba-client -y
# smbclient -L 192.168.218.209
Enter root's password:
Domain=[GDY.COM] OS=[Unix] Server=[Samba 3.6.9-164.el6]

    Sharename       Type      Comment
    ---------       ----      -------
    test-share      Disk      Security Ddirectory
    IPC$            IPC       IPC Service (Samba Server Version 3.6.9-164.el6)
```

透過 smbclient 指令正常查詢 Samba 伺服端共用的資源，說明 Samba 伺服端正常提供檔案共用服務，關於如何掛載使用，下一節會進行講解。

❷ Windows 用戶端驗證

如圖 12-1 所示,透過 Windows 瀏覽器位址欄中輸入 Samba 伺服器位址即可存取,無須提供使用者名稱和密碼(原因是本節 Samba 共用模式為 share)。

圖 12-1 Windows 存取 Linux 共用資源

關於 Samba 伺服端的安裝設定、資源分享以及用戶端驗證使用,就先介紹到這裡。更多資訊,可透過 man smb.conf 進行查閱。

12.3 | OpenLDAP 與 Samba 整合案例

本章中示範環境為紅帽 6.5 系統,且防火牆和 SELinux 均關閉。

構建一台基於 OpenLDAP 使用者驗證的 Samba 伺服器用於共用資源:

▶ OpenLDAP 伺服端設定;

▶ Samba 伺服端定義 LDAP 規則;

▶ 用戶端驗證。

具體操作如下:

1. OpenLDAP 伺服端設定。

- OpenLDAP 伺服端定義 samba schema 檔。

- OpenLDAP 伺服端引用 samba schema 檔。

- 檢測語法並產生資料函式庫。

2. Samba 伺服端定義 LDAP 規則。

  ● Samba 套件安裝。

  ● 設定 Samba 服務透過 OpenLDAP 伺服器進行身份驗證。

  ● 建立 Samba 共用目錄及新增共用目錄屬性。

  ● 檢測設定檔語法。

  ● 啟動 Samba 行程。

  ● 新增 OpenLDAP 管理使用者密碼至 secrets.tdb。

  ● 建立 OpenLDAP 使用者並新增類型為 sambaSamAccount。

  ● 建立 Samba 使用者。

3. 用戶端驗證。

  ● 使用 OpenLDAP 使用者登入驗證。

12.3.1 部署規劃

環境平臺：VMware ESXi 5.0.0

系統版本：Red Hat Enterprise Linux Server release 6.5（Santiago）

軟體版本：samba-3.6.9-164.el6.x86_64

OpenLDAP 伺服器與 Samba 伺服器整合拓撲圖如圖 12-2 所示。

IP 位址及主機名稱規劃見表 12-1。

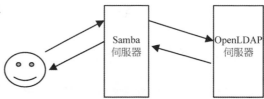

圖 12-2 OpenLDAP 伺服器與 Samba 伺服器整合拓撲圖

表 12-1 IP 位址及主機名稱

主機	系統版本	IP 位址	主機名稱
OpenLDAP 伺服器	RHEL Server release 6.5	192.168.218.206	mldap01.gdy.com
Samba 伺服器	RHEL Server release 6.5	192.168.218.209	Samba.gdy.com
Linux 測試用戶端	RHEL Server release 6.5	192.168.218.213	test01.gdy.com
Windows 測試用戶端	Windows 7	192.168.218.200	win7.gdy.com

12.3.2　定義 Schema

OpenLDAP 在預設情況下不會提供 samba.schema 檔，也不支援 Samba 使用者驗證，所以需要安裝 Samba 套件建立 samba.schema 檔，並設定 OpenLDAP 使其支援 Samba 使用者認證。

要定義 schema，可按以下步驟操作。

1. 利用以下命令將 samba.schema 檔複製到 OpenLDAP 的 schema 目錄下。

```
# cp /usr/share/doc/samba-3.6.9/LDAP/samba.schema /etc/openldap/schema/
```

2. OpenLDAP 伺服器引用 samba.schema。

    編輯 OpenLDAP 設定檔，引用 samba.schema。

    透過 # vim /etc/openldap/slapd.conf 定位 include 行，新增如下內容即可。

```
include         /etc/openldap/schema/samba.schema
```

3. 定義 samba 存取策略。

    編輯 OpenLDAP 設定檔，新增如下內容即可。

```
# vim /etc/openldap/slapd.conf
access to attrs=userPassword,sambaLMPassword,sambaNTPassword
    by self write
    by dn="cn=Manager,dc=gdy,dc=com" write
    by anonymous auth
    by * none
access to *
    by dn="cn=Manager,dc=gdy,dc=com" write
    by self write
    by * read
```

4. 透過以下命令檢測語法，並重新建立資料函式庫。

```
# slaptest -f /etc/openldap/slapd.conf
# rm -rf /etc/openldap/slapd.d/*
# slaptest -f /etc/openldap/slapd.conf  -F /etc/openldap/slapd.d/
# chown -R ldap.ldap /etc/openldap
# service slapd restart
```

12.3.3 Samba 伺服器端設定 OpenLDAP 驗證

預設 Samba 伺服器支援本地系統使用者（smbpasswd 新增後）存取 Samba 共用資源，不支援 OpenLDAP 伺服器帳號存取 Samba 共用資源，所以需要按以下步驟定義 Samba 後端認證伺服器類型為 ldapsam。

1. 透過以下命令安裝 Samba 套件。

```
# yum install samba -y
```

2. 編輯 Samba 主設定檔。

透過 # vim /etc/samba/smb.conf 定位 [global] 全域欄位，新增如下內容。

```
security = user
passdb backend = ldapsam:ldap://192.168.218.206/
ldap suffix= "dc=gdy,dc=com"
ldap group suffix = "cn=group"
ldap user suffix = "ou=people"
ldap admin dn ="cn=Manager,dc=gdy,dc=com"
ldap delete dn = no
ldap passwd sync = Yes
pam password change = Yes
ldap ssl=off
```

3. 建立共用目錄及 Samba 共用屬性。

以下命令定義只允許 OpenLDAP 使用者 lisi、zhangsan 可以存取 /home/share 共用資源，且具有寫權限。

```
#  mkdir /home/share
# cat >> /etc/samba/smb.conf << EOF
[ldap-share]
    path = /home/share
    comment =Security Ddirectory
    writable = yes
    valid users = lisi,zhangsan
EOF
```

4. 透過以下命令檢測 Samba 設定檔是否存在語法錯誤。

```
# testparm /etc/samba/smb.conf
Load smb config files from /etc/samba/smb.conf
rlimit_max: increasing rlimit_max (1024) to minimum Windows limit (16384)
```

```
Processing section "[homes]"
Processing section "[printers]"
Processing section "[ldap-share]"
Loaded services file OK.
Server role: ROLE_STANDALONE
```

5. 透過以下命令啟動 Samba 服務行程。

```
# /etc/init.d/smb restart
# chkconfig smb on
```

6. 透過以下命令將 OpenLDAP 伺服器管理員密碼新增到 secret.tdb 中，用於搜索查詢及驗證。

```
[root@ Director-2 ~]# smbpasswd -w gdy@123!
Setting stored password for "cn=Manager,dc=gdy,dc=com" in secrets.tdb
```

7. 建立 Samba 共用使用者。

   因 Samba 伺服器透過 OpenLDAP 驗證使用者資訊，所以無須在本地建立使用者，直接使用 smbpasswd 指令建立即可。

```
[root@Director-2 ~]# smbpasswd -a lisi
New SMB password:
Retype new SMB password:
Added user lisi
```

12.3.4 用戶端驗證

❶ Linux 用戶端驗證

▶ 透過以下命令查看 Samba 伺服器共用資源。

```
# smbclient -L //192.168.218.209 -U  lisi
Enter lisi's password:
Anonymous login successful
Domain=[GDY.COM] OS=[Unix] Server=[Samba 3.6.9-164.el6]

    Sharename       Type        Comment
    ---------       ----        -------
    ldap-share      Disk        Security Ddirectory
    IPC$            IPC         IPC Service (Samba Server Version 3.6.9-164.el6)
```

```
Anonymous login successful
Domain=[GDY.COM] OS=[Unix] Server=[Samba 3.6.9-164.el6]
#
```

▶ 透過以下命令線上使用 Samba 共用資源。

```
# smbclient  //192.168.218.209/ldap-share -U lisi
Enter lisi's password:
Domain=[GDY.COM] OS=[Unix] Server=[Samba 3.6.9-164.el6]
smb: \> put passwd
putting file passwd as \passwd (216.5 kb/s) (average 216.5 kb/s)
smb: \> dir
  .                                   D        0  Sun Apr 19 19:21:17 2015
  ..                                  D        0  Fri Apr 17 21:44:44 2015
  passwd                              A     2439  Sun Apr 19 19:21:17 2015

        51419 blocks of size 524288. 35715 blocks available
smb: \>
```

▶ 透過以下命令將 Samba 共用資源掛載到本地。

```
# mkdir /opt/ldap-share
# mount.cifs //192.168.218.209/ldap-share /opt/ldap-share/ -o username=lisi,
password=redhat
[root@mldap01 ~]# ls /opt/ldap-share/
passwd
```

▶ 開機自動掛載 Samba 共用資源。

以下兩種方式任選一種即可實現開機自動掛載 Samba 共用目錄。

- 編輯 /etc/fstab，在最後一行，新增如下內容即可。

```
192.168.218.209/ldap-share /opt/ldap-share cfs username=lisi,password=redhat  0  0
```

- 編輯 /etc/rc.loal

```
mount.cifs //192.168.218.209/ldap-share/opt/ldap-share/-o username=lisi,password=redhat
```

❷ Windows 用戶端驗證

按一下 "開始" 功能表→ "附屬應用程式" → "執行"，輸入 \\192.168.218.209 並
按 Enter 鍵，在圖 12-3 所示畫面中，輸入 OpenLDAP 使用者名稱 lisi 及密碼，即
可連接到共用資源（見圖 12-4）。

圖 12-3 輸入使用者名稱及密碼

圖 12-4 連接到共用資源

透過 OpenLDAP lisi 使用者可以正常存取 Samba 伺服器共用資源以及自身的主目錄，其共用名稱為 ldap-share 和 lisi。關於 zhangsan 和其他 OpenLDAP 使用者，讀者可以自行測試，其結果為 zhangsan 可以正常存取共用資源，而其他使用者無權存取其共用資源。

12.3.5　Samba 擴展 ─ OpenLDAP 群組存取 Samba 資源

如果 Samba 伺服器共用目錄以群組的方式進行共用，所有包含在群組裡面的成員都可以存取，而其他使用者或群組將無法存取共用目錄。此時需要在 OpenLDAP 伺服器上將相應的使用者新增至指定群組，命令如下：

```
# cat << EOF |  ldapmodify  -x -D cn=Manager,dc=gdy,dc=com -W -H ldap://mldap01.gdy.com/
dn: cn=system,ou=groups,dc=gdy,dc=com
changetype: modify
add: memberUid
memberUid: Wangwu
memberUid: lisi
EOF
```

接下來，定義共用資源屬性。

編輯 samba 設定檔，將指定的共用目錄定位到 /home/share，並把 valid users 對應的值修改為 @system，命令如下：

```
[ldap-share]
        path = /home/share
        comment =Security Ddirectory
        writable = yes
        valid users = @system
```

接下來，透過使用者驗證。

透過 Linux 使用者端驗證群組內使用者，以及群組外的使用者，命令如下：

```
[root@test ~]# smbclient //192.168.218.209/ldap-share -U Wangwu
Enter Wangwu's password:
Domain=[GDY.COM] OS=[Unix] Server=[Samba 3.6.9-164.el6]
smb: \> exit
[root@ test ~]# smbclient //192.168.218.209/ldap-share -U lisi
Enter lisi's password:
Domain=[GDY.COM] OS=[Unix] Server=[Samba 3.6.9-164.el6]
smb: \> exit
[root@ test ~]# smbclient //192.168.218.209/ldap-share -U zhangsan
Enter zhangsan's password:
session setup failed: NT_STATUS_ACCOUNT_EXPIRED
```

從上述結果得知，Wangwu 和 lisi 使用者可以存取 Samba 共用目錄，而 zhangsan 使用者無法存取 Samba 共用資源，因為 Samba 伺服器的 ldap-share 目錄只允許 @system 群組存取，且 Wangwu 和 lisi 屬於 system 群組，zhangsan 使用者不屬於 system 群組。

12.4 | 透過 LDAP Admin 管理 Samba 帳號

讀者可透過 http://www.ldapadmin.org/download/ldapadmin.html 下載 LDAP Admin 軟體。關於如何設定 LDAP Admin 軟體，可以回顧第 5 章，這裡只介紹實戰。

12.4.1 登入 LDAP Admin

如圖 12-5 所示，登入 LDAP Admin 主畫面。

圖 12-5 LDAP Admin 主畫面

12.4.2 新增 Samba 帳號

透過 LDAP Admin 主畫面新增 Samba 帳號 Wangwu。步驟如下。

1. 在圖 12-5 所示畫面中，右擊 ou=people，選擇 New → User 命令（見圖 12-6）。

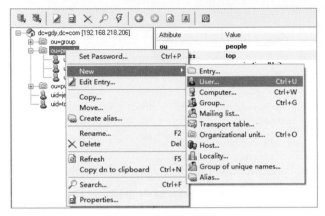

圖 12-6 選擇對應命令

2. 在圖 12-7 所示畫面中，填寫 Samba 使用者相關資訊。

   在 Account properites 選項中，勾選 Samba Account 核取方塊，否則一般 OpenLDAP 帳號不可以存取 Samba 共用資源。讀者可以根據後面的選項新增額外的資訊，例如使用者所屬的群組、電話、住址及郵件等。

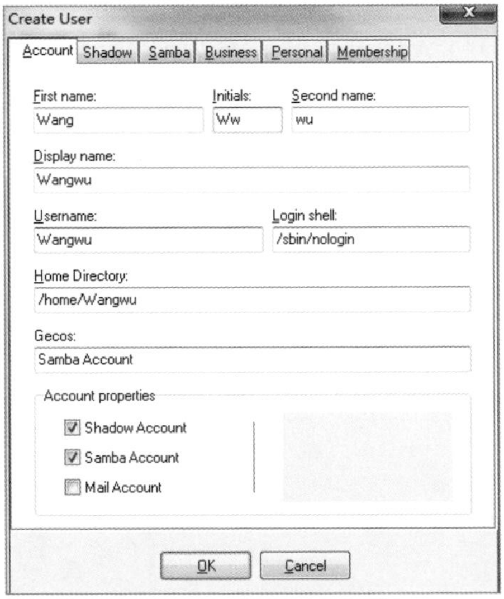

圖 12-7 填寫使用者資訊

12.4.3 授權 Samba 帳號

透過以下命令授權 Samba 帳號。

```
[root@Director-2 ~]# smbpasswd -a Wangwu
New SMB password:
Retype new SMB password:
Added user Wangwu.
```

12.5 | 本章總結

本章講解了基於 Samba 服務實現 Linux 系統與 Windows 系統之間的資源分享。存取 Samba 共用資源時，需要提供 Samba 帳號和密碼，因此在新增 Samba 帳號時，必須在當前 Samba 伺服器中存在此使用者，否則無法透過 smbpasswd 新增 Samba 帳號。

當存取 Smaba 資源的需求不斷增加時，此時就需要在系統中建立大量系統使用者，並透過 smbpasswd 進行新增，由於帳號的安全性無從保障，因此無法實現帳號的集中管理。

筆者透過介紹 Samba 伺服器與 OpenLDAP 認證伺服器整合，實現 Samba 使用者及密碼的驗證，從而使用 OpenLDAP 使用者存取 Samba 共用資源，完成了帳號的統一管理和分配。筆者所示範的案例均來自真實環境下的部署，讀者可以參考並借鑑。

## 第 13 章

Zabbix 與 OpenLDAP 整合案例

隨著 Internet 的普及以及電子商務的不斷發展,公司 IDC 機房後端網路設備、伺服器、儲存越來越多。此時作為系統維護人員要即時查看當前伺服器各項資源使用情況、伺服器是否上線、是否正常提供服務,就不得不查看每一台伺服器或設備當前執行狀況。如果僅有十台、八台設備,維護、管理人員感覺不到壓力,如果後端少則百台、多則上千台設備,即時查看設備上資源使用情況,對於這些人員就顯得無能為力了。

如果提供一台專用監控伺服器,透過各種協定將設備的相關資訊進行收集並透過圖像的形式展現出來,就比較完美了。正如我們所願,網際網路提供了商業化和開源監控軟體,如 BMC、Zabbix、Nagios、Cacti 等,透過定義設備資源閾值、伺服器狀態並結合簡訊示警機制即時監控設備資源,當發現資源超出閾值或伺服器異常時,就會觸發監控預警,例如透過即時通軟體、電子郵件、簡訊等方式通知維護、管理人員,及時處理異常,保證線上業務穩定執行。

本章也透過開放原始碼軟體 Zabbix 對各種網路設備、伺服器等進行監控。當每個 Linux 維護人員、應用管理員以及資料庫管理員都需要登入 Zabbix 監控畫面取得設備資訊時,且都需要擁有 Zabbix 帳號進行登入,如要利用 Zabbix 帳號集中管理以及權限控制,此時需要一台使用者認證服務來維護 Zabbix 所有使用者。本章透過設定 Zabbix 採用 OpenLDAP 伺服器驗證使用者並登入 Zabbix 監控畫面,查看伺服器上各種資源使用情況,實現 Zabbix 帳號統一認證管理。

13.1 | Zabbix

13.1.1 Zabbix 簡介

Zabbix 是一款基於 Web 介面的開源分散式監控軟體,可以做到系統、網路資源的監控,並透過結合協力廠商軟體讓管理人員快速定位問題,並及時解決問題。

Zabbix 屬於 C/S 架構,伺服端稱為 master,用戶端稱為 agent。它支援眾多系統平臺,例如 Linux、Windows、Solaris、Centos、AIX、Ubuntu、HP-UX 等。由於開源並提供大量開源外掛程式,使得網際網路企業廣泛應用 Zabbix。

13.1.2 Zabbix 特點

Zabbix 具有以下特點:

▶ Zabbix 免費開源。

▶ 透過 Web 圖形介面集中管理。

▶ 支援眾多系統及網路設備監控。

▶ 支援多種語言。

▶ 部署簡單、成本低。

▶ 支援安全認證。

▶ 支援消息傳送,例如 E-mail、微信等。

▶ 支援分散式部署監控系統。

13.1.3 Zabbix 安裝部署

本節介紹如何構建一台 Zabbix 監控伺服器以及如何結合 OpenLDAP 服務實現帳號集中驗證。

Zabbix 監控環境搭建步驟如下。

1. 設定網路參數及網路校時,命令如下:

```
# hostname zabbix.gdy.com
# ntpdate 0.rhel.pool.ntp.org
```

```
# cat >>/etc/hosts << EOF
192.168.218.209       zabbix.gdy.com       zabbix
EOF
```

2. 軟體套件庫來源設定。

讀者可根據當前系統環境設定 yum 套件來源庫,本節以本地 yum 和 epel 源設定方式為例,不同之處僅在於 baseurl 路徑。具體命令如下:

```
# mount /dev/cdrom /mnt
# cat >> /etc/yum.repos.d/yum.repo << EOF
[cdrom]
name=yum
baseurl=file:///mnt
enabled=1
gpgcheck=0
EOF
# yum clean all
# yum makecache
```

3. 設定防火牆及 SELinux,命令如下:

```
# service iptables stop
# chkconfig iptables off
# cat /etc/selinux/config  | sed -i 's/^SELINUX=enforcing/SELINUX=disabled/g'
# setenforce 0
```

4. 搭建 LAMP/LNMP 環境。

Zabbix 監控軟體的安裝,相依於 PHP 環境的支援,所以需要安裝 PHP 平臺,本節以 LAMP 方式部署 PHP 環境。具體命令如下:

```
# yum install httpd curl-devel net-snmp net-snmp-devel perl-DBI gcc php php-gd php-xml
php-bcmath php-mbstring php-mysql mysql-server mysql mysql-devel -y
```

5. 設定 Apache。

如果讓 Apache 環境支援 PHP,需要做如下設定才可以支援以 PHP 語言開發的程式。首先輸入以下命令:

```
# vim  /etc/httpd/conf/httpd.conf
```

然後新增如下兩行。

```
AddType application/x-httpd-php    .php
AddType application/x-httpd-php-source   .phps
```

接著定位至 DirectoryIndex index.html 並把它修改為如下內容。

```
DirectoryIndex   index.php   index.html
```

之後，透過以下命令重新載入 httpd 行程。

```
# service httpd reload
```

之後，透過以下命令自訂 PHP 測試腳本。

```
# cat >> /var/www/html/index.php <<EOF
<?php
    phpinfo();
?>
```

6. 取得 Zabbix 原始碼套件包及編譯安裝。

讀者可以從 http://www.zabbix.com/download.php 下載適合的版本，本節以 2.2.5
為例。具體命令如下：

```
# tar xf zabbix-2.2.5.tar.gz
# cd zabbix-2.2.5
# ./configure  --prefix=/usr/local/zabbix --enable-server --enable-agent --enable-proxy
--with-mysql --with-net-snmp --with-libcurl
# make install
```

13.1.4 Zabbix 設定

要設定 Zabbix，可按以下步驟操作。

1. 透過以下命令建立 Zabbix 資料庫並分配使用者權限。

```
# mysql -uroot -pgdy@123
mysql> create database zabbix character set utf8;
mysql> grant all on zabbix.* to zabbix@localhost  identified by 'zabbix';
mysql> flush privileges;
mysql> quit
```

2. 透過以下命令匯入 Zabbix 資料庫。

```
# cd zabbix-2.2.5
# mysql -uzabbix -pzabbix -h localhost zabbix < database/mysql/schema.sql
# mysql -uzabbix -pzabbix -h localhost zabbix < database/mysql/images.sql
# mysql -uzabbix -pzabbix -h localhost zabbix < database/mysql/data.sql
```

3. 透過以下命令新增 Zabbix 服務名稱及通訊埠。

```
# cat >> /etc/services << EOF
zabbix-agent       10050/tcp        #Zabbix Agent
zabbix-agent       10050/udp        #Zabbix Agent
zabbix-trapper     10051/tcp        #Zabbix Trapper
zabbix-trapper     10051/udp        #Zabbix Trapper
EOF
```

4. 透過以下命令設定 Zabbix。

透過 # vim /usr/local/zabbix/etc/zabbix_server.conf 定位如下內容：

```
DBName
DBUser
DBPassword
```

並把它修改為：

```
DBName=zabbix        #zabbix為資料庫名
DBUser=zabbix        #zabbix為資料庫使用者
DBPassword=zabbix    #zabbix為資料庫zabbix密碼
```

5. 透過以下命令定義 php 參數（可以根據實際情況進行修改）。

```
# vim /etc/php.ini
data.timezone = Asia/Shanghai
mbstring.func_overload = 2
max_input_time = 500
max_execution_time = 500
```

6. 透過以下命令定義 Zabbix 伺服器及代理啟動腳本。

```
# cd zabbix-2.2.5
# cp misc/init.d/fedora/core/* /etc/init.d/
```

編輯 zabbix_server 和 zabbix_agent 將 Zabbix 安裝路徑修改為編譯所定義的路徑（/usr/local/zabbix）。首先執行以下命令：

```
# vim /etc/init.d/zabbix_server
```

然後定位 BASEDIR=/usr/local，把它修改為如下內容即可。

```
BASEDIR=/usr/local/zabbix
# vim /etc/init.d/zabbix_agentd
```

接著定位 BASEDIR=/usr/local，把它修改為如下內容即可。

```
BASEDIR=/usr/local/zabbix
```

7. 透過以下命令啟動 Zabbix 伺服器腳本及代理腳本。

```
# chkconfig --add zabbix_server
# chkconfig --add zabbix_agentd
# service zabbix_server restart
# service zabbix_agent restart
# chkconfig zabbix_server on
# chkconfig zabbix_agentd on
```

8. 透過以下命令定義 Zabbix 圖形化管理頁面。

```
# cp -R frontends/php/ /var/www/html/zabbix
```

9. 透過以下命令重新載入 httpd 行程。

```
# service httpd reload
```

13.1.5 Zabbix 初始化規劃

Zabbix 軟體安裝、設定後，還需要對其完成初始化設定，它才可以正常使用。Zabbix 初始化設定分為 7 個步驟，包括環境的檢測、資料庫的設定以及 Zabbix 自身的設定等。

1. 透過 Web 介面初始化 Zabbix。

透過在 Windows 瀏覽器位址欄輸入 Zabbix 伺服器位址即可存取 Zabbix 預設初始化設定畫面（見圖 13-1）。

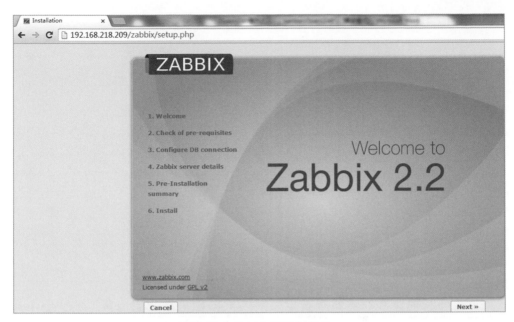

圖 13-1 Zabbix 初始化介面

從初始化介面，不難發現筆者採用的 Zabbix 2.2 版本。目前最新的版本為 2.4.5 版本，新版本提供了更多的功能並修復了以往版本存在的 bug 等。更多詳細說明，讀者可以參考 Zabbix 官方文件。

2. PHP 安裝環境檢測。

預設使用 rpm 安裝 LAMP 平臺，在透過 Web 介面初始化 Zabbix 時會出現如圖 13-2 所示錯誤訊息。此時讀者只需從 rpm.pbone.net 或其他網站根據當前系統安裝的 PHP 軟體版本搜索 php-bcmath 和 php-mbstring 套件，下載之後安裝即可。

2. Check of pre-requisites

PHP option upload_max_filesize	2M	2M	OK
PHP option max_execution_time	300	300	OK
PHP option max_input_time	600	300	OK
PHP time zone	Asia/Shanghai		OK
PHP databases support	MySQL PostgreSQL		OK
PHP bcmath	off		Fail
PHP mbstring	off		Fail
PHP sockets	on		OK
PHP gd	2.0.34	2.0	OK
PHP gd PNG support	on		OK
PHP gd JPEG support	on		OK
PHP gd FreeType support	on		OK
PHP libxml	2.7.6	2.6.15	OK

圖 13-2 Zabbix 環境 PHP 準備環境檢測

具體命令如下：

```
# rpm -ivh php-bcmath-5.3.3-26.el6.x86_64.rpm
# rpm -ivh php-mbstring-5.3.3-26.el6.x86_64.rpm
# service httpd reload
```

3. 在圖 13-3 所示畫面中，設定資料庫連接參數。

```
3. Configure DB connection

Please create database manually, and set the configuration parameters for connection t
                                    o this database.

                    Press "Test connection" button when done.
             Database type      MySQL              ▼
             Database host      localhost
             Database port      0          0 - use default port
             Database name      zabbix
             User               zabbix
             Password           ••••••


                                    OK
                            Test connection
```

圖 13-3 Zabbix 連接資料庫設定

讀者可以根據當前資料庫設定修改以上參數，修改完成後，按一下 Test connection 按鈕檢測 Zabbix 伺服器是否正常與資料庫進行互動。如果顯示 OK 則說明連接資料庫正常，否則 Zabbix 伺服器無法正常連接資料庫。如果無法連接資料庫，可以檢查 Zabbix 相關參數的設定，例如 IP 位址及埠等資訊是否設定正確。

4. Zabbix 伺服器設定。

在圖 13-4 所示畫面中，指定 Zabbix 伺服器主機名稱或 IP 位址及 Zabbix 所使用的通訊埠，讀者可以透過 Name 定義 Zabbix 監控服務名稱，透過 Port 指定 Zabbix 所使用的通訊埠。

```
4. Zabbix server details




            Please enter host name or host IP address
                  and port number of Zabbix server,
         as well as the name of the installation (optional).

                Host     localhost
                Port     10051
                Name
```

圖 13-4 Zabbix 伺服器設定資訊

5. 在圖 13-5 所示畫面中，查看預先安裝資訊摘要。

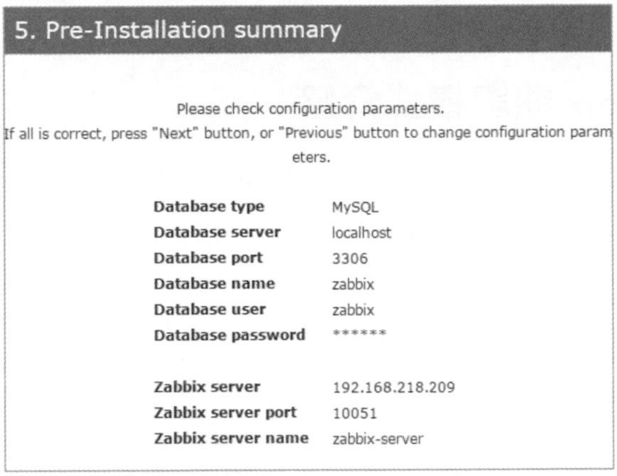

圖 13-5 Zabbix 預先安裝資訊摘要

6. Zabbix 安裝過程中出現如圖 13-6 所示的畫面。

圖 13-6 安裝過程

7. 登入 Zabbix GUI 控制台。

透過 Windows 瀏覽器登入 Zabbix 管理介面（見圖 13-7），預設使用者名為 admin，密碼為 Zabbix，密碼可以根據個人喜好進行修改。

圖 13-7 登入 Zabbix 管理介面

13.2 | Zabbix 與 OpenLDAP 整合案例

13.2.1 Zabbix 驗證模式介紹

Zabbix 使用者驗證方式分為三種，分別為 Internal、LDAP、HTTP。而後端資料庫分別用 0、1、2 代表這三種模式。

▶ Internal

Internal 驗證模式下，由 Zabbix 自身管理使用者名稱和密碼。

▶ LDAP

LDAP 驗證模式下，由 Zabbix 採用協力廠商 LDAP 協定驗證伺服器，例如 OpenLDAP。

▶ HTTP

HTTP 驗證模式下，由 Zabbix 採用 HTTP 伺服器作為帳號和密碼進行驗證。

註：Zabbix 預設驗證方式為 Internal，在資料庫中存取的值為 0。本節以 LDAP 作為 Zabbix 使用者登入驗證方式進行介紹並示範。

Zabbix 採用 LDAP 伺服器作為後端使用者名稱和密碼驗證時，OpenLDAP 存放使用者名稱和密碼的同時，還需要 Zabbix 伺服器建立使用者，只是 Zabbix 密碼使用 OpenLDAP 使用者密碼。以下是 Zabbix 使用 LDAP 驗證方式的介紹。

使用者名稱和密碼的驗證，可以透過外部 LDAP 進行驗證。但需要注意，此使用者必須存放在 Zabbix 所使用的資料庫中，例如 MySQL，但 Zabbix 資料庫使用者密碼將不使用，而採用 LDAP 作為驗證。

13.2.2 Zabbix 基於 OpenLDAP 的設定參數講解

關於 Zabbix 採用 OpenLDAP 作為使用者名稱和密碼的驗證的設定，需要先瞭解 Zabbix 關於 OpeLDAP 的設定參數，這樣為本節後面所介紹的知識點鋪路。

Zabbix 關於 OpenLDAP 的參數有 9 個參數，分別為 LDAP host、Port、Base DN、Search attribute、Bind DN、Bind password、Test authentication、Login、User password。圖 13-8 來自 Zabbix 官網，其中對 9 個參數的含義進行介紹。

Configuration parameters:

Parameter	Description
LDAP host	Name of LDAP server. For example: ldap://ldap.zabbix.com For secure LDAP server use *ldaps* protocol. ldaps://ldap.zabbix.com
Port	Port of LDAP server. Default is 389. For secure LDAP connection port number is normally 636.
Base DN	Base path to search accounts: ou=Users,ou=system (for OpenLDAP), DC=company,DC=com (for Microsoft Active Directory)
Search attribute	LDAP account attribute used for search: uid (for OpenLDAP), sAMAccountName (for Microsoft Active Directory)
Bind DN	LDAP account for binding and searching over the LDAP server, examples: uid=ldap_search,ou=system (for OpenLDAP), CN=ldap_search,OU=user_group,DC=company,DC=com (for Microsoft Active Directory) Required, anonymous binding is not supported.
Bind password	LDAP password of the account for binding and searching over the LDAP server.
Test authentication	Header of a section for testing
Login	Name of a test user (which is currently logged in the Zabbix frontend). This user name must exist in the LDAP server. Zabbix will not activate LDAP authentication if it is unable to authenticate the test user.
User password	LDAP password of the test user.

圖 13-8 設定參數，此圖來自 Zabbix 官方文件（www.zabbix.com）

13.2.3 基於 Zabbix 實現 OpenLDAP 驗證實戰

調整 Zabbix 後端認證方式有兩種：一種是透過修改 MySQL 表裡面的屬性調整，另一種是透過 Zabbix 圖形管理介面實現調整。本節將分別介紹兩種方式的實現方式。

❶ 透過調整 MySQL 實現

Zabbix 使用很多表，但我們只需要關注 4 張表就可以，它們分別是 config、users、users_groups、usrgrp。

▸ 查看當前認證模式。

相關認證資訊存放在 config 表中，所以只需要查看 config 表中的資訊即可取得當前認證模式，命令如下：

```
mysql> use zabbix;
Database changed
mysql> select authentication_type from config\G;
*************************** 1. row ***************************
authentication_type: 0
1 row in set (0.00 sec)
```

從執行結果發現，authentication_type 對應的值為 0，說明當前 Zabbix 伺服器使用 Internal 驗證模式。

▶ 修改 Zabbix 帳號驗證服務為 OpenLDAP。

(1) 透過以下命令修改認證模式。

```
mysql> UPDATE config SET authentication_type=1;
Query OK, 1 row affected (0.00 sec)
Rows matched: 1  Changed: 1  Warnings: 0
```

透過以下命令查看認證模式。

```
mysql> select authentication_type from config;
+---------------------+
| authentication_type |
+---------------------+
|                   1 |
+---------------------+
1 row in set (0.00 sec)
```

(2) 透過以下命令設定 OpenLDAP 參數。

```
mysql> UPDATE  config  SET  ldap_host='192.168.218.214',ldap_base_dn="ou=people,dc=gdy,
dc=com" ,ldap_bind_dn="uid=Admin,ou=people,dc=gdy,dc=com",ldap_bind_password=
"gdy@123!",ldap_search_attribute="uid";
Query OK, 1 row affected (0.00 sec)
Rows matched: 1  Changed: 1  Warnings: 0
```

```
mysql> use zabbix;
Database changed
mysql> select * from config\G;
*************************** 1. row ***************************
                 configid: 1
      refresh_unsupported: 600
              work_period: 1-5,09:00-18:00;
           alert_usrgrpid: 7
         event_ack_enable: 1
             event_expire: 7
           event_show_max: 100
            default_theme: originalblue
      authentication_type: 1
                ldap_host: 192.168.218.214
                ldap_port: 389
             ldap_base_dn: ou=people,dc=gdy,dc=com
             ldap_bind_dn: uid=Admin,ou=people,dc=gdy,dc=com
       ldap_bind_password: gdy@123!
    ldap_search_attribute: uid
     dropdown_first_entry: 1
  dropdown_first_remember: 1
```

❷ 透過 Zabbix 圖形管理介面實現

在 Windows 瀏覽器位址欄輸入 Zabbix 伺服器位址或者 FQDN，即可登入 Zabbix 圖形管理介面，然後依次選擇 Administration → Authentication → LDAP 完成設定（見圖 13-9）。

填寫相關資訊之後，按一下 Save 按鈕。

此時 Zabbix 使用者登入驗證方式從預設的 Internal，修改為 LDAP 伺服器驗證方式（見圖 13-10）。

此後登入 Zabbix 監控頁面時，使用 OpenLDAP 帳號和密碼即可，方便帳號集中管理。

圖 13-9 具體位置

圖 13-10 驗證方式修改為 LDAP

完成修改後，會提示 Authentication method changed to LDAP 字樣，否則提示失敗。此後所有登入 Zabbix 控制台均使用 OpenLDAP 使用者，所使用的密碼為 OpenLDAP 伺服端新增帳號的密碼。當新增 Zabbix 使用者時，此使用者必須存在於 OpenLDAP 伺服端目錄樹中，否則新增之後也無法登入 Zabbix 監控頁面。

13.2.4 Zabbix 使用者管理

本節以 OpenLDAP 使用者作為 Zabbix 使用者登入 Zabbix 圖形介面為例示範使用者的管理。

1. 在圖 13-9 所示畫面中，依次選擇 Administrator → Authentication → Users → Create user。在彈出的畫面中（見圖 13-11），新增 lisi 監控帳號，不需要自訂 lisi 登入密碼，而使用 OpenLDAP 伺服器進行驗證。

2. 驗證 lisi 使用者是否正常新增。

   透過資料庫查看當前 Zabbix 中存在的使用者個數以及使用者相關資訊，命令如下：

```
mysql> select count(*) from users;
+----------+
| count(*) |
+----------+
|        3 |
+----------+
1 row in set (0.00 sec)

mysql> select * from users where name='lisi'\G;
*************************** 1. row ***************************
       userid: 5
        alias: lisi
         name: lisi
      surname: monitor administator
       passwd: 5fce1b3e34b520afeffb37ce08c7cd66
          url:
    autologin: 1
   autologout: 0
         lang: en_GB
      refresh: 30
         type: 1
        theme: default
attempt_failed: 0
   attempt_ip:
attempt_clock: 0
rows_per_page: 50
1 row in set (0.00 sec)

ERROR:
No query specified
```

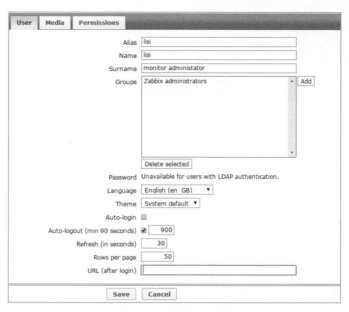

圖 13-11 新增 lisi 帳號

註：即使後端採用 OpenLDAP 伺服器作為使用者驗證模式，當新增 Zabbix 使用者時，前提是 OpenLDAP 伺服器中存在此使用者，否則無法完成 Zabbix 使用者的新增。

---

3. 驗證。在圖 13-12 所示畫面中，作為 lisi 使用者登入 Zabbix。在圖 13-13 所示畫面中，查看 Dashboard 選項卡。

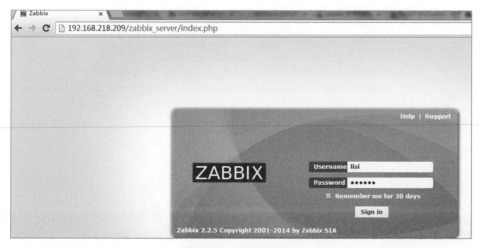

圖 13-12 作為 lisi 登入

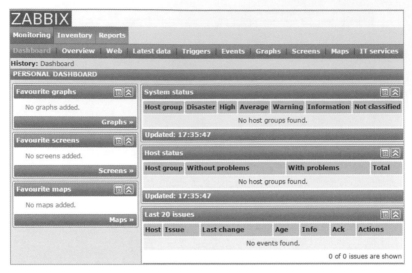

圖 13-13　查看 Dashboard

4. 透過以下命令取得當前 Zabbix 使用者驗證方式。

```
mysql> select * from config\G;
*************************** 1. row ***************************
               configid: 1
    refresh_unsupported: 600
            work_period: 1-5,09:00-18:00;
          alert_usrgrpid: 7
        event_ack_enable: 1
           event_expire: 7
         event_show_max: 100
          default_theme: originalblue
    authentication_type: 1
              ldap_host: 192.168.218.214          #OpenLDAP伺服器的IP位址
              ldap_port: 389       #OpenLDAP伺服器所使用的通訊埠，明碼使用389，加密使用636
           ldap_base_dn: ou=people,dc=gdy,dc=com   #OpenLDAP伺服器Base DN
           ldap_bind_dn: uid=Admin,ou=people,dc=gdy,dc=com    #OpenLDAP伺服器帳號資訊
      ldap_bind_password: gdy@123!           #Admin所使用的密碼
   ldap_search_attribute: uid       #OpenLDAP伺服器查詢屬性欄位
     dropdown_first_entry: 1
  dropdown_first_remember: 1
       discovery_groupid: 5
            max_in_table: 50
```

如上結果顯示當前 Zabbix 伺服器所採用的認證方式為採用 OpenLDAP 使用者作為
後端帳號進行驗證。

13.2.5 Zabbix 異常案例分析

▶ 問題描述

當 OpenLDAP 伺服端出現異常，無法回應使用者驗證請求時，使用 OpenLDAP 使用者和 Zabbix 預設的 admin 使用者都無法登入 Zabbix 監控介面取得當前伺服器效能圖，該如何解決？

▶ 問題分析

為了避免 OpenLDAP 伺服端出現異常，造成本地 Zabbix 使用者及 OpenLDAP 使用者無法登入 zabbix 管理介面，建議後端 OpenLDAP 服務採用高可用負載平衡架構實現帳號統一驗證，無論哪個節點出現故障，都不會影響使用者驗證請求。或者將當前 Zabbix 認證模式修改為 Internal 模式。關於 OpenLDAP 的 HA，第 10 章已詳細介紹此架構的工作原理及實現方式，在此不做過多的解釋。

▶ 處理方式

- 將 Zabbix 使用者驗證方式從 LDAP 改為 Internal。
- 手動更新 Zabbix 所採用的 LDAP 驗證主機。

▶ 解決方法

(1) 將 Zabbix 服務認證方式改為 Internal 模式，命令如下：

```
mysql> show databases;
+--------------------+
| Database           |
+--------------------+
| information_schema |
| mysql              |
| zabbix             |
+--------------------+
3 rows in set (0.01 sec)
mysql> use zabbix
mysql> update config set authentication_type=0;
Query OK, 1 row affected (0.01 sec)
Rows matched: 1  Changed: 1  Warnings: 0

mysql> flush privileges;
Query OK, 0 rows affected (0.00 sec)
```

透過以下命令查詢 Zabbix 管理員 Admin 的 userid。

```
mysql> select userid,name,alias from users where alias='Admin';
+--------+--------+-------+
| userid | name   | alias |
+--------+--------+-------+
|      1 | Zabbix | Admin |
+--------+--------+-------+
1 row in set (0.00 sec)
```

透過以下命令重置 Zabbix 管理帳號 Admin 密碼。

```
mysql> update users set passwd='gdy@123' where userid=1;
Query OK, 1 row affected (0.00 sec)
Rows matched: 1  Changed: 1  Warnings: 0
```

(2) 修改 LDAP 伺服器位址。

如何將當前 OpenLDAP 帳號驗證伺服器位址修改為其他 OpenLDAP 帳號伺服器進行驗證？具體命令如下：如果 ldap_base_dn、ldap_bind_dn、ldap_port 及其他屬性一致，只需要修改 ldap_host 的屬性值即可。如果相關屬性不一致，只需要將不同的屬性值進行更新即可。

```
mysql> update config set ldap_host='192.168.218.206';
Query OK, 0 rows affected (0.01 sec)
Rows matched: 1  Changed: 0  Warnings: 0
mysql> flush privileges;
Query OK, 0 rows affected (0.00 sec)
```

13.3 | 本章總結

本章主要介紹了當前網際網路行業應用比較廣泛的監控軟體 Zabbix 及其安裝部署方式，並透過更改 Zabbix 驗證模式實現與後端 OpenLDAP 服務的結合，實現 Zabbix 帳號靈活管理。本章介紹的案例也是筆者工作環境中的案例，讀者可以直接參考使用。

第 14 章

Apache 與 OpenLDAP 整合驗證

目前常見的 Apache 登入驗證方式有很多種，例如基於 MySQL、OpenLDAP 以及基於 Apache 自訂使用者等方式。本章主要介紹透過 OpenLDAP 伺服器完成使用者及密碼的驗證。對於其他方式，讀者可自學，更多知識可以參考 Apache 官方文件。

14.1 | Apache

14.1.1 Apache 介紹

Apache 起初由美國伊利諾大學香檳分校的國家超級電腦應用中心（NCSA）開發。它是一款開源 Web 伺服器軟體，支援模組化（LDAP 認證模組、壓縮模組、影像處理模組、負載平衡模組、日誌監控模組、連線限制模組、頻寬限制模組等，並支援眾多系統平臺，例如 Windows、Linux、Centos、Ubuntu、Debian 等。其由於支援的平臺、安全性以及大量 API 擴展，被眾多網際網路企業作為 Web 伺服器軟體之一，例如基於 PHP/Perl 的 LAMP 平臺。

Apache 目前最新版本為 2.4.12，更多相關功能特性，讀者可以透過 http://httpd.apache.org/ 官網瞭解。

14.1.2 Apache 部署方式

Apache 部署方式一般有兩種：一種是透過 rpm 安裝，另一種則是透過原始碼編譯安裝。讀者可以參閱第 5 章複習相關內容。

14.1.3 Apache 部署實戰

本節按以下步驟部署 Apache。

1. 利用以下命令設定防火牆和 SELinux。

```
# service iptables stop && chkconfig iptables off
# sed -i 's/^SELINUX=.*/SELINUX=disabled/g' /etc/selinux/config
# setenforce 0
[root@agent html]# getenforce
Permissive
```

> 註：如果讀者一定要開啟防火牆和 SELinux 規則，還需要將進出 tcp 80 埠放行並允許 SELinux 關於 httpd 的規則。例如，透過 getsebool -a | grep httpd 查看，透過 setsebool –P 設定。

2. 透過以下命令安裝 Apache 套件。

```
[root@test01 ~]# yum install httpd -y
```

3. 透過以下命令啟動 Apache 行程。

```
[root@test01 ~]# service httpd restart
Stopping httpd:                                           [FAILED]
Starting httpd:                                           [  OK  ]
```

4. 透過以下命令查看後端監聽行程。

```
[root@test01 ~]# ps aux | grep httpd | grep -v grep
root     18139  0.0  0.1 182820  3836 ?        S    14:47   0:00 /usr/sbin/httpd
apache   18142  0.0  0.1 182820  2316 ?        S    14:47   0:00 /usr/sbin/httpd
apache   18143  0.0  0.1 182820  2316 ?        S    14:47   0:00 /usr/sbin/httpd
apache   18144  0.0  0.1 182820  2316 ?        S    14:47   0:00 /usr/sbin/httpd
apache   18145  0.0  0.1 182820  2316 ?        S    14:47   0:00 /usr/sbin/httpd
apache   18146  0.0  0.1 182820  2316 ?        S    14:47   0:00 /usr/sbin/httpd
apache   18147  0.0  0.1 182820  2316 ?        S    14:47   0:00 /usr/sbin/httpd
apache   18148  0.0  0.1 182820  2316 ?        S    14:47   0:00 /usr/sbin/httpd
apache   18149  0.0  0.1 182820  2316 ?        S    14:47   0:00 /usr/sbin/httpd
```

　　從以上結果得知，當前伺服器運行 8 個工作行程，1 個主行程，工作行程可以根據當前伺服器 CPU 的實體數量進行適當修改，一般建議與 CPU 的實體數量保持一致。

5. 利用以下命令查看後端監聽的通訊埠。

```
[root@test01 ~]# netstat -ntplu | grep :80
tcp        0      0 :::80                       :::*                        LISTEN      18139/httpd
```

6. 利用以下命令設定開機啟動 Apache 行程 httpd。

```
[root@test01 ~]# chkconfig --list httpd
httpd           0:off   1:off   2:off   3:off   4:off   5:off   6:off
[root@test01 ~]# chkconfig httpd on
[root@test01 ~]# chkconfig --list httpd
httpd           0:off   1:off   2:on    3:on    4:on    5:on    6:off
```

7. 利用以下命令建立測試頁面。

```
[root@test01 ~]# echo "test page" > /var/www/html/index.html
[root@test01 ~]# curl test01.gdy.com
test page
```

14.1.4 用戶端測試

▶ Windows 用戶端驗證測試

在 Windows 瀏覽器位址欄輸入 Apache 伺服器位址或功能變數名稱進行存取，本節使用 IP 位址進行驗證（見圖 14-1）。

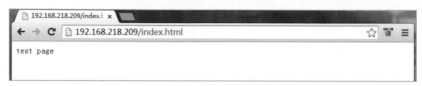

圖 14-1 輸入 IP 位址

▶ Linux 用戶端驗證測試

這裡透過 elinks 指令進行測試，具體命令操作如下。

註：沒有 elinks 指令的，透過 yum install elinks 即可安裝。

```
# yum install elinks -y
# elinks 192.168.218.208
test page
```

註：透過 Windows 和 Linux 用戶端的測試，說明 Apache 伺服端正常提供 Web 服務。

14.2 | OpenLDAP 與 Apache 整合

14.2.1 OpenLDAP 與 Apache 部署案例

OpenLDAP 與 Apache 的整合方式有兩種：一種透過修改 authz_ldap 設定檔實現，另一種透過修改 Apache 設定檔實現。本節分別介紹兩種實現方式。

❶ 以修改 authz_ldap 的方式整合 OpenLDAP

具體步驟如下所示。

1. 載入 mod_authz_ldap 模組。

mod_authz_ldap 模組可以讓 Apache 伺服器存取 OpenLDAP 伺服器上的 entry 資訊，也是 Apache 讀取 OpenLDAP 伺服端 entry 的認證介面，所以需要安裝 mod_authz_ldap 模組。命令如下：

```
[root@test01 ~]# yum list | grep mod_auth
This system is not registered to Red Hat Subscription Management. You can use
subscription-manager to register.
mod_auth_kerb.x86_64                    5.4-10.el6                    source-extra
mod_auth_mysql.x86_64                   1:3.0.0-11.el6_0.1            source-extra
mod_auth_pgsql.x86_64                   2.0.3-10.1.el6               source-extra
mod_authz_ldap.x86_64                   0.26-16.el6                  source-extra
[root@test01 ~]# yum install mod_authz_ldap -y
```

2. 利用以下命令查看當前系統是否成功載入 mod_authz_ldap、mod_ldap.so 模組。

```
[root@test01 ~]# cat /etc/httpd/conf/httpd.conf  | grep -i ldap
LoadModule ldap_module modules/mod_ldap.so
LoadModule authnz_ldap_module modules/mod_authnz_ldap.so
```

3. 設定 authz_ldap.conf。

利用以下命令編輯 authz_ldap.conf 設定檔。

```
[root@test01 ~]#  vim /etc/httpd/conf.d/authz_ldap.conf

#
# mod_authz_ldap can be used to implement access control and
# authenticate users against an LDAP database.
#

LoadModule authz_ldap_module modules/mod_authz_ldap.so

<IfModule mod_authz_ldap.c>

#    <Location /private>
#        AuthzLDAPMethod ldap
#
#        AuthzLDAPServer localhost
#        AuthzLDAPUserBase ou=People,dc=example,dc=com
#        AuthzLDAPUserKey uid
#        AuthzLDAPUserScope base
#
#        AuthType Basic
```

```
#      AuthName "ldap@example.com"
#      require valid-user
#
#    </Location>

</IfModule>
```

把以上內容修改成如下內容：

```
LoadModule authz_ldap_module modules/mod_authz_ldap.so

<IfModule mod_authz_ldap.c>

  <Directory /private>
    AuthzLDAPMethod ldap
    AuthzLDAPServer 192.168.218.206
    AuthzLDAPUserBase ou=People,dc=gdy,dc=com
    AuthzLDAPUserKey uid
    AuthzLDAPUserScope base

    AuthType Basic
    AuthName "Please your input OpenLDAP account & password"
    require valid-user

  </Location>

</IfModule>
```

4. 利用以下命令重新載入 httpd 行程。

```
[root@test01 conf.d]# service httpd restart
Stopping httpd:                                    [  OK  ]
Starting httpd:                                    [  OK  ]
```

5. 用戶端驗證。

- 透過 OpenLDAP 伺服器進行驗證測試（Linux），命令如下：

```
[root@mldap01 ~]# curl -u lisi:gdy@123! 192.168.218.208
test page
[root@mldap01 ~]# curl -u zhangsan:redhat 192.168.218.208
test page
```

- 透過瀏覽器進行驗證測試（Windows），在圖 14-2 所示畫面中，輸入 OpenLDAP 使用者名稱及密碼，按一下“確定”按鈕，彈出圖 14-3 所示畫面，說明頁面測試成功。接下來即可存取網頁內容。

```
[root@test01 ~]# touch  /etc/httpd/.htpasswd
[root@test01 ~]# htpasswd -c /etc/httpd/.htpasswd jerry
New password: test@123（自己輸入）
Re-type new password: test@123（自己輸入）
Adding password for user jerry
[root@test01 ~]#
```

圖 14-2 Windows 驗證頁面

圖 14-3 Windows 驗證成功測試頁面

❷ 以修改 Apache 設定檔的方式整合 OpenLDAP

例如，當存取 Apache 機密目錄（private）時，需要提供帳號和密碼。其他目錄同樣設定，只是 <Directory "/path/to/path"> 不同而已。

具體步驟如下。

1. 利用以下命令編輯 Apache 主設定檔。

```
[root@test01 ~]# vim /etc/httpd/conf/httpd.conf
 <Directory "/private">
 AllowOverride none
```

```
#
# Controls who can get stuff from this server.
#
    Order allow,deny
    Allow from all
    AuthType Basic
    AuthName "Test Login"
    AuthBasicProvider ldap
    AuthzLDAPAuthoritative on
    AuthLDAPURL ldap://192.168.218.206:389/ou=people,dc=gdy,dc=com?uid?sub
    require valid-user
</Directory>
```

2. 利用以下命令重新載入 httpd 行程。

   當修改 Apache 主設定檔時需要重新載入 httpd 行程，否則修改內容不生效。

```
[root@test01 ~]# service httpd restart
Stopping httpd:                                          [  OK  ]
Starting httpd:                                          [  OK  ]
```

3. 用戶端驗證。

   以 Windows 用戶端作為驗證方式，在圖 14-4 所示畫面中，輸入使用者名稱和
   密碼，按一下 "確定" 按鈕，彈出圖 14-5 所示畫面，說明成功測試頁面。

   以後存取 Apache 所有目錄時，均需要提供帳號、密碼解決方案。命令如下：

```
# vim /etc/httpd/conf/httpd.conf
<Location />
Order deny,allow
Deny from All
AuthName "Please your input OpenLDAP account & password"
AuthType Basic
AuthBasicProvider ldap
AuthzLDAPAuthoritative off
AuthLDAPUrl ldap://192.168.218.206/ou=people,dc=shuyun,dc=com?uid
Require valid-user
Satisfy any
</Location>
```

圖 14-4 驗證設定 (1)

圖 14-5 驗證設定 (2)

14.2.2 限制 OpenLDAP 使用者登入 Apache

在工作環境中,可能需要限制某個 OpenLDAP 使用者登入 Apache 驗證頁面,其他使用者不允許存取 Apache 網站目錄。

下面按步驟給出一個具體實例。

1. 利用以下命令指定限制策略。

```
<Location />
Order deny,allow
Deny from All
AuthName "Please your input OpenLDAP account & password"
AuthType Basic
AuthBasicProvider ldap
AuthzLDAPAuthoritative on
AuthLDAPUrlldap://192.168.218.206/ou=people,dc=shuyun,dc=com?uid?sub
Require ldap-user lisi
Satisfy any
</Location>
```

　　指定以上設定後,此時只有 lisi 使用者可以訪問 private 目錄裡面的內容,其他任何使用者都不允許存取 private 目錄。

2. 透過用戶端進行驗證。

- Windows 用戶端驗證。

  在圖 14-6 所示畫面中，作為 zhangsan 使用者登入，在圖 14-7 所示畫面中，作為 lisi 使用者登入。

圖 14-6　透過 Windows 瀏覽器存取驗證頁面 (1)

圖 14-7　透過 Windows 瀏覽器存取驗證頁面 (2)

- Linux 用戶端驗證。

  透過 Linux curl 指令進行驗證測試即可。

```
[root@mldap01 ~]# curl -u lisi:gdy@123! 192.168.218.208
private test page
[root@mldap01 ~]# curl -u zhangsan:redhat 192.168.218.208
<!DOCTYPE HTML PUBLIC "-//IETF//DTD HTML 2.0//EN">
<html><head>
<title>401 Authorization Required</title>
</head><body>
```

```
<h1>Authorization Required</h1>
<p>This server could not verify that you
are authorized to access the document
requested.  Either you supplied the wrong
credentials (e.g., bad password), or your
browser doesn't understand how to supply
the credentials required.</p>
<hr>
<address>Apache/2.2.15 (Red Hat) Server at 192.168.218.208 Port 80</address>
</body></html>
```

註：以上結果顯示，lisi 使用者成功存取 private 目錄內容，而 zhangsan 使用者存取時被拒絕。

3. 利用以下命令監控 Apache 日誌資訊。

```
[root@test01 logs]# tail -f access_log
\\\\\\\\\\\\\\\\\\\\\\\\\\ 透過Windows瀏覽器驗證所產生的日誌資訊 \\\\\\\\\\\\\\\
10.226.112.92 - - [08/Jan/2015:15:45:12 +0800] "GET /favicon.ico HTTP/1.1" 401 483 "-"
"Mozilla/5.0 (Windows NT 6.1; WOW64) AppleWebKit/537.36 (KHTML, like Gecko) Chrome/
31.0.1650.63 Safari/537.36"
10.226.112.92 - - [08/Jan/2015:15:45:16 +0800] "GET /private HTTP/1.1" 401 483 "-"
"Mozilla/5.0 (compatible; MSIE 9.0; Windows NT 6.1; WOW64; Trident/5.0)"
10.226.112.92 - zhangsan [08/Jan/2015:15:45:19 +0800] "GET /private HTTP/1.1" 401 483
"-" "Mozilla/5.0 (compatible; MSIE 9.0; Windows NT 6.1; WOW64; Trident/5.0)"
10.226.112.92 - lisi [08/Jan/2015:15:45:37 +0800] "GET /private HTTP/1.1" 301 321 "-"
"Mozilla/5.0 (compatible; MSIE 9.0; Windows NT 6.1; WOW64; Trident/5.0)"
10.226.112.92 - lisi [08/Jan/2015:15:45:37 +0800] "GET /private/ HTTP/1.1" 200 18 "-"
"Mozilla/5.0 (compatible; MSIE 9.0; Windows NT 6.1; WOW64; Trident/5.0)"
10.226.112.92 - lisi [08/Jan/2015:15:45:37 +0800] "GET /favicon.ico HTTP/1.1" 404 291
"-" "Mozilla/5.0 (compatible; MSIE 9.0; Windows NT 6.1; WOW64; Trident/5.0)"


\\\\\\\\\\\\\\\\\\\\\\\透過Linux curl指令驗證所產生的日誌資訊\\\\\\\\\\\\\\\\\\\\\\\\\\\\\\\\\
192.168.218.206 - lisi [08/Jan/2015:16:25:19 +0800] "GET / HTTP/1.1" 200 18 "-"
"curl/7.19.7 (x86_64-redhat-linux-gnu) libcurl/7.19.7 NSS/3.14.3.0 zlib/1.2.3
libidn/1.18 libssh2/1.4.2"
\\\\\\\\\\\\\\\\\\\\\\\\\\\\\\\\\\\\\\\\\\\\\\\\\\\\\\\\\\\\
192.168.218.206 - zhangsan [08/Jan/2015:16:25:32 +0800] "GET / HTTP/1.1" 401 483 "-"
"curl/7.19.7 (x86_64-redhat-linux-gnu) libcurl/7.19.7 NSS/3.14.3.0 zlib/1.2.3
libidn/1.18 libssh2/1.4.2"
```

從上述日誌得知，當前有兩個使用者（zhangsan 和 lisi）通過認證存取，其中 lisi 使用者成功通過驗證並存取網頁內容，但 zhangsan 使用者沒有通過驗證，符合在設定檔中所定義的需求。

14.2.3 限制 OpenLDAP 群組成員瀏覽 Apache 目錄

前面兩節介紹了透過 Apache 與 OpenLDAP 驗證相結合，從而實現是否允許使用者或拒絕使用者瀏覽 Apache 目錄。那麼，如何透過限制 OpenLDAP 使用者群組實現群組內成員對 Apache 目錄存取權限呢？

本節以 OpenLDAP appteam 群組為例進行介紹，透過以下步驟只允許 appteam 群組裡面的成員存取 Apache 驗證頁面。

1. 透過以下命令取得 appteam 群組資訊。

```
[root@mldap01 ~]# ldapsearch -x -ALL cn=appteam
dn: cn=appteam,ou=groups,dc=gdy,dc=com
objectClass: posixGroup
cn: appteam
gidNumber: 10010
memberUid: Guodayong
```

以上結果顯示 appteam 群組的 GID 為 10010，目前只有 Guodayong 使用者屬於 appteam 群組。

2. 透過以下命令取得 OpenLDAP 使用者屬性資訊。

```
[root@test01 ~]# id lisi
uid=10006(lisi) gid=10010(appteam) groups=10010(appteam)
[root@test01 ~]# id zhangsan
uid=10007(zhangsan) gid=10011(dbateam) groups=10011(dbateam)
[root@test01 ~]# id Guodayong
uid=10000(Guodayong) gid=10002(system) groups=10002(system),10010(appteam)
```

從 以 上 結 果 不 難 發 現，lisi 使 用 者 和 Guodayong 屬 於 appteam 群 組，而 zhangsan 使用者屬於 dbateam 群組。

3. 制定限制規則。

只允許 appteam 群組的成員存取 /var/www/html/private 目錄下的網頁檔，其他 OpenLDAP 群組及成員不允許瀏覽此目錄下的網頁檔案。

編輯 httpd.conf，新增如下內容：

```
[root@test01 ~]# vim /etc/httpd/conf/httpd.conf
<Directory /var/www/html/private >
Order deny,allow
Deny from All
AuthName "Please your input OpenLDAP account & password"
AuthType Basic
AuthBasicProvider ldap
AuthzLDAPAuthoritative on
AuthLDAPUrl ldap://192.168.218.206/ou=people,dc=shuyun,dc=com?uid?sub
AuthLDAPGroupAttribute  memberUid
AuthLDAPGroupAttributeIsDN off
Require ldap-group cn=appteam,ou=groups,dc=gdy,dc=com
Require ldap-attribute gidNumber=10010
</Directory >
```

4. 用戶端驗證。

- 透過 Linux curl 指令進行驗證測試。

```
[root@mldap01 ~]# curl -u zhangsan:redhat 192.168.218.208
<!DOCTYPE HTML PUBLIC "-//IETF//DTD HTML 2.0//EN">
<html><head>
<title>401 Authorization Required</title>
</head><body>
<h1>Authorization Required</h1>
<p>This server could not verify that you
are authorized to access the document
requested.  Either you supplied the wrong
credentials (e.g., bad password), or your
browser doesn't understand how to supply
the credentials required.</p>
<hr>
<address>Apache/2.2.15 (Red Hat) Server at 192.168.218.208 Port 80</address>
</body></html>
[root@mldap01 ~]# curl -u Guodayong:redhat 192.168.218.208
private test page
[root@mldap01 ~]# curl -u lisi:gdy@123! 192.168.218.208
private test page
[root@mldap01 ~]#
```

以上結果說明，lisi 使用者、Guodayong 使用者成功瀏覽驗證頁面，而 zhangsan 使用者沒有通過驗證請求，無法存取頁面，符合在設定檔中限制策略的要求。

為了讓其他群組具有瀏覽的權限,只需要新增 Require ldap-group 和 Require ldap-attribute 即可。

5. 透過以下命令監控 Apache 日誌資訊。

```
[root@test01 ~]# cat /dev/null > /etc/httpd/log/access.log
[root@test01 ~]# tail -f /etc/httpd/logs/access_log
192.168.218.206 - zhangsan [08/Jan/2015:20:40:48 +0800] "GET / HTTP/1.1" 401 483 "-"
"curl/7.19.7 (x86_64-redhat-linux-gnu) libcurl/7.19.7 NSS/3.14.3.0 zlib/1.2.3
libidn/1.18 libssh2/1.4.2"
192.168.218.206 - Guodayong [08/Jan/2015:20:40:51 +0800] "GET / HTTP/1.1" 200 18 "-"
"curl/7.19.7 (x86_64-redhat-linux-gnu) libcurl/7.19.7 NSS/3.14.3.0 zlib/1.2.3
libidn/1.18 libssh2/1.4.2"
192.168.218.206 - lisi [08/Jan/2015:20:40:55 +0800] "GET / HTTP/1.1" 200 18 "-"
"curl/7.19.7 (x86_64-redhat-linux-gnu) libcurl/7.19.7 NSS/3.14.3.0 zlib/1.2.3
libidn/1.18 libssh2/1.4.2"
```

從 Apache 存取日誌得知,當前有三個使用者通過認證存取,即 zhangsan、Guodayong、lisi 三個使用者。被存取的目錄只允許 appteam 群組的成員進行瀏覽,而且 Guodayong 和 lisi 使用者均屬於 appteam 群組,所以 lisi 和 Guodayng 使用者成功通過驗證並瀏覽網頁內容,因為 zhangsan 使用者不屬於 appteam 群組,所以 zhangsan 使用者沒有通過驗證。

14.3 | 本章總結

本章介紹了 Apache 的相關知識、安裝部署,並透過 mod_authz_ldap 模組實現 Apache 與 OpenLDAP 的整合,使用 OpenLDAP 使用者登入 Apache 存取目錄。同時透過三個案例介紹 Apache 和 OpenLDAP 整合的應用場景及注意事項,讀者可直接參考。

本章介紹的 Apache 也是目前網際網路公司所使用的 Web 架構,例如 LAMP。希望讀者能夠靈活執行 Apache 的特性以及 OpenLDAP 強大的功能,實現系統帳號、應用帳號的統一集中管理。

## 第 15 章

Jumpserver 開源跳板機 整合案例

為了保障系統的安全性,一般企業中會採用堡壘機(Unified Maintenance and Audit;UMA)和跳板機實現對伺服器的登入。對於一般企業,採用商業化堡壘機、跳板機是比較昂貴的,所以開源的堡壘機、跳板機是一種不錯的選擇。本章主要介紹開源跳板機 Jumpserver 與 OpenLDAP 的整合,以及 Jumpserver 的安裝部署、應用管理。

Jumpserver 是一款新型的開放原始碼軟體,目前還在開發階段。目前 Jumpserver 公佈版本為 2.0,本章也圍繞 2.0 版本介紹。筆者也是 Jumpserver 的開發成員。

| Jumpserver 介紹

15.1.1 認識 Jumpserver

Jumpserver 是用 Python+Django 開發的跳板機及堡壘機於一體的開源專案,並透過與 OpenLDAP 的結合可對伺服器實現 Web 端帳號管理、密碼管理、權限管理、主機管理,並實現 Web 端監控和稽核,提供上傳檔案的功能。其主要功能包括:

▶ 使用者管理(認證)

▶ 資產管理

▶ 授權管理(授權)

▶ 監控稽核(稽核)

▶ 檔案上傳

15.1.2 Jumpserver 原理詳解

Jumpserver 的原理見圖 15-1。

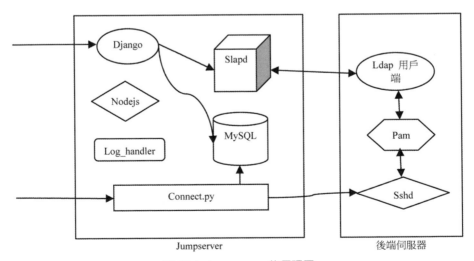

圖 15-1 Jumpserver 的原理圖

◎ Jumpserver 重要元件

Jumpserver 重要元件包括以下幾個：

▶ Django：Web 管理核心元件，負責使用者管理、資產管理、授權管理等。

▶ Node.js：監控使用者操作記錄的元件，負責將使用者登入日誌透過 websocket 發給 Web。

▶ Log_handler：日誌處理元件，處理使用者登入日誌，形成統計日誌。

▶ Connect.py：使用者登入跳板機中轉元件，核心元件，負責將使用者擺渡到後端機器，在使用者登入後自動啟動，離開時自動關閉。

▶ slapd：OpenLDAP 服務行程，負責統一管理使用者資訊，由後端伺服器來認證。

▶ MySQL：資料庫元件，儲存各元件需要資訊。

◎ 原理詳解

Jumpserver 入口有 Web 端和登入端，Web 端是管理端，登入端是伺服器跳轉端。

❶ Web 端

Web 端的入口是 Django 執行的 Web 伺服器。

▶ 使用者管理：主要負責使用者的管理。

　當管理員在 Web 上填寫表單資訊後，伺服端需要完成如下操作：

　(1) 在伺服端上新增使用者，供使用者 ssh 登入使用。

　(2) 在資料庫中新增使用者，登入 Web 驗證和其他授權使用。

　(3) 在 LDAP 伺服端（slapd）中新增使用者，供 LDAP 用戶端來認證。其中資料庫中新增的使用者密碼和在 LDAP 伺服端中新增的使用者密碼是一致的。

▶ 資產管理：新增資產，刪除資產，產生主機群組用於授權。

▶ 授權管理：將主機 / 群組授權給使用者 / 群組，同樣授權 Sudo 權限，處理使用者權限申請。

▶ 日誌稽核：監控使用者輸入、輸出操作，統計使用者執行命令歷史。

▶ 檔案上傳：在 Web 端將檔案分發到各個主機。

❷ 登入端

登入端的入口是 Jumpserver 的 sshd，使用者登入伺服器後會自動執行 Connect.py。

▶ 查看主機（p/P）：查看有權限的主機，透過資料庫查詢。

▶ IP ADDRESS：可以直接透過輸入 IP 位址登入授權的機器。

▶ 查看分組（g/G）：查看授權的主機群組，透過資料庫查詢。

▶ 批次執行命令（e/E）：批次在伺服器執行命令。

▶ 登入：登入後端主機，可透過 IP、部分 IP、主機備註、別名來登入，使用者輸入部分 IP 或者別名後，會匹配自己有權限的主機。如果匹配到，則判斷是否唯一。如果不唯一，則輸出匹配到的。如果為空，則提示沒有權限。如果唯一，則嘗試登入。嘗試登入時，從資料庫中取出使用者的密碼和伺服器埠，透過 paramiko 模組使用帳號、密碼登入，後端伺服器收到密碼後會檢查 pam 設定，若 pam 設定為 LDAP 驗證模式，則透過 LDAP 用戶端的設定與伺服端對比密碼，由前面可知建立時存到資料庫和 LDAP 伺服端上的密碼是一致的，所以使用者成功登入後端主機。

要取得 Jumpserver 相關資訊，可造訪以下網址：

官網：http://www.jumpserver.org

Demo：http://demo.jumpserver.org

原始碼位址：https://github.com/jumpserver/jumpserver

15.2 | Jumpserver 與 OpenLDAP 整合案例

關於 OpenLDAP 伺服器的部署，相信讀者應該不存在任何問題，如有疑問可以透過前面章節進行複習，本節不做過多的介紹。

15.2.1 環境部署規劃

系統：Red Hat Enterprise Linux Server release 6.5（Santiago）

Python：2.6.6

Django：1.6

防火牆、SELinux：均關閉（讀者可根據環境需求，選擇是否開啟）

Jumpserver+OpenLDAP：192.168.218.206

測試機位址：192.168.218.205/209

15.2.2 安裝 epel 源和相依套件

讀者可根據當前系統版本安裝與之對應的 epel 源即可，本節使用的系統為 RHEL 6.5 版本。

1. 透過以下命令取得當前系統版本及平臺。

```
# lsb_release -a | grep -i release
Description: Red Hat Enterprise Linux Server release 6.5 (Santiago)
Release: 6.5
```

2. 透過以下命令下載 EPEL 源並安裝。

```
# wget http://mirrors.zju.edu.cn/epel/6/x86_64/epel-release-6-8.noarch.rpm
# rpm -ivh epel-release-6-8.noarch.rpm
```

3. 透過以下命令取得當前系統 yum 倉庫。

```
# yum repolist
```

4. 透過以下命令安裝 Jumpserver 的相依程式。

```
# yum clean all
# yum makecache
# yum install automake autoconf gcc xz ncurses-devel patch python-devel git python-pip
gcc-c++ -y
```

15.2.3 MySQL 資料庫部署

當 MySQL 資料庫增大時，為了支援線上空間擴充，本節採用 LVM 方式存放資料函式庫，工作環境中亦是如此。

要部署 MySQL 資料庫，可按以下步驟操作。

1. 建立物理卷。

   讀者可以將新增的實體磁區轉換為物理卷,本節採用新增磁區的方式來示範,命令如下:

```
[root@mldap01 ~]# pvcreate /dev/sdb
Physical volume "/dev/sdb" successfully created
```

2. 透過以下命令建立卷群組。

```
[root@mldap01 ~]# vgcreate myvg /dev/sdb
Volume group "myvg" successfully created
```

3. 透過以下命令建立邏輯卷。

```
[root@mldap01 ~]# lvcreate -L +5G -n MySQL myvg
 Logical volume "MySQL" created
```

   同樣,也可以透過 lvcreate –l +100%FREE –n MySQL myvg 將 myvg 所有的空間分配給 MySQL 卷。

4. 透過以下命令格式化檔案系統。

```
[root@mldap01 ~]# mkfs.ext4 /dev/myvg/MySQL &> /dev/null
```

5. 透過以下命令掛載檔案系統。

```
[root@mldap01 ~]# mkdir /mysql/
[root@mldap01 ~]# mount /dev/myvg/MySQL /mysql
[root@mldap01 ~]# mkdir /mysql/data
```

6. 設定開機自動載入檔案系統,方式有以下四種:

   - 使用設備的 LABLE 值
   - 使用設備的 UUID
   - 使用設備的檔名
   - 使用裸設備映射

   下面以 UUID 方式實現開機啟動。

```
[root@mldap01 ~]# blkid  /dev/myvg/MySQL
/dev/myvg/MySQL: UUID="7b320143-0d8d-4ee0-bbfa-5f42cb52cc9e" TYPE="ext4"
[root@mldap01 ~]# cp /etc/fstab /etc/fstab.bak

[root@mldap01 ~]# vim /etc/fstab
...
UUID="7b320143-0d8d-4ee0-bbfa-5f42cb52cc9e" /mysql  ext4    default 0 0
:wq
```

7. 透過以下命令新增 MySQL 使用者及群組。

```
[root@mldap01 opt]# groupadd  -g 3306 mysql
[root@mldap01 opt]# adduser -g 3306 -u 3306 -s /sbin/nologin mysql
[root@mldap01 opt]# chown -R mysql.mysql /mysqldata/data
```

8. 安裝 MySQL 資料庫軟體

一般安裝 MySQL 的方式有三種：一是 rpm 安裝；二是二進位安裝；三是原始碼編譯安裝。在生產部署環境中，建議採用原始碼編譯安裝。為了示範，本節採用二進位安裝。

(1) 透過以下命令解壓 MySQL 程式。

```
[root@mldap01 ~]# cd /opt/
[root@mldap01 opt]# ls
jumpserver  mysql-5.6.10-linux-glibc2.5-x86_64.tar.gz
[root@mldap01 opt]# tar xf mysql-5.6.10-linux-glibc2.5-x86_64.tar.gz -C /usr/local/
```

(2) 透過以下命令安裝。

```
[root@mldap01 opt]# cd /usr/local/
[root@mldap01 local]# ln -sv mysql-5.6.10-linux-glibc2.5-x86_64 mysql
`mysql' -> `mysql-5.6.10-linux-glibc2.5-x86_64'
[root@mldap01 local]# ls -l mysql
lrwxrwxrwx. 1 root root 34 Oct 25 11:03 mysql -> mysql-5.6.10-linux-glibc2.5-x86_64
[root@mldap01 mysql]# scripts/mysql_install_db --user=mysql --datadir=/mysqldata/data/
    && echo $?
0
```

(3) 透過以下命令將 mysql 本地變數改為環境變數。

```
[root@mldap01 mysql]# echo "export PATH=$PATH:/usr/local/mysql/bin" > /etc/profile.d/
mysql.sh
[root@mldap01 mysql]# source /etc/profile.d/mysql.sh && echo $?
0
```

(4) 透過以下命令匯出標頭檔。

```
[root@mldap01 ~]# ln -sv /usr/local/include /usr/include/mysql
`/usr/include/mysql/include' -> `/usr/local/include'
```

(5) 透過以下命令匯出函式庫。

```
[root@mldap01 ~]# cat >> /etc/ld.so.conf.d/mysql.conf << EOF
> /usr/local/mysql/bin
> EOF
[root@mldap01 ~]# ldconfig -v  &> /dev/null
[root@mldap01 ~]# ldconfig -v | grep -i mysql
/usr/local/mysql/bin:
/usr/lib64/mysql:
    libmysqlclient_r.so.16 -> libmysqlclient_r.so.16.0.0
    libmysqlclient.so.16 -> libmysqlclient.so.16.0.0
```

(6) 匯出 man 文件。

```
[root@mldap01 ~]# cat >> /etc/man.config  << EOF
> MANPATH /usr/local/mysql/man
> EOF
```

9. 透過以下命令修改 mysql 提供設定檔及 SysV 腳本。

```
[root@mldap01 mysql]# vim /etc/my.cnf
新增資料函式庫存放位置
datadir = /mysql/data
[root@mldap01 mysql]# cp support-files/mysql.server /etc/rc.d/init.d/mysqld
[root@mldap01 mysql]# chkconfig --add mysqld
[root@mldap01 mysql]# service mysqld restart
MySQL server PID file could not be found!              [FAILED]
Starting MySQL.                                        [  OK  ]
[root@mldap01 ~]# ls /var/lib/mysql/
mysql.sock
[root@mldap01 ~]# netstat -tupln | grep 3306
tcp       0     0 :::3306                :::*            LISTEN    22204/mysqld
```

10. 透過以下命令測試 MySQL。

```
[root@mldap01 ~]# mysql
Welcome to the MySQL monitor.  Commands end with ; or \g.
Your MySQL connection id is 1
Server version: 5.6.10 MySQL Community Server (GPL)
```

```
Copyright (c) 2000, 2013, Oracle and/or its affiliates. All rights reserved.

Oracle is a registered trademark of Oracle Corporation and/or its
affiliates. Other names may be trademarks of their respective
owners.

Type 'help;' or '\h' for help. Type '\c' to clear the current input statement.

mysql> SELECT VERSION();
+-----------+
| VERSION() |
+-----------+
| 5.6.10    |
+-----------+
1 row in set (0.00 sec)

mysql> SHOW DATABASES;
+--------------------+
| Database           |
+--------------------+
| information_schema |
| mysql              |
| performance_schema |
| test               |
+--------------------+
4 rows in set (0.00 sec)

mysql>
```

15.2.4 Jumpserver 安裝、部署

要安裝、部署 Jumpserver，具體步驟如下。

1. 透過 git 將 Jumpserver 專案檔案複製到本地。

   Jumpserver 原始碼程式的存放目錄，讀者可以自我定義。

```
# cd /opt
# git clone https://github.com/ibuler/jumpserver.git
```

2. 利用以下命令安裝 Jumpserver 的相依函式庫。

```
# cd /opt/jumpserver/docs
# cat requirements.txt
sphinx-me
```

```
django==1.6
python-ldap
paramiko
pycrypto
ecdsa>=0.11
MySQL-python
django-uuidfield
# pip2.7 install -r requirements.txt -i http://pypi.douban.com/simple
Installing collected packages: sphinx-me, django, python-ldap, ecdsa, pycrypto,
paramiko, MySQL-python, django-uuidfield, psutil
  Running setup.py install for python-ldap
  Running setup.py install for pycrypto
  Running setup.py install for MySQL-python
  Running setup.py install for django-uuidfield
  Running setup.py install for psutil
Successfully installed MySQL-python-1.2.5 django-1.6 django-uuidfield-0.5.0 ecdsa-0.13
paramiko-1.15.2 psutil-2.2.1 pycrypto-2.6.1 python-ldap-2.4.19 sphinx-me-0.3
```

3. 透過以下命令建立 Jumpserver 使用的資料庫。

```
mysql> CREATE DATABASE jumpserver charset='utf8';
Query OK, 1 row affected (0.00 sec)
```

4. 透過以下命令授權 Jumpserver 使用者對 Jumpserver 具有所有權限。

```
mysql> GRANT ALL ON jumpserver.* TO 'jumpserver'@'127.0.0.1' IDENTIFIED BY 'gdy@123';
Query OK, 0 rows affected (0.00 sec)

mysql> GRANT ALL ON jumpserver.* TO 'jumpserver'@'localhost' IDENTIFIED BY 'gdy@123';
Query OK, 0 rows affected (0.00 sec)
mysql> SELECT User,Host,Password FROM mysql.user WHERE User="jumpserver";
+------------+-----------+-------------------------------------------+
| User       | Host      | Password                                  |
+------------+-----------+-------------------------------------------+
| jumpserver | 127.0.0.1 | *C60A8A64906D0E95CA3462F1D4650775D269F87E |
| jumpserver | localhst  | *C60A8A64906D0E95CA3462F1D4650775D269F87E |
+------------+-----------+-------------------------------------------+
2 rows in set (0.00 sec)

mysql> FLUSH PRIVILEGES;
Query OK, 0 rows affected (0.00 sec)
```

5. 設定 Jumpserver。

   Jumpserver 設定檔包含五個部分：base、db、ldap、websocket、mail。

- base

  Jumpserver 本機的基本資訊。其包括位址、埠以及所使用的 key。

- db

  Jumpserver 連接後端 MySQL 資料庫的設定參數。其包括 MySQL 位址、埠、資料庫名稱、連接所使用的使用者和密碼等。

- ldap

  Jumpserver 連接後端 OpenLDAP 認證伺服器的設定參數。其包括是否開啟 LDAP 使用者認證、LDAP 伺服器的 url 路徑、LDAP 所使用的網域、LDAP 管理員帳號及密碼等。

- websocket

  提供 Web GUI 管理 Jumpserver 平臺。

- mail

  Jumpserver 連接郵件伺服器的設定參數。其包括郵件服務位址、埠、連接使用者所使用的帳號和密碼以及是否開啟資料加密傳輸等。

修改前的設定如下：   修改後的設定如下：

```
 2
 3 [base]
 4 ip = 192.168.20.209
 5 port = 80
 6 key = 88aaaf7ffe3c6c04
 7
 8
 9 [db]
10 host = 127.0.0.1
11 port = 3306
12 user = jumpserver
13 password = mysql234
14 database = jumpserver
15
16
17 [ldap]
18 ldap_enable = 1
19 host_url = ldap://127.0.0.1:389
20 base_dn = dc=jumpserver, dc=org
21 root_dn = cn=admin,dc=jumpserver,dc=org
22 root_pw = secret234
23
24
25 [websocket]
26 web_socket_host = 192.168.20.209:3000
27
28
29 [mail]
30 email_host = smtp.exmail.qq.com
31 email_port = 25
32 email_host_user = noreply@jumpserver.org
33 email_host_password = jumpserver123
34 email_use_tls = False
:set nu
```

```
 3 [base]
 4 ip = 192.168.218.206
 5 port = 80
 6 key = 88aaaf7ffe3c6c04
 7
 9 [db]
10 host = 127.0.0.1
11 port = 3306
12 user = jumpserver
13 password = gdy@123
14 database = jumpserver
15
16
17 [ldap]
18 ldap_enable = 1
19 host_url = ldap://192.168.218.206:389
20 base_dn = dc=gdy, dc=com
21 root_dn = cn=Manager,dc=gdy,dc=com
22 root_pw = redhat
23
24
25 [websocket]
26 web_socket_host = 192.168.218.206:3000
27
28
29 [mail]
30 email_host = smtp.qq.com
31 email_port = 25
32 email_host_user = 1002626116@qq.com
33 email_host_password = 
34 email_use_tls = False
35
```

修改參數的含義如下：

```
3 [db]
4 host = 127.0.0.1          #資料庫位址
5 port = 3306               #資料庫所使用的通訊埠
6 user = jumpserver         #Jumpserver連接資料庫所使用的使用者
7 password = gdy@123        #Jumpserver連接資料庫所使用的密碼
8 db = jumpserver           #Jumpserver連接資料庫所在的資料庫名稱
10 [jumpserver]
11 key = 88aaaf7ffe3c6c04                    #用於加密存放於資料庫欄位中
12 ldap_host = ldap://192.168.218.206:389    #後端OpenLDAP伺服器位址
13 ldap_base_dn = dc=gdy,dc=com              #連接OpenLDAP所使用的Base DN
14 admin_cn = cn=Manager,dc=gdy,dc=com       #連接OpenLDAP所使用的使用者
15 admin_pass = gdy@123!                     #Manager使用者密碼
```

6. 透過以下命令修改 logs 目錄權限。

   logs 主要用於監控，記錄使用者相關操作日誌，所以需要設定權限策略。

```
# cd /opt/jumpserver/
# mkdir logs
# chmod 777 logs
```

7. 透過以下命令同步資料庫。

   將 Jumpserver 設定檔內容同步到 MySQL 資料庫中，使其生效。

   - 透過以下命令從 MySQL 取得 Jumpserver 資料庫內容。

```
# mysql -uroot -p
Enter password:
...
mysql> use jumpserver;
Database changed
mysql> show tables;
Empty set (0.00 sec)
```

   執行以下操作：

```
# python manage.py syncdb
Operations to perform:
  Synchronize unmigrated apps: Assets, UserManage
  Apply all migrations: admin, contenttypes, auth, sessions
Synchronizing apps without migrations:
  Creating tables...
    Creating table UserManage_group
```

```
    Creating table UserManage_user_group
    Creating table UserManage_user
    Creating table UserManage_logs
    Creating table UserManage_pid
    Creating table Assets_idc
    Creating table Assets_assets
    Creating table Assets_assetsuser
  Installing custom SQL...
  Installing indexes...
Running migrations:
  Applying contenttypes.0001_initial... OK
  Applying auth.0001_initial... OK
  Applying admin.0001_initial... OK
  Applying sessions.0001_initial... OK

You have installed Django's auth system, and don't have any superusers defined.
Would you like to create one now? (yes/no):no    #選擇no即可
```

接下來，驗證 Jumpserver 相關資訊是否匯入至 Jumpserver 資料庫，如果沒有出現
如下結果，說明 Jumpserver 相關表沒有完成匯入，筆者可以透過設定資訊是否設
定正確以及 Jumpserver 使用者是否授權存在異常。

```
mysql> show tables;
+----------------------------+
| Tables_in_jumpserver       |
+----------------------------+
| auth_group                 |
| auth_group_permissions     |
| auth_permission            |
| auth_user                  |
| auth_user_groups           |
| auth_user_user_permissions |
| django_admin_log           |
| django_content_type        |
| django_session             |
| jasset_asset               |
| jasset_asset_bis_group     |
| jasset_asset_dept          |
| jasset_assetalias          |
| jasset_bisgroup            |
| jasset_idc                 |
| jlog_log                   |
| jperm_apply                |
| jperm_cmdgroup             |
| jperm_perm                 |
| jperm_sudoperm             |
| jperm_sudoperm_asset_group |
| jperm_sudoperm_cmd_group   |
| juser_dept                 |
| juser_user                 |
| juser_user_group           |
| juser_usergroup            |
+----------------------------+
26 rows in set (0.01 sec)
```

15.2.5 驗證 Jumpserver

要驗證 Jumpserver，可按以下步驟操作。

1. 測試執行 Jumpserver。

   透過兩個視窗分別執行如下命令：

```
# python manage.py runserver 0.0.0.0:80
Performing system checks...

System check identified no issues (0 silenced).
January 28, 2015 - 20:16:09
Django version 1.7.1, using settings 'AutoSa.settings'
Starting development server at http://0.0.0.0:80/
Quit the server with CONTROL-C.
#這裡不能進行結束，否則無法進行驗證,沒進一步相關操作都會顯示相關日誌資訊。
# python log_handler.py
```

2. 初始化 Jumpserver。

   直接在 Windows 瀏覽器位址欄輸入 Jumpserver 伺服器位址 192.168.218.206/
   install 即可進行初始化操作（見圖 15-2）。

圖 15-2 Jumpserver 初始化介面

註：完成初始化後會顯示圖 15-2 所示畫面，否則會提示初始化失敗。若提示失敗，
嘗試檢查設定以及是否成功將 Jumpserver 設定匯入 MySQL 資料庫中。

---

3. 登入驗證。

初始化成功後，就可以使用 Jumpserver 管理登入控制台（見圖 15-3）。
Jumpserver 管理員帳號和密碼為 admin/admin，讀者可以自己修改 admin 密碼。

圖 15-3 Jumpserver 登入介面

4. Jumpserver 控制台介面如圖 15-4 所示。

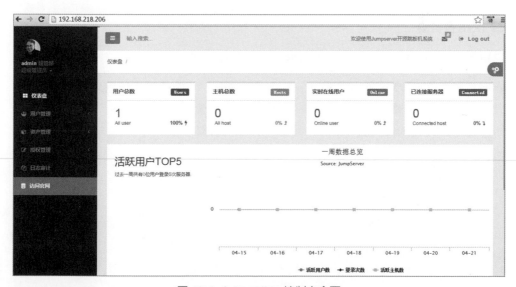

圖 15-4 Jumpserver 控制台介面

15.3 ｜Jumpserver 管理

15.3.1 使用者管理

使用者管理主要包含三部分：部門管理、使用者管理、群組管理。

❶ 部門管理

以新增部門為例，下面介紹 Jumpserver 部門管理。

新增步驟：在圖 15-4 所示畫面中，選擇 "儀錶盤" 下面的 "用戶管理"，新增部門。在圖 15-5 所示畫面中，填寫部門資訊，並按一下 "確認保存" 按鈕，之後即可完成部門的建立、刪除、修改等操作。

圖 15-5　填寫部門資訊

❷ 使用者管理

以新增使用者為例，下面介紹 Jumpserver 使用者管理。

新增步驟：在圖 15-4 所示畫面中，選擇 "儀錶盤" 下面的 "用戶管理"，新增使用者。在圖 15-6 和圖 15-7 所示畫面中，填寫使用者資訊，並按一下 "確認保存" 按鈕，之後即可完成使用者的建立、刪除、修改等操作。

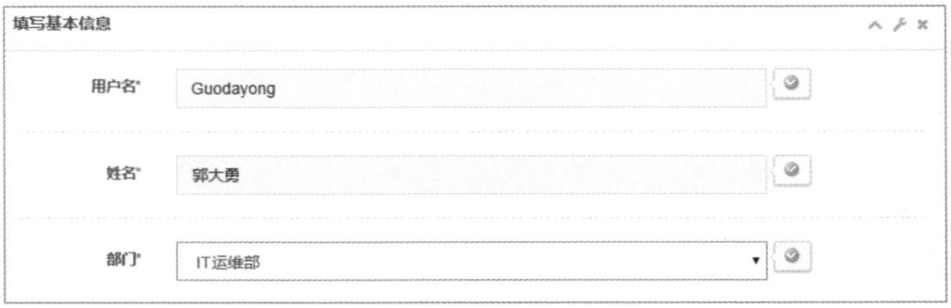

圖 15-6　填寫使用者資訊

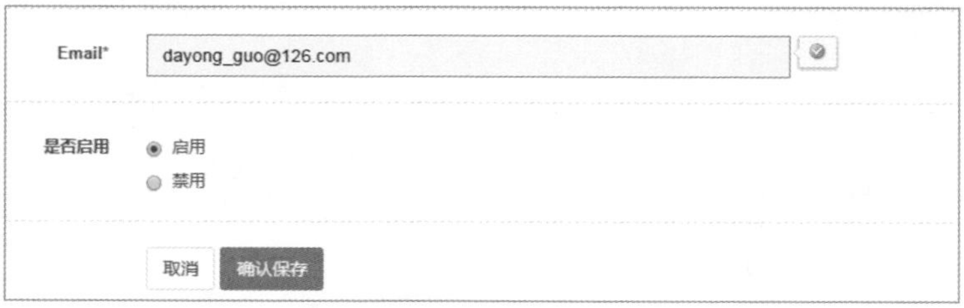

Email*	dayong_guo@126.com	

是否启用 ● 启用
　　　　　○ 禁用

取消　確认保存

圖 15-7　保存資訊

按一下 "確認保存" 按鈕後，使用者名稱和密碼資訊會發送到您所定義的郵箱中（見圖 15-8），此時就可以透過此使用者登入 Jumpserver 控制台瞭解個人使用者相關資訊。

恭喜你的跳板机用户添加成功 Jumpserver 🚩 ▷ ⏱ 🖨

发件人：1002626116<1002626116@qq.com> +
收件人：我<dayong_guo@126.com> +
时　间：2015年05月06日 13:53 (星期三)

Hi, 郭大勇
　　您的用户名：Guodayong
　　您的部门：IT运维部
　　您的角色：超级管理员
　　您的web登录密码：teNy6qE8p8bpjzrK
　　您的ssh登录密码：NlpG9bWSMxzGyFuT
　　密钥下载地址：http://192.168.218.206:80/juser/down_key/?id=5018
　　说明：请登陆后再下载密钥！

圖 15-8　確認郵件

❸ 群組管理

以新增群組為例，下面介紹 Jumpserver 群組管理。

新增步驟：在圖 15-4 所示畫面中，選擇 "儀錶盤" 下面的 "用戶管理"，新增群組。在圖 15-9 所示畫面中，填寫群組資訊，並按一下 "確認保存" 按鈕，之後即可完成群組的建立、刪除、修改等操作。

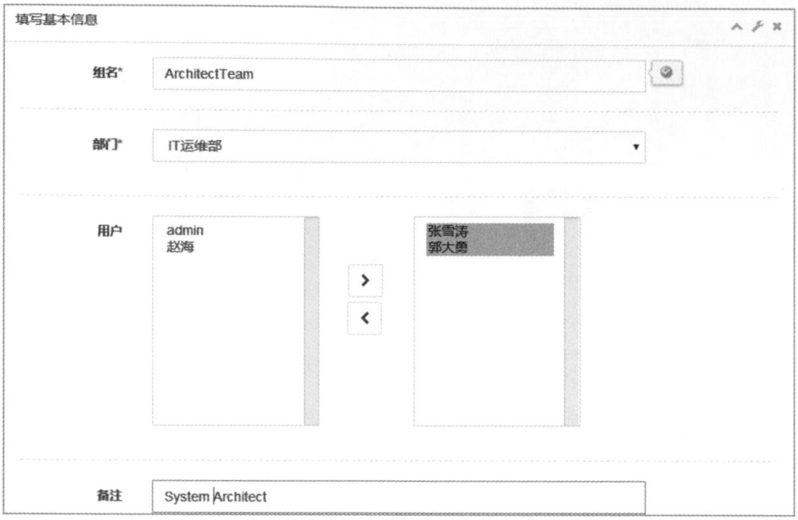

圖 15-9 填寫群組資訊

在圖 15-10 所示畫面中查看使用者。

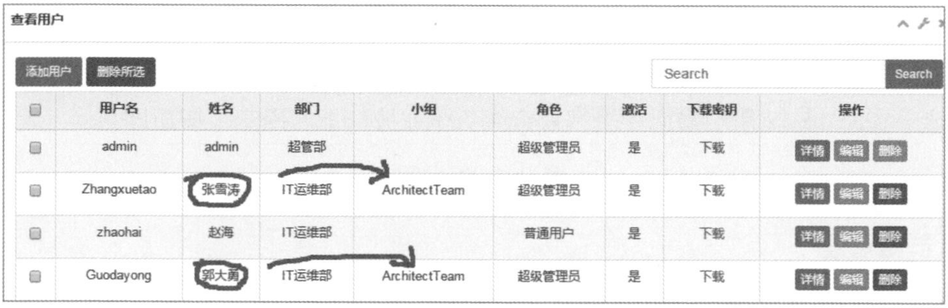

圖 15-10

此時 Zhangxuetao 和 Guodayong 兩個使用者屬於 ArchitectTeam 群組，zhaohai 不屬於任何群組。

15.3.2 資產管理

資產管理主要包含三部分：IDC 管理、資產管理、主機群組管理。

❶ IDC 管理

IDC 管理有效劃分每個機房的相關資訊，例如，公司擁有上海 IDC 機房、北京 IDC 機房等。

新增步驟：在圖 15-4 所示畫面中，選擇 "儀錶盤" 下面的 "資產管理"，新增 IDC。在圖 15-11 所示畫面中，新增 IDC 資訊，並按一下 "提交" 按鈕即可。

填寫IDC基本信息

IDC名 *　上海IDC

備註　核心机房

重置　提交

圖 15-11　填寫 IDC 資訊

❷ 資產管理

資產管理有效管理 IDC 機房的設備清單。資產管理可以逐台新增，也可以批次新增。同樣，新增資產時可以使用 LDAP 方式進行登入，也可以透過 map 方式進行登入，這裡以 LDAP 方式進行登入。

採用 LDAP 方式進行登入，需要部署 OpenLDAP 用戶端，相關內容可參見第 3 章。

資產新增步驟：在圖 15-4 所示畫面中，選擇 "儀錶盤" 下面的 "資產管理"，新增資產。在圖 15-12 所示畫面中，填寫資產資訊並按一下 "提交" 按鈕即可。

填寫主机基本信息

□ 单台添加　　批量添加

IP地址*　192.168.218.209

端口号*　22　　輸入端口号

登录方式*　● LDAP
　　　　　　○ MAP

所属IDC*　上海IDC　　选择IDC
　　　　　默认
　　　　　上海IDC
　　　　　北京IDC

所属部门*　超管部 --- 超级管理部门
　　　　　　默认 --- 默认部门
　　　　　　IT运维部 --- 负责系统、应用日常维护

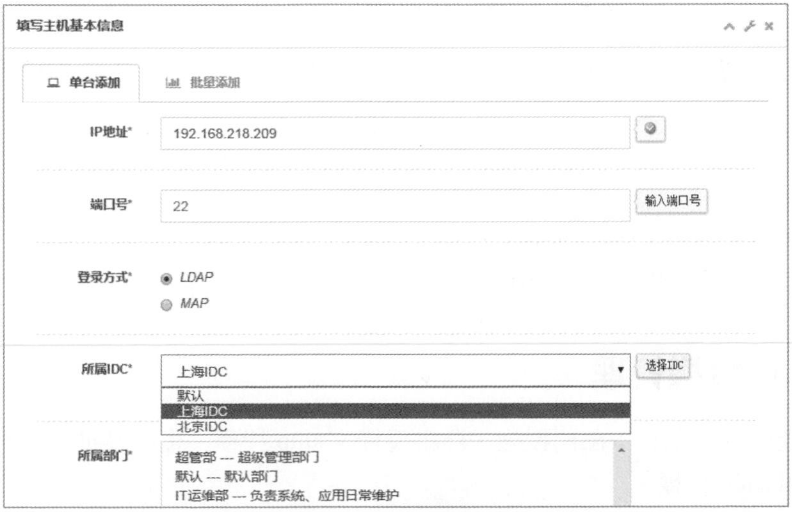

圖 15-12　填寫資產資訊

❸ 主機群組管理

主機群組管理可以有效地將伺服器加入到指定的群組中，並透過對群組進行授權進而對群組中的機器授予權限。基於主機群組的權限控制，可參見第二篇。

新增步驟：在圖 15-4 所示畫面中，選擇“儀錶盤”下面的“資產管理”，新增主機群組。在圖 15-13 所示畫面中，填寫主機群組資訊，並按一下“提交”按鈕。

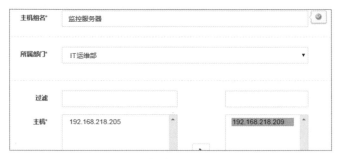

圖 15-13 填寫主機群組資訊

在圖 15-14 所示畫面中查看資產資訊。

主机详细信息列表

添加 | Search

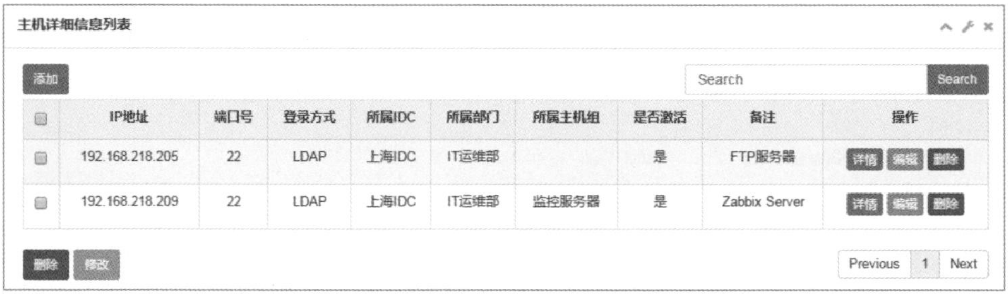

	IP地址	端口号	登录方式	所属IDC	所属部门	所属主机组	是否激活	备注	操作
	192.168.218.205	22	LDAP	上海IDC	IT运维部		是	FTP服务器	详情 编辑 删除
	192.168.218.209	22	LDAP	上海IDC	IT运维部	监控服务器	是	Zabbix Server	详情 编辑 删除

删除 修改 | Previous 1 Next

圖 15-14 查看資產資訊

從上面的資訊得知，192.168.218.205 是 FTP 伺服器、192.168.218.209 為 Zabbix 伺服器，賦予權限的時候，只需要對監控伺服器組賦予權限即可。

15.3.3 授權管理

授權管理包含四部分：部門授權、群組授權、sudo 授權、權限審批。下面介紹群組授權和 sudo 授權。

❶ 群組授權

授權步驟：在圖 15-4 所示畫面中，選擇"儀錶盤"下面的"授權管理"，為小組授權。在圖 15-15 所示畫面中，新增授權資訊，之後按一下"確認保存"按鈕即可。

圖 15-15　新增授權資訊

授權完成後，我們可以透過 ArchitectTeam 群組成員，登入 Jumpserver 驗證可以對哪些機器操作。

下面透過使用者登入驗證查看。

```
[zhaohai@mldap01 ~]$ whoami
zhaohai
[zhaohai@mldap01 ~]$ cd /opt/jumpserver/
[zhaohai@mldap01 jumpserver]$ python connect.py
###  Welcome Use JumpServer To Login. ###
   1) Type IP ADDRESS To Login.
   2) Type P/p To Print The Servers You Available.
   3) Type G/g To Print The Server Groups You Available.
   4) Type G/g(1-N) To Print The Server Group Hosts You Available.
   5) Type E/e To Execute Command On Several Servers.
   6) Type Q/q To Quit.

Opt or IP>: p
192.168.218.209 -- Zabbix Server

Opt or IP>: 192.168.218.209
PS1='[\u@192.168.218.209 \W]\$ '
Last login: Wed May  6 15:59:38 2015 from mldap01.gdy.com
clear;echo -e '\033[32mLogin 192.168.218.209 done. Enjoy it.\033[0m'
[zhaohai@agent ~]$ PS1='[\u@192.168.218.209 \W]\$ '
```

```
[zhaohai@192.168.218.209 ~]$ clear;echo -e '\033[32mLogin 192.168.218.209 done. Enjoy
it.\033[0m'
Login 192.168.218.209 done. Enjoy it.
[zhaohai@192.168.218.209 ~]$ /sbin/ifconfig eth0
eth0      Link encap:Ethernet  HWaddr 00:50:56:99:63:8E
          inet addr:192.168.218.209  Bcast:192.168.218.255  Mask:255.255.255.0
          inet6 addr: fe80::250:56ff:fe99:638e/64 Scope:Link
          UP BROADCAST RUNNING MULTICAST  MTU:1500  Metric:1
          RX packets:7289746 errors:0 dropped:0 overruns:0 frame:0
          TX packets:4026628 errors:0 dropped:0 overruns:0 carrier:0
          collisions:0 txqueuelen:1000
          RX bytes:1147684410 (1.0 GiB)  TX bytes:745998568 (711.4 MiB)

[zhaohai@192.168.218.209 ~]$
```

從上述結果顯示，因為 zhaohai 屬於 ArchitectTeam 的成員，所以 zhaohai 使用者只有對 192.168.218.209 機器有權限操作，對所有其他伺服器沒有權限操作。讀者不難發現直接輸入授權 IP 位址，即可登入授權機器，但前提是授權的機器已經加入到 OpenLDAP 伺服器池中。

❷ sudo 授權

sudo 授權可以指定使用者對於授權的機器具有什麼權限，前提是 OpenLDAP 伺服器端需要支援 sudo，指定 sudo 權限策略並在用戶端上新增支援 sudo 的選項。第6 章介紹了 sudo 的相關知識以及如何讓用戶端使用 OpenLDAP 伺服端所定義 sudo 權限策略，讀者可以複習相關內容，這裡不做過多的介紹。

授權步驟：在圖 15-4 所示畫面中，選擇 "儀錶盤" 下面的 "授權管理"。在圖 15-16 所示畫面中，按一下 "新增命令組" 標籤，新增相應的命令組。在圖 15-17 所示畫面中，按一下 "sudo 授權" 按鈕。在圖 15-18 所示畫面中，按一下 "編輯 sudo 授權" 標籤，填寫相關資訊。

圖 15-16 新增命令組

圖 15-17 按一下"sudo 授權"按鈕

圖 15-18 編輯 sudo 授權資訊

至此就完成 sudo 的權限控制，指定 sudo 群組，並給 sudo 群組指定權限策略，然後將指定群組的 sudo 規則應用到主機群組中，此時 ArchitectTeam 裡的成員就可以透過 Mount 群組中指定的指令在授權的主機中實現操作。但注意，前提是 OpenLAP 伺服端和用戶端部署了支援 sudo 的權限規則。

15.3.4 稽核管理

稽核管理主要取得使用者在授權的主機上監控所操作的行為，用於查看使用者之前所有的操作。

在圖 15-4 所示畫面中，選擇“儀錶盤”下面的“授權管理”→“日誌稽核（監控 / 阻斷）”。其中，監控可以即時查看登入使用者所有的相關操作，阻斷可以切斷使用者登入，當發現有異常使用者登入時，可以阻斷使用者的操作（見圖 15-19）。

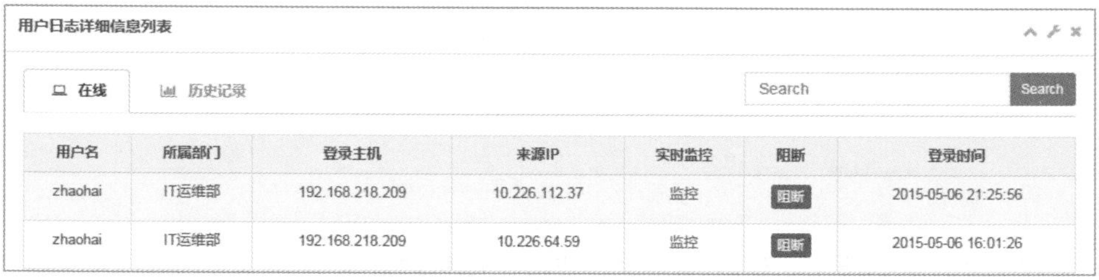
用户日志详细信息列表
在线
历史记录
Search
Search
用户名
所属部门
登录主机
来源IP
实时监控
阻断
登录时间
zhaohai
IT运维部
192.168.218.209
10.226.112.37
监控
阻断
2015-05-06 21:25:56
zhaohai
IT运维部
192.168.218.209
10.226.64.59
监控
阻断
2015-05-06 16:01:26

圖 15-19 查看使用者日誌資訊

15.3.5 使用者登入驗證

此時就可以透過新增的使用者登入 Jumpserver 控制台，例如本節使用 zhaohai 使用者登入 Jumpserver，並可以透過修改資訊修改使用者的相關屬性，例如密碼、郵箱、姓名等相關屬性。

❶ 下載 SSH 所需要的秘鑰檔

根據使用說明，可以透過 Web 登入密碼登入 Jumpserver 伺服器以及透過 SSH 秘鑰登入。本節使用 SSH 秘鑰方式示範其登入過程。

在圖 15-20 所示畫面中，按一下“下載”按鈕。

圖 15-20　下載 SSH 金鑰檔

❷ 匯入使用者 SSH 秘鑰檔

秘鑰主要作為登入後端伺服器的憑證，本節以 zhaohai 使用者下載秘鑰為例示範其登入過程。

使用 zhaohai 使用者登入 Jumpserver 伺服器，目前可以使用密碼和秘鑰登入，後期 Jumpserver 會遮罩使用密碼登入，統一使用秘鑰驗證登入。

匯入秘鑰的步驟如下。

打開 Xshell 連接工具，在圖 15-21 所示畫面中，選擇 Tools → User Key Manager，在圖 15-22 所示畫面中，按一下 "Import" 按鈕，在彈出的 Passphrase 介面中輸入 Passphrase。

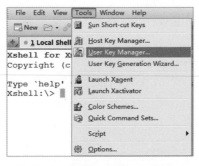

圖 15-21　選擇 User Key Manager

圖 15-22　匯入金鑰

在圖 15-23 所示畫面中，登入測試。

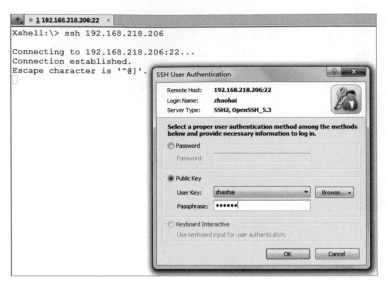

圖 15-23　登入測試

```
Connecting to 192.168.218.206:22...
Connection established.
Escape character is '^@]'.

Last login: Wed May  6 14:26:05 2015 from 10.226.64.59
[zhaohai@mldap01 ~]$
```

以上資訊說明 zhaohai 成功登入遠端主機 192.168.218.206。

15.4 本章總結

本章主要介紹了一款開源式跳板機、堡壘機 Jumpserver 工作原理、安裝部署、應用管理並與 OpenLDAP 整合實現後端使用者的認證，以及透過在 OpenLDAP 後端定義主機策略、sudo 策略、密碼策略實現使用者的安全。

## 第 16 章

OpenLDAP 伺服器效能調校、
備份還原、故障分析

透過對前面章節的學習，相信讀者對 OpenLDAP 以及如何在工作環境中靈活使用已有了全面的認識，如架構設計、目錄樹規劃、各種應用整合等。預設情況下，OpenLDAP 自身可以處理大量使用者查詢請求。為了後期業務的擴展，對 OpenLDAP 效能調整是必不可少的環節。但對於 OpenLDAP 異常處理、日常備份還原都需要熟知一二。

本章主要介紹 OpenLDAP 伺服器效能的最佳化、常見的備份還原方案以及常見的故障分析，來提高對 OpenLDAP 伺服器的維護管理效率。

16.1 | OpenLDAP 伺服器效能最佳化

16.1.1 效能最佳化目標

OpenLDAP 伺服器效能最佳化目標包括：

▶ 架構調整

▶ 索引最佳化

▶ 資料儲存最佳化

▶ Entry 快取大小（cachesize）調整

▶ 用戶端參數調整

▶ OpenLDAP 伺服端核心參數最佳化

16.1.2 架構調整

從架構上調整屬於水平擴充，也就是當一台伺服器滿足不了需求時，需要增加伺服器數量來實現架構上的擴展，例如，第 9 章所介紹的 OpenLDAP 伺服器透過多台伺服器之間實現 entry 同步，並透過協力廠商開放原始碼軟體 LVS 實現伺服器的負載平衡就是一種很好的解決方案。

16.1.3 索引最佳化

對經常使用的關鍵資料類型建立索引（index），可以提高查詢效率，減少與資料庫的互動。OpenLDAP 索引（index）可以提高使用者對 OpenLDAP 目錄樹查詢的速度，減輕 OpenLDAP 伺服器的壓力，提高效能。

可以透過以下命令取得當前 OpenLDAP 索引。

```
# ldapsearch -Q -LLL -Y EXTERNAL -H ldapi:/// -b cn=config '(olcDatabase={2}bdb)'
olcDbIndex
```

建立索引有以下兩種方法。

▶ 透過設定檔建立索引

在這種方式下，需要編輯 slapd.conf 設定檔，新增 index 參數以及需要建立索引的選項。OpenLDAP 索引的含義類似於關聯式資料庫中索引的概念。以下提供幾個範例。

```
index objectClass                      eq,pres
index ou,cn,mail,surname,giveName      eq,pres,sub
index uidNumber,gidNumber,loginShell   eq,pres
index uid,memberUid                    eq,pres,sub
index nisMapName,nisMapEntry           eq,pres,sub
```

▶ 透過修改資料類型建立索引

例如，要給 OpenLDAP 新增 sn 的索引資訊，可以執行以下命令：

```
# cat >> | ldapmodify -Q -Y EXTERNAL -H ldapi:/// << EOF
dn: olcDatabase={2}bdb,cn=config
changetype: modify
add: olcDbIndex
olcDbIndex: sn pres,eq,sub
modifying entry "olcDatabase={2}bdb,cn=config"
```

註：當透過 OpenLDAP 日誌發現在查詢大量同樣的 entry，此時就可以透過建立索引的方式來減少與後端 entry 的互動，並透過建立的索引來完成回應，來提高伺服器的效能。

16.1.4 資料儲存最佳化

在 OpenLDAP 伺服器最佳化方面，後端存放資料庫 entry 的資料庫所使用的檔案系統也很重要。如果後端檔案系統比較緩慢，同樣也會影響伺服器的效能，所以最佳化儲存也是一個重要環節。例如，使用 SA 磁碟或者透過在儲存設備上使用 SAS 硬碟建立 RAID，並在 RAID 上劃分 LUN 供伺服器使用。

透過以下命令測試一般硬碟效能。

```
# hdparm -Tt /dev/sdb

/dev/sdb:
 Timing cached reads:    10590 MB in  2.00 seconds = 5299.25 MB/sec
 Timing buffered disk reads: 976 MB in  3.00 seconds = 325.15 MB/sec
```

透過以下命令測試硬體儲存效能。

```
# hdparm -Tt /dev/emcpowera1

/dev/emcpowera1:
 Timing cached reads:   20644 MB in  2.00 seconds = 10344.95 MB/sec
 Timing buffered disk reads:  870 MB in  3.00 seconds = 289.57 MB/sec
```

16.1.5　調整 entry 快取大小

適當調整 OpenLDAP Entry 快取大小，以容納更多的 entry 流量。當用戶端向伺服端發送驗證請求時，此時伺服端就可以快速進行回應，減少使用者和伺服端之間 entry 的交互。

調整 OpenLDAP Entry 快取大小後，為了讓伺服端取得更大的快取空間，此時需要重新載入 slapd 行程才能生效，或者直接透過修改 cn=config 完成修改即時生效。

編輯 slapd.conf 新增 cachesize 即可調整 entry 快取大小。

```
# vim /etc/slapd.conf
cachesize 10000
```

16.1.6　用戶端參數調整

在用戶端可以調整以下幾個參數。

▶ idletimeout

idletimeout 以秒為單位，主要控制用戶端和伺服端的連接，預設情況下，idletimeout 為 0，表示禁用該功能。在該參數後面直接指定一個等待的秒數即可，當超過規定時間後，在客戶都沒有資料請求時，就斷開與用戶端之間的連接。

▶ sizelimit <integer>

sizelimit 主要控制一次查詢請求最多顯示的 entry 數量，在該參數後面直接跟數字即可。為 sizelimit 設定的數字過小，當使用 ldapsearch 查詢時會提示 Size limit exceeded (4) 警告，這時只須調大 entry 顯示數量即可。

▶ timelimit <integer>

timelimit 主要控制一次查詢請求所等待的時間，單位為秒。若超過指定時間後，還沒有返回結果，此時會返回查詢超時。

16.1.7 OpenLDAP 伺服端核心參數最佳化

當大量使用者向伺服端發送驗證請求時，會有部分使用者得到驗證，也會有部分使用者無法得到驗證，此時透過系統後台日誌以及當前連接情況發現大量 timewait（等待被銷毀的行程）行程佔用系統的行程 ID，從而使系統沒有空閒的行程 ID 回應使用者的請求，導致部分使用者無法得到驗證。系統預設銷毀行程的時間為 300s，當部分行程銷毀後，釋放部分行程，此時伺服端又可以建立通訊端，所以部分使用者又可以完成驗證。

我們知道當發出一次連接請求時，使用者和伺服端需要建立 TCP/IP 三向交握。當完成驗證或傳輸資料後，使用者和伺服端需要 TCP/IP 四次斷開。timewait 值的增加主要是由於一方沒有確認，因此沒有完成四次斷開。如果要解決這個問題，可以適當調整系統核心參數減少系統產生通訊端的數量、開啟序列池重用以及快速銷毀序列池中的通訊端。

▶ 減少系統產生通訊端數量

```
net.ipv4.tcp_syncookies = 1
```

tcp_syncookies 參數的含義主要是當用戶端和伺服端完成三向交握後，伺服端再建立通訊端，防止用戶端不回應而佔用大量通訊端。開啟 tcp_syncookies 可以有效防止 SYN 攻擊。

▶ 開啟序列池重用

```
net.ipv4.tcp_tw_reuse = 1
```

tcp_tw_reuse 參數的含義主要是重用序列池中的通訊端，減少伺服端重新建立的通訊端回應使用者請求。直接採用序列池中存在的 socket。

▶ 開啟快速銷毀序列池 socket

```
net.ipv4.tcp_tw_recycle = 1
```

tcp_tw_recycle 參數的含義主要是將不再用的 timewait 行程快速銷毀，釋放出更多的行程 ID 來回應使用者的請求。

註：更多的最佳化方案，可以參考 OpenLDAP 官網文件關於最佳化提供的建議（www.openldap.org/doc/admin24/tuning.html），並結合自身的使用經驗合理最佳化，提高伺服器的效能。

16.2 | OpenLDAP 備份、還原

作為系統維護人員，做任何系統變更及應用部署時，備份資料是至關重要且不可忽略的步驟，因為當系統變更及應用部署失敗時，需要進行相關復原操作，這時備份是還原資料的唯一途徑。這也體現了眾多大型網際網路公司各種流程規範的重要性，例如系統後台變更流程、機房進出流程、監控參數指標流程、系統安裝部署流程等。本節主要介紹 OpenLDAP 中資料的備份及資料還原操作。

16.2.1 OpenLDAP 備份機制

OpenLDAP 中資料備份一般分為三種方式：透過 slapcat 指令進行備份、透過 phpLDAPadmin 控制台進行備份，以及透過備份資料目錄來實現備份。下面針對三種備份方式進行講解。

❶ 透過 slapcat 指令備份

直接在伺服器端使用 slapcat 命令進行備份，並進行相關 entry 處理即可實現資料 entry 的備份。

```
[root@mldap01 ~]# slapcat -v -l openldap-backup.ldif
The first database does not allow slapcat; using the first available one (2)
# id=00000001
# id=00000002
# id=00000005
# id=00000008
# id=00000009
# id=0000000b
# id=0000000d
# id=0000000e
# id=0000000f
```

```
# id=00000010
# id=00000011
# id=00000012
# id=00000013
# id=00000014
# id=00000015
[root@mldap01 ~]# cat openldap-backup.ldif  | wc -l
254
```

關於檔案處理，OpenLDAP 管理員可以透過如下命令將不需要的 entry 進行修改。下面將修改的內容保存到指定檔，然後透過 sed 的檔案處理功能對備份的檔案進行過濾。

1. 透過以下命令指定過濾策略。

```
[root@mldap01 ~]# cat > openldap-backup.synax <<EOF
> /^creatorsName: /d
> /^modifiersName: /d
> /^modifyTimestamp: /d
> /^structuralobjectClass: /d
> /^createTimestamp: /d
> /^entryUUID: /d
> /^entryCSN: /d
> EOF
[root@mldap01 ~]#
```

2. 執行 sed 命令。

```
[root@mldap01 ~]# cat openldap-backup.ldif | sed -f openldap-backup.synax >
    openldap-complete.ldif
[root@mldap01 ~]# cat openldap-complete.ldif | wc -l
149
[root@mldap01 ~]#
```

此時將多餘的 entry 進行過濾，以後恢復時透過 ldapadd 匯入即可。關於恢復，參見後面章節。

❷ OpenLDAP 資料目錄備份

透過以下方案對 OpenLDAP 目錄樹 entry 進行備份還原時，前提是相關 schema 及額外模組檔必須存在，例如 sudo、samba、ppolicy、syncprov 等模組。否則，在執行還原是會提示物件類別無法識別的錯誤。

透過以下命令備份資料函式庫。

```
[root@mldap01 ~]# tar -czvf openldap-slapd-`date +%T-%F`.tar /etc/openldap/slapd.d
```

透過以下命令備份整個目錄樹 entry。

透過 ldapsearch 查看所有目錄樹 entry，並保存至某個以 ldif 結尾的檔案，用於 OpenLDAP 目錄樹 entry 恢復。

```
[root@mldap01 ~]# ldapsearch -x -D "cn=Manager,dc=gdy,dc=com" -w gdy@123! >
openldap-backupfull.ldif
```

利用以下命令查看資料備份替換檔。

```
[root@mldap01 ~]# cat openldap-backupfull-1.ldif | head -n 30
# extended LDIF
#
# LDAPv3
# base <dc=gdy,dc=com> with scope subtree
# filter: (objectClass=*)
# requesting: ALL
#

# gdy.com
dn: dc=gdy,dc=com
dc: gdy
objectClass: dcObject
objectClass: organization
o: gdy.com

# people, gdy.com
dn: ou=people,dc=gdy,dc=com
ou: people
objectClass: organizationalUnit

# machines, gdy.com
dn: ou=machines,dc=gdy,dc=com
objectClass: organizationalUnit
ou: machines

# groups, gdy.com
dn: ou=groups,dc=gdy,dc=com
objectClass: organizationalUnit
ou: groups
-------------------省略----------------------------
[root@mldap01 ~]#
```

❸ phpLDAPadmin 控制台備份

關於 phpLDAPadmin 控制台備份，可回顧第 9 章。為節省篇幅，本節不做過多的示範。

16.2.2 OpenLDAP 恢復機制

本節按以下步驟講述 OpenLDAP 恢復機制。

1. 透過以下命令模擬 OpenLDAP 伺服器異常。

   第 3 章介紹了 OpenLDAP 二進位命令的管理。使用 ldapdelete 指令可以清空整個 OpenLDAP 目錄樹中所有 entry。除非要重建 OpenLDAP 組織結構，否則慎用此指令。

```
[root@mldap01 ~]# ldapsearch -x -ALL | wc -l
251
[root@mldap01 ~]# ldapdelete -x -D "cn=Manager,dc=gdy,dc=com" -w gdy@123！ -r
"dc=gdy,dc=com"
[root@mldap01 ~]# ldapsearch -x -ALL | wc -l
No such object (32)
0
```

2. 利用以下命令恢復 OpenLDAP 目錄樹 entry。

   此時就可以利用之前備份的檔案，並結合 ldapadd 進行恢復。

```
[root@mldap01 ~]# ldapadd -x -D "cn=Manager,dc=gdy,dc=com" -w redhat -f openldap-
backupfull.ldif
adding new entry "dc=gdy,dc=com"
adding new entry "ou=people,dc=gdy,dc=com"
adding new entry "ou=groups,dc=gdy,dc=com"
adding new entry "cn=system,ou=groups,dc=gdy,dc=com"
adding new entry "ou=machines,dc=gdy,dc=com"
adding new entry "uid=Guodayong,ou=people,dc=gdy,dc=com"
adding new entry "uid=lisi,ou=people,dc=gdy,dc=com"
adding new entry "uid=zhangsan,ou=people,dc=gdy,dc=com"
---------------------省略-----------------------
```

3. 透過以下命令驗證結果。

```
[root@mldap01 ~]# ldapsearch -x -ALL | wc -l
251
```

以上結果顯示，所有目錄樹資訊都正常恢復，但前提是目錄樹中所有物件類別都存放在資料庫中，否則會提示 objectClass 語法錯誤。

關於 OpenLDAP 資料的備份，筆者強烈建議讀者結合系統層面排程使用腳本實現備份。

16.3 | OpenLDAP 伺服器故障分析

16.3.1 網路異常，帳號無法正常登入

▶ 異常描述

當 OpenLDAP 伺服端出現故障或者當前網路出現故障，以及伺服器網卡故障造成系統無法連接到 OpenLDAP 伺服器時，OpenLDAP 使用者以及系統本地使用者均無法登入系統。

▶ 問題分析

因為得知 LDAP 使用者和本地使用者無法登入系統，所以只能透過單使用者模式進入系統，然後從 message 日誌中可發現大量連接異常。其主要是由於網卡異常導致無法與 OpenLDAP 使用者連接。

```
Dec  6 10:51:57 test01 nslcd[1419]: [73eb77] failed to bind to LDAP server
ldap://192.168.218.206/: Can't contact LDAP server: Transport endpoint is not connected
Dec  6 10:51:57 test01 nslcd[1419]: [73eb77] no available LDAP server found, sleeping
1 seconds
Dec  6 10:51:58 test01 nslcd[1419]: [73eb77] failed to bind to LDAP server
ldap://192.168.218.206/: Can't contact LDAP server: Transport endpoint is not connected
Dec  6 10:51:58 test01 nslcd[1419]: [73eb77] no available LDAP server found, sleeping
1 seconds
Dec  6 10:51:59 test01 nslcd[1419]: [73eb77] failed to bind to LDAP server
ldap://192.168.218.206/: Can't contact LDAP server: Transport endpoint is not connected
Dec  6 10:51:59 test01 nslcd[1419]: [73eb77] no available LDAP server found, sleeping
1 seconds
Dec  6 10:52:00 test01 nslcd[1419]: [73eb77] failed to bind to LDAP server
ldap://192.168.218.206/: Can't contact LDAP server: Transport endpoint is not connected
Dec  6 10:52:00 test01 nslcd[1419]: [73eb77] no available LDAP server found, sleeping
1 seconds
Dec  6 10:52:01 test01 nslcd[1419]: [73eb77] failed to bind to LDAP server
ldap://192.168.218.206/:
```

▶ 解決方案 1

在 RHEL 5.x 系統版本中，只需要在 /etc/ldap.conf 設定檔中新增 bind_policy soft 即可解決系統帳號無法登入系統的問題。也可以在 /etc/ldap.conf 設定檔中，找到 nss_initgroups_ignoreuser 並在其中新增忽略 OpenLDAP 驗證的帳號即可，帳號之間使用逗號隔開。

在 RHEL 6.x 系統版本中，只需要在 /etc/pam_ldap.conf 設定檔中新增 bind_policy soft，以及透過 ldap.conf 設定檔，找到 nss_initgroups_ignoreuser 並在其中新增忽略 OpenLDAP 驗證的帳號即可解決。

以下是 nss_initgroups_ignoreusers 參數的說明文件。

```
nss_initgroups_ignoreusers user1,user2,...
This option prevents group membership lookups through LDAP for the specified
users. This can be useful in case of unavailability of the LDAP server.  This option may
be specified multiple times.
      Alternatively,  the  value  ALLLOCAL may be used. With that value nslcd builds a
full list of non- LDAP users on startup.
```

▶ 解決方案 2

調整 PAM 認證方式，本地使用者使用本機伺服器進行驗證，OpenLDAP 使用者採用 OpenLDAP 驗證伺服器驗證方式進行解決，命令如下：

使 uid 大於 1000 的透過 OpenLDAP 使用者驗證，uid 小於 1000 的透過本地驗證，這樣即使網卡出現問題或 OpenLDAP 使用者故障，至少透過本地系統使用者可以登入系統。

```
#%PAM-1.0
# This file is auto-generated.
# User changes will be destroyed the next time authconfig is run.
auth        required      pam_env.so
auth        sufficient    pam_fprintd.so
auth        sufficient    pam_unix.so nullok try_first_pass
auth        requisite     pam_succeed_if.so uid >= 1000 quiet
auth        sufficient    pam_ldap.so use_first_pass
auth        required      pam_deny.so

account     required      pam_unix.so broken_shadow
account     sufficient    pam_localuser.so
account     sufficient    pam_succeed_if.so uid < 1000 quiet
account     [default=bad success=ok user_unknown=ignore] pam_ldap.so
account     required      pam_permit.so

password    requisite     pam_cracklib.so try_first_pass retry=3 type=
password    sufficient    pam_unix.so md5 shadow nullok try_first_pass use_authtok
password    sufficient    pam_ldap.so use_authtok
password    required      pam_deny.so
```

16.3.2 命令執行緩慢

當 OpenLDAP 伺服端出現故障或者當前網路出現故障，以及當前伺服器網卡故障造成無法連接到 OpenLDAP 伺服端時，各種生產伺服器在執行相關別名命令（alias 取得的命令）時會出現執行緩慢的情況，其他非別名命令執行正常。

➊ RHEL 5.x 命令執行緩慢的解決方案

▶ 現象描述

```
Dec  6 10:51:39 test02 id: nss_ldap: failed to bind to LDAP server ldap://192.168.218.206:
Can't contact LDAP server
Dec  6 10:51:39 test02 id: nss_ldap: failed to bind to LDAP server ldap://192.168.218.206:
Can't contact LDAP server
Dec  6 10:51:39 test02 id: nss_ldap: reconnecting to LDAP server (sleeping 4 seconds)...
Dec  6 10:51:43 test02 id: nss_ldap: failed to bind to LDAP server ldap://192.168.218.206:
Can't contact LDAP server
Dec  6 10:51:43 test02 id: nss_ldap: reconnecting to LDAP server (sleeping 8 seconds)...
Dec  6 10:52:25 test02 ls: nss_ldap: failed to bind to LDAP server ldap://192.168.218.206:
Can't contact LDAP server
Dec  6 10:52:25 test02 ls: nss_ldap: failed to bind to LDAP server ldap://192.168.218.206:
Can't contact LDAP server
```

以上為在 RHEL 5.x 系統上執行 ll 命令出現的執行緩慢狀況，透過系統 message 日誌可發現錯誤資訊，從系統日誌中發現大量透過 nss_ldap 模組連接 LDAP 伺服端失敗操作，nss_ldap 模組會一直連接 LDAP 伺服端，所以才會發現大量連接失敗資訊。

▶ 現象分析

出現上述情況主要是由於用戶端關於 LDAP 參數設定的時間過長。

▶ 解決方案

只需要調整設定檔預設連接 LDAP 時間即可解決上述問題，在 RHEL 5.x 系統中修改 /etc/ldap. conf，命令如下：

```
# vim /etc/ldap.conf
#timelimit 30
timelimit 1              //搜索超時時間

# Bind/connect timelimit
#bind_timelimit 30
```

```
bind_timelimit 1              //連接逾時時間

# Idle timelimit; client will close connections
# (nss_ldap only) if the server has not been contacted
# for the number of seconds specified below.
#idle_timelimit 3600
idle_timelimit 1        //nss_ldap連結OpenLDAP伺服器秒數
```

❷ RHEL 6.x 命令執行緩慢的解決方案

▶ 解決方案

RHEL 6.x 與 RHEL 5.x 系統版本的解決方法一樣，唯一區別的是 RHEL 6.x 系統版本需要修改兩個設定檔來實現（/etc/pam_ldap.conf 與 /etc/nslcd.conf）。新增如下內容即可：

```
timelimit 0
bind_timelimit 0
idle_timelimit 0
```

timelimit 以秒為單位，設定一次查詢最多等待的時間，超過所定義的時間後，伺服端返回查詢超時給用戶端。

註：更多參數的用法，讀者可以透過 man 命令取得。筆者強調 RHEL 5.x 系統版本使用 man ldap.conf 取得幫助。RHEL 6.x 系統版本使用 man nslcd.conf 以及 man pam_ldap.conf 進行取得。

16.3.3 slapd 啟動異常

slapd 啟動失敗，一般是由於設定檔 slapd.conf 出現錯誤。一般啟動時建議開啟 debug 模式，輸出啟動資訊方便問題的排查。

16.3.4 slaptest 檢測失敗

當修改 OpenLDAP 設定檔後，需要對設定檔語法及環境進行檢測。當通過 slaptest 指令檢測環境時提示如下資訊：

```
bdb_db_open: warning - no DB_CONFIG file found in directory /usr/local/openldap/
var/openldap-data: (2).
```

```
Expect poor performance for suffix "dc=kinggoo,dc=com".
bdb_monitor_db_open: monitoring disabled; configure monitor database to enable
config file testing succeeded
```

出現上述問題，主要由於 OpenLDAP 也檢測到後端資料函式庫。有時由於目前的目錄對 LDAP 使用者沒有權限，會提示警告資訊，所以讀者應該使資料庫所在的目錄對 ldap 使用者有寫入權限。

解決方案如以下命令所示：

```
# cd /usr/local/openldap/var/openldap-data/
# cp DB_CONFIG.example /var/lib/ldap/DB_CONFIG
# chown -R ldap.ldap /var/lib/ldap
# slaptest
config file testing succeeded
```

16.3.5 OpenLDAP Entry 異常

透過 ldapadd 指令進行 OpenLDAP 目錄樹 entry 還原操作時，會提示相關錯誤資訊，相關資訊如下：

```
ldap_add: Constraint violation (10)
additional info: structuralobjectClass: no user modification allowed
```

出現以上異常，主要是由於 slapcat 所備份的檔案中存在系統自己產生的資訊。因為透過 ldapadd 新增 entry 時，沒有通過 schema 的語法檢查，所以提示異常。

只需要將所備份的檔案中，不符合要求的 entry 進行修改，然後再透過 ldapadd 新增即可。

16.3.6 OpenLDAP 使用者連接數過多

▶ 現象描述

有使用者回饋無法使用 OpenLDAP 使用者登入系統或應用平臺。透過系統日誌發現以下錯誤：

```
daemon: accept(7) failed errno=24 (Too many open files)
```

▶ 異常分析

如果用戶端和應用都使用 OpenLDAP 伺服器進行管理帳號，OpenLDAP 伺服器可能會出現連接數過多，導致 OpenLDAP 伺服器回應緩慢，甚至無法實現帳號的驗證。

▶ 解決方案

(1) 調整系統最大檔案連接數和最大行程數

預設系統最大檔案連接數和最大行程數限制為 1024，在大量同時連線的情況下，這是無法滿足需求的。此時需要調整其大小。

● 設定最大檔案開啟上限

首選執行以下命令。

```
# vim /etc/security/limits.conf
```

然後新增如下內容。

```
*       soft    nofile  65535
*       hard    nofile  65535
```

● 設定最大行程數

首先，執行以下命令。

```
# vim /etc/security/limits.d/90-nproc.conf
```

然後新增如下內容。

```
*       soft    nproc   65535
*       hard    nproc   65535
```

註：設定完成後，重新打開新連接生效。關於 * 號，讀者可以根據使用者以及伺服器效能精確限制使用者所能開啟的檔案數量及所使用的行程數。

(2) 調整 OpenLDAP 設定檔

透過以下命令調整用戶端回應超時時間（ses），超時的連接及時關閉掉。

```
# vim /etc/pam_ldap.conf
idletimeout  0
# vim /etc/nslcd.conf
idletimeout  0
```

16.3.7 伺服器異常斷電處理

當 OpenLDAP 伺服器出現斷電或異常重啟時，可能會導致 OpenLDAP 後端資料庫異常無法提供服務。該如何解決呢？

解決方法如以下命令所示：

```
# cd /var/lib/ldap/
# db_recover
# service slapd restart
```

16.4 | 本章總結

本章介紹了 OpenLDAP 效能最佳化、資料的備份、還原以及故障分析。效能最佳化主要是減少 I/O 操作，提高伺服器的效能。資料的備份、還原主要用於當伺服器出現故障或者誤操作時及時恢復。本章還介紹了日常遇到的問題及解決方案。

本章也是本書的重點之一，讀者可以靈活運用本章的技巧，提高伺服器的穩定性，增強伺服器的可用性。

## 第 17 章

OpenLDAP 批次部署
解決方案 —— Puppet

透過對本書大部分章節的學習，讀者應該對 OpenLDAP 工作原理、安裝設定以及進階用法，如權限控制、主機連線策略、帳號與密碼稽核、同步機制以及建構高可用負載等會有初步的認識，但這部分內容需要讀者慢慢理解與消化，並在系統架構上靈活運用，從而實現帳號的合理分配與管理，提高工作效率。

那麼如何將客戶機加入至伺服端實現帳號權限的統一管理與分配呢？前面章節也提到過透過開源的部署工具實現自動部署，例如，透過 Puppet、Saltstack、Ansible 等避免重複的工作來提高工作效率。

本章主要介紹基於 Puppet 自動化部署解決方案實現用戶端的批次部署。目前 Puppet 應用比較廣泛，其強大的功能與靈活性可以對檔案（file）、套件（package）、使用者（user）及群組（group）、排程（cron）、服務（service）、套件倉庫（yum）以及遠端命令調用（exec）等資源進行自動化部署管理。對於其他開源部署工具，其適用場景也有所不同，讀者可自學並靈活運用這些自動化工具。本章主要基於 Puppet 進行講解，實現自動化部署 OpenLDAP 用戶端。

17.1 | Puppet

17.1.1 Puppet 簡介

Puppet 是 IT 基礎設施自動化開源管理及部署工具，可針對 UNIX、Linux 以及 Windows 系統實現自動化部署管理，快速構建相關應用架構，如 LNMP/LAMP/MySQL 等，以及後台各種系統變更。當系統架構滿足不了需求時，可快速擴展系統架構，說明系統管理員對基礎設施伺服器的整個生命週期進行管理。

Puppet 支援眾多資源管理，讀者可透過 Puppet describe –list 取得更多的資源類型，如檔案、套件、使用者、群組、遠端執行命令、排程、主機、伺服器、yum 資源等。

17.1.2 Puppet 工作流程圖

Puppet 工作流程見圖 17-1。

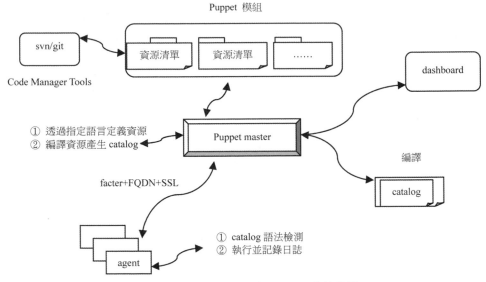

圖 17-1 Puppet master 與 agent 工作流程圖

與 OpenLDAP 架構相似，Puppet 架構也是 C/S 架構。Puppet master 可以在分散式環境中使用，也可以在單機上使用。伺服器端和用戶端通信使用證書實現 SSL 加密傳輸，保障資料安全傳輸。當用戶端加入到伺服端後，Puppet 伺服端保存每個用戶端（節點）需要執行的原始碼，專業術語為 manifest（資源清單），例如套件安裝和更新（套件管理）、用戶的建立和刪除（用戶管理）、檔案的建立和修改（檔案管理）、排程建立及修改（排程管理）等操作。多個資源生成類別（class），多個類產生模組（module），類和模組可以多次使用，其類似於 shell 腳本中函數的概念。

在工作環境中，我們一般透過版本控制軟體結合 Puppet 實現不同環境的部署。主要將所有需要部署的原始碼透過版本進行控制，然後與 Puppet 伺服端進行同步，接下來，透過分發模組將原始碼推送到用戶端並執行。透過版本控制軟體可以進行原始碼復原，提高資料的安全性。

17.1.3 Puppet 如何工作

定義：透過 Puppet 語言以及定義目標所要執行的相關資源（resource）或者類（class）。

模擬：在 agent 應用前保證安全性，此時需要將定義的資源類比執行（不實際改變，無損執行資源原始程式碼，類似 sed 不新增 i 選項處理檔案的功能）。

執行：agent 與所要執行的資源或類進行比較，執行，保證設定唯一性（冪等性）。

報告：agent 將執行發生的變化記錄日誌，並透過 Puppet API 發送至 master 協力廠商監控工具平臺系統。例如 dashboard、foreman 等。

17.1.4 Puppet 工作模型

Puppet 工作模型分為單機工作模型和 master/agent 工作模型。

▶ 單機工作模型

　　透過本機定義資源清單，透過 puppet apply resource.pp 編譯成 catalog 並在本地執行。

▶ master/agent 工作模型

　　透過在 master 端定義資源清單，當 agent 透過 ssl 存取時，伺服端透過用戶端提供的資訊（facter –p）進行匹配，將匹配的資源清單編譯成 catalog 後發送給 agent 端，agent 接收到 catalog 後，進行本地模擬後執行。如果 agent 設定執行報告，agent 將執行的結果發送給 master 端。

17.1.5 Puppet 資源

Puppet 資源包括 40 多種類型。但日常使用的也就有 10 餘種，例如 package、service、user、group、file、filebucket、exec、cron、notify、yumrepo。本節重點介紹常用的資源類型。

資源類型語法如下：

```
filetype {'title':
    attribute => value,
    attribute => value,
}
```

如果沒有定義 name 屬性，title 可用於 name 的引用。

關於資源類型的說明如下：

puppet describe –l，用於查看所有的資源類型。

puppet describe 資源類型，用於取得各個資源類型的說明資訊。

❶ package

package 主要用於系統套件的安裝。

▶ 案例

要安裝 openldap-clients 套件，命令如下：

```
package {"software-install":
    name => "openldap-clients",
    ensure => installed,
}
```

❷ service

service 主要用於定義套件程式的啟動或關閉，service 一般和 package、before、require 結合使用。

▶ 案例

以下的命令用於啟動 vsftpd 行程，並設定開機自動。

```
service {'vsftpd':
    ensure => running,
    enable => true,
}
```

❸ user

user 主要用於定義使用者以及使用者相關屬性，預設 user 所定義的資源不自動建立主目錄，如果需要建立使用者的主目錄，需要定義 managehome 屬性。

▶ 案例

在所有的 agent 端新增使用者 sandy，此時就需要定義 user 資源，命令如下：

```
user {"sandy":
    uid => "600",
    gid => "600",
    home => "/home/sandy"
    managehome => true,
    password = "$1$4.7wkl.M$ooX7fe324V.4upFzeeHg2. "
    shell => "/bin/bash"
```

❹ group

group 主要用於定義群組的相關資源，一般和 user 結合使用。

▶ 案例

新增 sandy 群組，gid 為 600，命令如下：

```
group {"sandy":
    ensure => present,
    gid => "600",
}
```

❺ file

file 主要用於定義 agent 端資源檔屬性資訊。

▶ 案例

```
file {"/tmp/test.txt":
    ensure => file,
    source => "/etc/pam.d/system-auth"
}
```

❻ filebucket

filebucket 主要用於在 agent 端執行檔案操作時，將修改的檔案儲存至本地或指定遠端的伺服器，一般和 file 資源類型結合使用。

▸ 案例

```
filebucket {"main":
   path => false,
   server => "mldap01.gdy.com"
}
```

❼ exec

exec 主要用於在 agent 端執行系統命令，但一般需要定義 path 的環境變數，否則會出現命令無法找到錯誤，導致命令無法正常運行。

▸ 案例

```
Exec { path => [ "/bin/","/sbin/","/usr/bin/","/usr/sbin/","/usr/local/sbin/","/usr/
local/bin/" ]
        }
exec { "wget ca":
command => 'chkconfig vsftpd on',
}
```

❽ crontab

crontab 主要用於在 agent 端執行排程，在某個時間段執行命令。在很多情況下，都透過排程在某個時間段內進行各種資料的備份。

▸ 案例

每天 23 時 59 分備份一次 OpenLDAP 目錄樹 entry 所有資訊。具體命令如下：

```
cron {"openldap-backup":
        ensure =>   present,
   command => "/bin/sh /opt/openldap-backup.sh",
   user =>   'root',
   minute => 59,
   hour => 23,
}
# crontab -l
# Puppet Name: openldap-backup
59 23 * * * /bin/sh /opt/openldap-backup.sh
```

關於資源類型的介紹，就先介紹到這裡。讀者可以透過 puppet describe resource_
type 取得更多資源類型的說明資訊。

17.1.6 Puppet 資源引用

Puppet 資源引用方式如下。

類型 [' 資源名稱 ']

在引用資源類型時，類型首字母要必須使用大寫字母。在引用資源時需要考慮到導
致資源間的相依關係。所以資源引用時要包含資源引用順序和資源通知。

1. 資源引用順序

   資源引用順序包含 before 和 require 兩個元屬性。兩者在使用中，只能選擇一
   個。

   - before

     before => Type ['title'] 表示當前資源先執行。

   - require

     require => Type ['title'] 表示當前資源後執行。

   下面給出一個資源引用順序案例。

```
package {"nss-pam-ldapd":
    ensure => installed,
}
service {"nslcd":
    ensure => running,
    require => Package["nss-pam-ldapd"],
}
```

   解釋：

   當 nss-pam-ldapd 軟體安裝成功後，才啟動 nslcd 行程，否則不啟動 nslcd 行程。

2. 資源通知

   資源通知包含 subscribe 和 notify 兩個元屬性。兩者在使用中，只能選擇一個。

   - subscribe（訂閱）

     subscribe => Type ['title'] 表示後面資源屬性發生變化時，執行當前資源。

- notify（通知）

  notify => Type ['title'] 表示當前資源屬性發生改變，進行通知。

下面給出一個資源通知案例。

```
file {"/etc/nslcd.conf":
    ensure => file,
    source => "/etc/nslcd.conf",
    user => root,
    group => root,
}
service {"nslcd":
    ensure => running,
    subscribe => File["/etc/nslcd.conf"]
}
```

解釋：

當 nslcd.conf 設定屬性或內容發生改變時，才重新載入 nslcd 行程，否則不發生任何改變。

17.1.7 Puppet 資料類型

Puppet 資料類型包括以下幾種：

▶ 字元型

▶ 布林型

- true

- false

▶ undef

從未聲明的變數的值為 undef，也可以手動把變數賦值為 undef。

▶ 雜湊

▶ 數值型

▶ 規則運算式

▶ 陣列

- ['element1','element2','element3',..............]

17.1.8 Puppet 資源間的應用鏈

資源間的應用鏈包含定義次序鏈和定義通知鏈。

▶ ->：定義次序鏈。

▶ ~>：定義通知鏈。

下面給出一個案例。

```
Package['openldap'] -> File['/etc/openldap/slapd.conf'] ~> Server['slapd']
package {'openldap':
    name =>  'openldap-servers; openldap-clients'
    ensure   =>  installed,
} ->
file {'/etc/openldap/slapd.conf':
    ensure =>    file,
    source =>    '/usr/share/openldap-servers/slapd.conf.obsolete'
} ~>

service {'slapd':
    ensure   =>  running,
    enable   =>  true,
}
```

解釋：

首先安裝 OpenLDAP 套件，然後設定 slapd.conf 檔，最後啟動 slapd 行程。

17.1.9 Puppet 變數作用域

Puppet 變數的定義和引用必須使用 $ 開頭，變數的賦值使用 "="。

▶ 案例

```
$install => nss-pam-ldapd
package {"software":
    name => $install
    ensure => installed,
}
```

Puppet 變數有作用域的概念（見圖 17-2）。

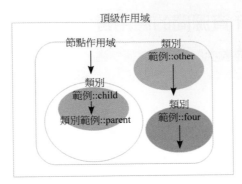

圖 17-2　變數作用域

解釋：

子作用域（類別範例 ::child）可以引用父作用域（類別範例 ::parent）和節點作用域（node scope）以及頂級作用域（top scope）。但不能引用其他作用域，如類別範例 ::other 和類別範例 ::four。

17.1.10　Puppet 條件判斷

Puppet 2.x 和 Puppet 3.x 所支援的條件判斷類型如下：

▶ Puppet 2.x 版本中條件判斷包含三種：if、case、select。

▶ Puppet 3.x 版本中條件判斷包含四種：if、case、select、unless。

❶ if 判斷語句

if 條件運算式要滿足以下幾個條件中的一個：

▶ 運算式返回的結果為布林型（false、true），或隱含布林型。

▶ 運算式是變數。

▶ 運算式中包含布林運算子、比較運算子、算術運算子。

▶ 運算式是具有返回值的函數。

▶ 運算式是規則運算式。

if 條件判斷語法如下：

```
===================單分支===================
if  CONDITION {
    statement
```

```
    ...
}
===================雙分支===================
if  CONDITION {
    statement
    ...
}
===================多分支===================
if  CONDITION {
    statement
    ...
}
elsif     CONDITION  {
    statement
    ...
}
else {
    statement
    ...
}
```

下面給了一個 if 多分支條件判斷案例。

```
if $operatingsystem =~  /(?i-mx:^(centos|fedora|redhat))/ {
    $webserver = 'httpd'
} elsif $operatingsystem=~ /(?i-mx:^(debian|ubuntu))/ {
    $webserver = 'apache2'
} else {
    $webserver = undef
    notice('Unkown OS')
}
package { "$webserver":
    ensure => installed,
}
```

❷ case 條件判斷語句

case 條件運算式條件需要滿足以下條件中的一個：

▶ 運算式是變數。

▶ 運算式中包含布林運算子、比較運算子、算術運算子。

▶ 運算式是有返回值的函數。

case 條件判斷語法如下：

```
case CONTROL_EXPRESS {
    case1,…: { statement…}
    case2,…: { statement…}
    default: {statement…}
}
```

下面給出一個 case 條件判斷案例。

```
$operatingsystemrelease {
    "6.2":    { include openldap::sudopdate }
    "6.3", "6.5", "7.* ", "5.* ":   { include openldap::sudoconfigure }
    default:  {notice("Not in scope of deployment")}
}
```

❸ selector 條件判斷

Selector 條件運算式條件需要滿足以下條件中的一個：

▶ 運算式是變數。

▶ 運算式是有返回值的函數。

selector 條件判斷語法如下：

```
CONTOR_VARIABLE ? {
    case1 => value1
    case2 => value2
    ……
    default => value
}
```

下面給出一個 selector 條件判斷案例。

```
$apacheinstall  => $operatingsystem ? {
    /((?i-mx:redhat|centos|fedora))/  => 'httpd',
    /((?i-mx:debian|ubuntu))/  => 'apache2'
}
package {"apacheinstall":
    name => $apacheinstall,
    ensure => installed,
}
```

17.1.11 Puppet 模組、類別、資源

模組由類別所組成，類由 Puppet 資源組成，資源由 Puppet 原始碼組成。

❶ Puppet 模組

Puppet 模組由眾多類別所組成，可以透過調用模組來實現資源間的管理。在工作環境中部署時，筆者建議將每個應用定義為一個模組，例如 OpenLDAP、LAMP、MySQL、Tomcat 等。本節透過案例定義 OpenLDAP 模組進而實現 OpenLDAP 用戶端自動部署。

下面給出一個 Puppet 模組案例。

```
# tree  /etc/puppet/modules/openldap/
/etc/puppet/modules/openldap/
├── files
├── manifests
│   ├── configure.pp
│   ├── init.pp
│   ├── install.pp
│   └── service.pp
└── templates

3 directories, 4 files
```

❷ Puppet 類

Puppet 類別由一組資源組成，類似於 shell 腳本中函數的概念。

Puppet 類語法如下：

```
class class_name {
    ...puppet code...
    ...
}
```

下面給出一個 Puppet 類別案例。

```
class openldap {
    package { "openldap-clients":
        ensure => installed,
    }
}
include openldap
```

❸ Puppet 資源

Puppet 資源由 Puppet 原始碼組成，裡面可以包含資源類型、資源的屬性等，類似於 shell 腳本中命令的概念。

Puppet 資源語法如下：

```
資源類型 {"名稱":
    puppet code
    ...
}
```

17.2 | Puppet 伺服端安裝、部署

17.2.1 部署環境

Puppet 部署拓撲圖如圖 17-3 所示。

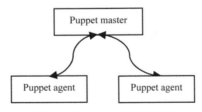

圖 17-3 Puppet 部署拓撲圖

IP 位址及主機名稱規劃見表 17-1。

表 17-1 IP 位址及主機名稱

主機	系統版本	IP 位址	主機名稱
Puppet master	RHEL Server release 6.5	192.168.218.211	puppet.gdy.com
Puppet agent	RHEL Server release 6.5	192.168.218.212	agent.gdy.com
Puppet agent	RHEL Server release 6.5	192.168.218.213	agent1.gdy.com

17.2.2 Puppet 伺服器安裝

安裝 Puppet 的步驟如下。

1. 網路校時。

   因為 Puppet 基於證書部署，所以需要伺服端和用戶端在時間上保持一致。關於網路校時，讀者可透過 ntpdate 結合排程（crontab）實現同步（參見以下命令），也可以透過修改 /etc/ntp.conf 設定檔新增時間源位址及啟動 ntpd 行程進行同步。在工作環境中，筆者建議先使用 ntpdate 進行時間同步後，後續使用 ntpd 行程保持同步，但使用 ntpdate 會產生空白時間。

```
////////////////////// 以ntpdate結合排程保持時間同步 //////////////////
# ntpdate 0.rhel.pool.ntp.org
# cat >> /var/spool/cron/root << EOF
5 * * * * /usr/sbin/ntpdate o.rhel.pool.ntp.org
EOF
////////////////// 以ntpd行程保持時間同步，在工作環境中筆者強烈推薦讀者使用//////////////
# cp /etc/ntp.conf  /etc/ntp.conf.bak
# sed -i '/^server/d'  /etc/ntp.conf
# cat >> /etc/ntp.conf << EOF
server 0.rhel.pool.ntp.org
EOF
# service ntpd restart && chkconfig ntpd on
```

2. FQDN 解析。

   因為 Puppet 軟體透過證書實現 SSL 資料加密傳輸，所以在安裝 Puppet 前，需要進行主機名稱解析，一般使用 DNS 實現功能變數名稱解析，也可以透過 /etc/hosts 檔實現解析。在工作環境中建議採用 DNS 方式進行解析。這裡透過修改 /etc/hosts 實現主機名稱和 IP 位址的解析。

   註：關於在 Linux 系統平臺下構建 DNS，讀者可以查看筆者的部落格教學文章進行瞭解。部落格網址為：http://guodayong.blog.51cto.com。

3. 安裝 puppetlabs 套件庫來源和本地 yum 來源。

   讀者可以根據自己的系統版本到 http://yum.puppetlabs.com/el/ 網站下載並安裝 puppetlabs 套件庫來源即可，而且需要下載、安裝本地 yum 來源，因為在安裝 Puppet 時需要安裝額外的相依套件包。這裡示範本機 yum 來源的安裝方式，且使用的是紅帽 6.5 系統。

```
# rpm -ivh puppetlabs-release-6-10.noarch.rpm
# mount /dev/cdrom /mnt
# cat >> /etc/yum.repo.d/local.repo
[local]
name=local yum
baseurl=file:///mnt
enabled=1
gpgcheck=0
EOF
```

4. 安裝 Puppet 的相依套件。

   由於 Puppet 自動化部署工具透過 Ruby 語言開發，所以需要安裝 Ruby 開發環境。命令如下：

```
# yum install ruby ruby-devel ruby-libs ruby-rdoc ruby-shadow -y
```

5. 在伺服器端安裝 Puppet 套件，命令如下：

```
# yum install puppet-server -y
```

6. 設定 Puppet。

   根據個人需求，修改如下內容即可，這裡筆者保持預設設定。

```
[root@mldap01 ~]# cat /etc/puppet/puppet.conf | egrep -v "#|^$"
[main]
    logdir = /var/log/puppet        #Puppet日誌路徑
    rundir = /var/run/puppet        #Puppet pid檔存放路徑
    ssldir = $vardir/ssl            #Puppet證書檔存放路徑
[agent]
    classfile = $vardir/classes.txt
    localconfig = $vardir/localconfig
server = mldap01.gdy.com           #agent端與master透過ssl連結的主機名稱，此時名稱需要解析
```

7. 透過以下命令啟動 puppetmaster 行程並設定開機啟動。

```
# service puppetmaster restart >/dev/null && echo ?
0
# chkconfig puppetmaster on
```

8. 透過以下命令查看 puppetmaster 後台所監聽的通訊埠。

```
# netstat -nlatup | grep ruby
tcp     0     0 0.0.0.0:8140          0.0.0.0:*              LISTEN      12083/ruby
```

9. 查看本地證書檔。

當 Puppet 伺服端第一次啟動 puppetmaster 行程時，會自動產生證書資訊，如下所示：

```
[root@mldap01 ~]# tree /var/lib/puppet/ssl/
/var/lib/puppet/ssl/
├── ca
│   ├── ca_crl.pem
│   ├── ca_crt.pem
│   ├── ca_key.pem
│   ├── ca_pub.pem
│   ├── inventory.txt
│   ├── private
│   │   └── ca.pass
│   ├── requests
│   ├── serial
│   └── signed
│       └── mldap01.gdy.com.pem      #用戶端所註冊的證書檔在signed目錄下，當前只有本機證書
檔，後期可以透過查看此目錄瞭解當前有多少用戶端註冊
├── certificate_requests
├── certs
│   ├── ca.pem
│   └── mldap01.gdy.com.pem
├── crl.pem      #puppet master憑證撤銷清單
├── private
├── private_keys
│   └── mldap01.gdy.com.pem      #puppet master私密金鑰檔
└── public_keys
    └── mldap01.gdy.com.pem      #puppet master公開金鑰檔

9 directories, 13 files
```

至此，關於 Puppet master 端安裝及簡單設定就完成了。但切記，當啟動 puppetmaster 行程後，伺服端的主機名稱不要修改。

17.2.3 故障分析

Puppet 伺服端安裝過程中會出現如下錯誤：

```
---> Package augeas-libs.x86_64 0:1.0.0-5.el6 will be installed
---> Package ruby-libs.x86_64 0:1.8.7.352-12.el6_4 will be installed
--> Processing Dependency: libreadline.so.5()(64bit) for package: ruby-libs-1.8.7.352-
12.el6_4.x86_64
```

```
---> Package rubygem-json.x86_64 0:1.5.5-3.el6 will be installed
--> Processing Dependency: rubygems >= 1.3.7 for package: rubygem-json-1.5.5-3.el6.x86_64
--> Running transaction check
---> Package compat-readline5.x86_64 0:5.2-17.1.el6 will be installed
---> Package rubygem-json.x86_64 0:1.5.5-3.el6 will be installed
--> Processing Dependency: rubygems >= 1.3.7 for package: rubygem-json-1.5.5-3.el6.x86_64
--> Finished Dependency Resolution
Error: Package: rubygem-json-1.5.5-3.el6.x86_64 (puppetlabs-deps)
        Requires: rubygems >= 1.3.7
 You could try using --skip-broken to work around the problem
 You could try running: rpm -Va --nofiles --nodigest
```

▶ 現象分析

由於 puppetlabs 源不包含 rubygems，因此，安裝 Puppet 時需要 rubygems 函式庫的支援。

▶ 解決方案

讀者從 http://pkgs.repoforge.org/rpmforge-release/ 搜尋相依的套件並下載，然後安裝對應系統套件即可，命令如下：

```
# rpm -ivh rpmforge-release-0.5.2-1.el6.rf.x86_64.rpm
# yum install puppet-server -y && echo $?
0
```

17.2.4 Puppet master 自動簽署用戶端證書

為了使 Puppet master 自動簽署用戶端證書，可以按以下步驟操作：

1. Puppet 伺服端設定。

    編輯或建立 /etc/puppet/autosign.conf 檔，並新增如下內容：

```
# cat >> /etc/puppet/autosign.conf << EOF
*.gdy.com
EOF
```

在 autosign.conf 中新增 *.gdy.com，含義是 Puppet 伺服端自動簽署來自 gdy.com 域的所有用戶端證書請求。

2. 用戶端申請證書。

用戶端透過以下 puppet 指令向 Puppet 伺服端發起證書頒發請求，由於 Puppet 版本不同，指令會有所變化。

```
[root@test ~]# puppet agent -t
Info: Creating a new SSL key for test.gdy.com
Info: csr_attributes file loading from /etc/puppet/csr_attributes.yaml
Info: Creating a new SSL certificate request for mldap02.gdy.com
Info: Certificate Request fingerprint (SHA256): E6:2A:D6:82:05:38:51:92:18:91:24:FA:
03:11:C1:83:46:79:E6:22:78:2A:28:A8:5D:A5:B3:69:B2:97:58:C2
Info: Caching certificate for test.gdy.com
Info: Caching certificate_revocation_list for ca
Info: Caching certificate for test.gdy.com
Info: Retrieving pluginfacts
Info: Retrieving plugin
Info: Caching catalog for test.gdy.com
Info: Applying configuration version '1425456120'
Info: Creating state file /var/lib/puppet/state/state.yaml
Notice: Finished catalog run in 0.02 seconds
```

讀者不難發現，用戶端成功取得 Puppet 伺服端頒發的證書檔。

3. 查看 Puppet 伺服端證書檔。

伺服端透過以下 puppet 指令查看當前證書的請求及頒發的證書。

```
[root@mldap01 ~]# puppet cert list
[root@mldap01 ~]# puppet cert list --all
+ "mldap01.gdy.com" (SHA256) 28:52:80:0E:0E:D3:63:7D:31:A8:F9:5B:6F:CE:B7:7A:66:F9:B0:
A9:01:85:6B:0B:32:EC:C6:8B:CA:90:AE:27 (alt names: "DNS:mldap01.gdy.com", "DNS:puppet",
"DNS:puppet.gdy.com")
+ "test.gdy.com" (SHA256) 7C:77:8E:31:15:BA:FA:F7:39:84:88:46:CD:EC:FD:01:6D:94:77:
03:4E:43:11:37:41:10:A3:20:51:E3:0F:AC
[root@mldap01 ~]#
```

透過 puppet cert list 查看用戶端的證書請求，發現沒有任何證書請求。然後透過 puppet cert list –all 發現伺服端已經成功簽發來自 test.gdy.com 的證書請求，無須 Puppet 管理員手動頒發證書。

17.3 | Puppet 用戶端部署

17.3.1 Puppet agent 安裝

要安裝 Puppet agent,可以按以下步驟操作。

1. 透過以下命令安裝設定 Puppet 官方源及本地 yum 源。

```
# rpm -ivh puppetlabs-release-6-10.noarch.rpm
# mount /dev/cdrom /mnt
# cat >> /etc/yum.repo.d/local.repo
[local]
name=local yum
baseurl=file:///mnt
enabled=1
gpgcheck=0
EOF
```

2. 透過以下命令安裝 Puppet 所相依的軟體套件。

   因為 Puppet 自動化部署工具透過 Ruby 語言開發,所以需要安裝 Ruby 開發環境。

```
# yum install ruby ruby-devel ruby-libs ruby-rdoc ruby-shadow -y
```

3. 在用戶端安裝 Puppet 套件,命令如下:

   安裝 Puppet 用戶端軟體同樣需要安裝 rubygems 軟體。

```
# rpm -ivh rpmforge-release-0.5.2-1.el6.rf.x86_64.rpm
# yum install puppet facter -y
```

4. 設定 Puppet agent,命令如下:

```
# cat /etc/puppet/puppet.conf | egrep -v "#|^$"
[main]
    logdir = /var/log/puppet
    rundir = /var/run/puppet
    ssldir = $vardir/ssl
[agent]
    classfile = $vardir/classes.txt
    localconfig = $vardir/localconfig
    server = mldap01.gdy.com      #執行puppet伺服端的主機名稱,此主機名稱需要agent能正常解析
```

5. 啟動 Puppet agent 行程 puppet，命令如下：

```
# service puppet restart > /dev/null && echo $?
0
# chkconfig puppet on
```

17.3.2 故障分析

安裝 Puppet agent 時會出現以下錯誤：

Exiting; no certificate found and waitforcert is disabled.

▶ 現象分析

由於 tmp 目錄下沒有包含 Puppet 相關資訊。

▶ 解決方案

執行以下命令：

```
# mv /var/lib/puppet/ /tmp/
# puppet agent --test
Info: Creating a new SSL key for mldap02.gdy.com
Info: Caching certificate for ca
Info: Caching certificate_request for mldap02.gdy.com
Info: Caching certificate for ca
Exiting; no certificate found and waitforcert is disabled
```

註：由於 Puppet 版本不同，管理命令略有不同，讀者可以根據 www.puppet.org 官網
文件說明進行瞭解。筆者採用的是 Puppet 3.7.4 版本。

17.3.3 Puppet agent 證書申請

透過 debug 模式向 Puppet 伺服器發起認證，命令如下：

```
# puppet agent --test
```

17.3.4 Puppet master 端頒發認證

為了使 Puppet master 端頒發認證，可以按以下步驟操作。

1. 透過以下命令在 Puppet 伺服端查看 agent 證書請求。

```
# puppet ca list     #查看agent發起的認證請求
  mldap02.gdy.com  (SHA256) 28:86:68:C9:C2:82:1B:93:4F:11:41:CE:5D:0F:4E:11:3F:93:05:
  DC:5B:88:0E:20:D7:25:F7:CE:01:0F:04:8D
```

2. 透過以下命令在 puppet master 端簽署 agent 證書請求。

```
# puppet cert sign mldap02.gdy.com
Notice: Signed certificate request for mldap02.gdy.com
Notice: Removing file Puppet::SSL::CertificateRequest mldap02.gdy.com at '/var/lib/
puppet/ssl/ca/requests/mldap02.gdy.com.pem'
```

3. 透過以下命令在 puppet master 端查看 agent 證書列表。

```
[root@mldap01 ~]# puppet cert list     #再次查看agent請求清單
[root@mldap01 ~]# puppet cert list -all     #查看agent證書清單，+表示已認證，-為註銷證書，無
標識為需要master頒發證書
+ "mldap01.gdy.com" (SHA256) BE:E0:46:E6:38:1C:B1:50:E3:CE:16:D4:BF:4E:60:9C:F2:92:9E:
C2:54:9C:3D:86:15:C2:0C:49:60:A8:99:D8 (alt names: "DNS:mldap01.gdy.com", "DNS:puppet",
"DNS:puppet.gdy.com")
+ "mldap02.gdy.com" (SHA256) EA:A3:C4:8F:90:91:59:72:28:FF:69:CB:62:7D:57:B6:85:DB:
78:39:03:0D:29:35:0E:65:26:F3:3B:51:F4:82
```

4. 透過以下命令驗證 Puppet 伺服器端頒發的證書 MD5 是否匹配。

```
[root@mldap01 ~]# md5sum /var/lib/puppet/ssl/ca/signed/mldap02.gdy.com.pem
49e8c180c2ce9789e93ed45453c2e2be  /var/lib/puppet/ssl/ca/signed/mldap02.gdy.com.pem
```

5. 透過以下命令在 Puppet agent 端驗證取得證書的 MD5。

```
[root@mldap02 ~]# md5sum /var/lib/puppet/ssl/certs/mldap02.gdy.com.pem
49e8c180c2ce9789e93ed45453c2e2be  /var/lib/puppet/ssl/certs/mldap02.gdy.com.pem
```

透過 md5sum 分別在伺服端和用戶端驗證證書的 MD5，結果 MD5 一致。用戶端一旦通過 ssl 認證後，一定不要修改用戶端的主機名稱，否則無法通過 ssl 驗證。如果要修改用戶端的主機名稱，需要在 Puppet 伺服端將原有的用戶端證書吊銷並通過 clean 參數清除，同時需要在用戶端將原有的證書檔清除，並重新向 Puppet 伺服端發起證書請求。

註：在工作環境中部署 agent 端時，會有大量 agent 發起證書請求。作為 Puppet 管理員難道手動為用戶端頒發證書嗎？為了給 Puppet 管理員提供時效性，Puppet 伺服端要自動確認 agent 端證書請求合法性，並完成證書頒發，此操作無須管理員手動處理 agent 請求。但需要在 Puppet 伺服端編輯 /etc/puppet/autosign.conf 設定檔新增允許的功能變數名稱，例如筆者所採用 *.gdy.com 功能變數名稱。也就是說，Puppet 伺服端允許來自 gdy.com 的使用人機的證書請求，Puppet 伺服端自我驗證並簽署用戶端證書。讀者可以根據自己的功能變數名稱進行自我修改。或透過 puppet cert sign –all 處理所有來自 agent 的證書請求。前提是所有請求的 FQDN 都可以正常解析，否則會提示相關錯誤。如果讀者還處在 Puppet 學習階段，筆者建議使用 dnsmq 軟體實現功能變數名稱的解析。

17.3.5 用戶端修改主機名稱的解決方案

當用戶端成功從伺服端取得證書檔後，是不可以修改主機名稱的，因為用戶端和伺服端透過 ssl 進行連接。如果必須要修改主機名稱，一般解決方案如下：

```
On the master:    #puppet伺服器端操作步驟
  puppet cert clean mldap02.gdy.com          #吊銷用戶端證書檔
On the agent:     #agent端操作步驟
  1a. On most platforms: find /var/lib/puppet/ssl -name mldap02.gdy.com.pem -delete
      #將用戶端取得的檔透過find指令查找並刪除即可
  2. puppet agent -t
     #然後用戶端再次向伺服端發起證書請求即可
```

17.4 | Puppet agent 資源驗證

17.4.1 Puppet 伺服端定義資源清單

Puppet 定義的資源清單是以 .pp 結尾的檔案，如 site.pp。第一次建立 pp 檔需要重新引導 puppetmaster 行程，筆者以定義檔資源（File）為例進行示範。

```
# vim /etc/puppet/manifests/site.pp
file {"/tmp/gdy.text":                #在agent端的tmp目錄下建立gdy.text檔
    content => "puppet test\n",       #在建立的gdy.text檔裡新增puppet test字串
}
# service puppetmaster reload         #重新載入puppetmaster行程
```

17.4.2　Puppet agent 驗證

透過以下命令驗證 Puppet agent。

```
# puppet agent --no-daemonize --verbose --test
Notice: Ignoring --listen on onetime run
Info: Retrieving pluginfacts
Info: Retrieving plugin
Info: Caching catalog for mldap02.gdy.com
Info: Applying configuration version '1425290711'
Notice: /Stage[main]/Main/File[/tmp/gdy.text]/ensure: defined content as '{md5} dd602
a0fec0b1841402dafd5cb70e932'
Notice: Finished catalog run in 0.04 seconds
# ls /tmp/
gdy.text
```

上述測試結果顯示，Puppet 伺服端和客戶端正常通信並成功執行伺服器端所定義的資源清單。

17.5 | Puppet kick 模組

17.5.1　Puppet kick 功能介紹

Puppet kick 模組主要實現從 Puppet 伺服端向 Puppet agent 端將資源清單編譯成 catalog 後推送並在 agent 端自動執行的過程。

要啟用 Puppet kick 的功能，需要在 agent 端啟動 kick 行程，其監聽埠為 8139。然後在 Puppet 伺服端執行 puppet kick 將所編譯的 catalog 推送到對應的節點上，並完成本地應用。

當通過 puppet+kick 管理的機器數量超過 1000+ 時，可能會出現延時或出現個別機器無法取得伺服器編譯的 catalog。透過 mcollective 工具結合 Puppet master 實現並行工作，提高 Puppet 伺服器效能。

Puppet agent 預設每 30 分鐘與 Puppet master 端請求一次 catalog 並在本地執行，與 Puppet 伺服器端所定義的資源保持一致。但當有些緊急變更需要更新時，例如 2015 年 1 月 26 日發佈的 glibc 漏洞，就需要批次進行更新，如果沒有設定 kick，則需要到每台 agent 端以拉的方式進行同步操作，或者在伺服器端手動推送實現，這大大降低了維護時效。所以關於 kick 的功能，我們還需要瞭解其原理並掌握其運用要領。我們知道了 kick 強大的功能特性，但如何設定 kick 呢？

17.5.2 Puppet kick 部署

Puppet+kick 案例拓撲圖見圖 17-4。

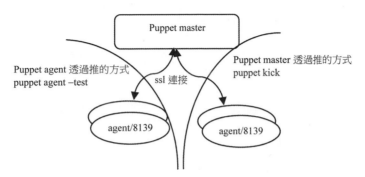

圖 17-4 Puppet+kick 案例拓撲圖

下面介紹 agent（拉的方式）和 master（推的方式）兩種方式的實現。本節主要以伺服端透過 kick 實現原始碼的推送為重點，步驟如下。

1. 編輯 Puppet agent 設定檔，定位 [agent] 新增如下內容：

```
[root@test ~]# vim /etc/puppet/puppet.conf
[agent]
listen = true
```

2. 編輯 Puppet agent 的 auth.conf 檔，定位 path /，將如下內容新增到 path / 前即可。

```
[root@test ~]# vim /etc/puppet/auth.conf
path /run      #只允許Puppet主節點訪問
method save
auth any
allow mldap01.gdy.com
path /
```

3. 編輯或新增 /etc/puppet/namespaceauth.conf，包含以下內容即可。

```
[puppetrunner]
allow *.gdy.com      #允許來自gdy.com域內使用人機進行授權通過認證
```

4. 重新載入 Puppet agent 行程 puppet，命令如下：

```
[root@test ~]# service puppet reload
```

17.5.3　Puppet master 驗證

為了完成 Puppet master 驗證，可以按以下步驟操作。

1. 定義資源清單。

本節以 package 和 service 資源類型示範 Puppet master 透過 kick 模組實現原始碼推送，命令如下：

```
# vim /etc/puppet/manifests/site.pp
```

```
package {"vsftpd":
        ensure => installed,
        allow_virtual => false,
        before => Server['vsftpd'],
}
service {"vsftpd":
        ensure => running,
        enable => true,
}
```

2. 資原始程式碼語法檢測，命令如下：

```
# puppet parser validate /etc/puppet/manifests/site.pp
```

註：由於筆者所使用的 Puppet 版本為 3.x，如果原始碼不存在語法錯誤，透過 puppet parser validate 不會提示任何資訊。如果讀者使用 2.x 版本，在執行語法檢測時會詳細輸出檢測結果。

3. puppet kick 推送。

- 透過 Puppet master 使用 kick 推送原始碼（推的方式），命令如下：

```
# puppet kick -p 10 --host agent.gdy.com
Triggering agent.gdy.com
Getting status
status is success
agent.gdy.com finished with exit code 0
Finished
```

透過以下命令在用戶端檢查是否執行。

```
# rpm -qa | grep vsftpd
vsftpd-2.2.2-11.el6_4.1.x86_64
[root@agent ~]# service vsftpd status
vsftpd (pid 15831) is running...
[root@agent ~]# chkconfig --list vsftpd
vsftpd          0:off   1:off   2:on    3:on    4:on    5:on    6:off
```

- 透過 Puppet agent 執行（拉的方式）。

    agent 從 master 端取得 catalog 並執行，命令如下：

```
# rpm -qa | grep vsftpd
[root@agent ~]# puppet agent -t
Notice: Ignoring --listen on onetime run
Info: Retrieving pluginfacts
Info: Retrieving plugin
Info: Caching catalog for agent.gdy.com
Info: Applying configuration version '1429584415'
Notice: /Stage[main]/Main/Package[vsftpd]/ensure: created
Notice: /Stage[main]/Main/Service[vsftpd]/ensure: ensure changed 'stopped' to 'running'
Info: /Stage[main]/Main/Service[vsftpd]: Unscheduling refresh on Service[vsftpd]
Notice: Finished catalog run in 7.58 seconds
```

> 註：puppet kick 雖然很強大，但在管理眾多 agent 端時，會出現行程鎖死且無法保障 agent 均執行的情況。所以 Puppet 就收購了 mcollective，mcollective 包括 kick 的功能，且靈活管理眾多 agent 端執行情況。讀者可以根據實際環境選擇符合自己的方法，來提高執行力。

17.5.4 故障分析

但執行 puppet kick 命令時，Puppet master 端提示如下警告：

Warning: Failed to load ruby LDAP library. LDAP functionality will not be available.

▸ 問題分析

　　因為 Puppet 使用 kick 時需要調用 LDAP 的函式庫，但當前系統沒有安裝 ruby-ldap 的函式庫，所以顯示警告訊息。

▶ 解決方案

讀者可從 rpm.pbone.net 或 rpmfind.net 網址搜索並取得 ruby-ldap 對應的軟體版本，然後安裝即可。

```
#  rpm -ivh ruby-ldap-0.9.7-10.el6.x86_64.rpm
```

17.6 | OpenLDAP 用戶端自動部署解決方案－Puppet

17.6.1 定義 OpenLDAP 範本

透過以下命令定義 OpenLDAP 範本。

```
# cd /etc/puppet/modules
# mkdir -p openldap/{manifests,files,templates}
# tree openldap/
openldap/
├── files
├── manifests
└── templates

3 directories, 0 files
```

17.6.2 規劃 OpenLDAP 資源原始程式碼

要規劃 OpenLDAP 資源原始程式碼，可按以下步驟操作。

1. 透過以下命令定義 OpenLDAP 用戶端套件資源。

```
# pwd
/etc/puppet/modules/openldap/manifests
# vim install.pp
class openldap::install {
   package {
         ["openldap-clients","nss-pam-ldapd"]:
         ensure => installed,
         allow_virtual => false,
   }
}
# puppet parser validate install.pp
```

2. 透過以下命令定義 OpenLDAP 用戶端所運行行程的屬性。

```
# vim service.pp
class openldap::service {
   service {"nslcd":
        ensure => running,
        enable => true
hasrestart => true,
        hasstatus => true,
        require => Class[ "openldap::install],
        }
}
# puppet parser validate service.pp
```

3. 透過以下命令調整 OpenLDAP 用戶端參數。

```
vim openldap-configure.pp
class openldap::configure {
    Exec {   path => [ "/bin/","/sbin/","/usr/bin/","/usr/sbin/","/usr/local/sbin/",
          "/usr/local/bin/" ]
        }
    exec { "wget ca":
        command => 'test -e /etc/openldap/cacerts/ca.pem || wget http://192.168.
        218.206/ssl/ca.pem -P /etc/openldap/cacerts/',
        }
    exec {"Client add OpenLDAP":
        command => 'authconfig --useshadow --usemd5 --enableldap --enableldapauth
        --enableldaptls --ldapserver=mldap01.gdy.com --ldapbasedn="dc=gdy,dc=com"
        --ldaploadcacert=file:///etc/openldap/cacerts/ca.pem --enablemkhomedir
        --updateall',
        }
    exec { 'add sudo Configure':
        command => 'echo "SUDOERS_BASE ou=SUDOers,dc=gdy,dc=com"  >> /etc/openldap/
        sudo-ldap.conf',
        }
    exec { 'add sudo other Parameters':
        command => 'echo "sudoers:    file ldap"  >> /etc/nsswitch.conf',
        }
    exec { 'create openldap user home':
        command => 'echo "session required pam_mkhomedir.so skel=/etc/skel/ umask=0066"
        >> /etc/pam.d/system-auth',
        }
}
# puppet parser validate openldap-configure.pp
```

4. 透過以下命令定義 OpenLDAP puppet 模組入口資源。

```
# vim init.pp
class openldap {
    include openldap::install
    include openldap::service
    include openldap::configure
}
# puppet parser validate init.pp
```

5. 透過以下命令定義 Puppet 主機設定檔。

　　Puppet master 端透過 site.pp 找到資源存放的位置，接收並驗證 agent 端的請求，將符合 agent 端的資源編譯成 catalog 發送給 agent，並在 agent 端執行。

```
# cat /etc/puppet/manifests/site.pp
import "/etc/puppet/modules/openldap/manifests/*.pp"
node "agent.gdy.com" {
    include openldap
}
node default {
    notify {" Unable to complete the configuration, please contact the OpenLDAP
    administrator. Email-address: gdy@gdy.com":}
}
```

17.6.3 用戶端驗證

要完成用戶端驗證，可以按以下步驟操作。

1. Puppet 伺服器端推送。

　　Puppet master 端根據 site.pp 定義將匹配的資源推送到指定的節點，並完成 agent 設定，命令如下：

```
[root@puppet ~]# puppet kick -p 10 --host agent.gdy.com
Warning: Puppet kick is deprecated. See http://links.puppetlabs.com/puppet-kick-
deprecation
Triggering agent.gdy.com
Getting status
status is success
agent.gdy.com finished with exit code 0
Finished
```

2. 透過 agent 以拉的方式執行，命令如下：

```
[root@agent ~]# puppet agent -t
Notice: Ignoring --listen on onetime run
Info: Retrieving pluginfacts
Info: Retrieving plugin
Info: Caching catalog for agent.gdy.com
Info: Applying configuration version '1429369302'
Notice: /Stage[main]/Openldap::Install/Package[openldap-clients]/ensure: created
Notice: /Stage[main]/Openldap::Install/Package[nss-pam-ldapd]/ensure: created
Notice: /Stage[main]/Openldap::Configure/Exec[Client add OpenLDAP]/returns: executed
successfully
Notice: /Stage[main]/Openldap::Configure/Exec[wget ca]/returns: executed successfully
Notice: /Stage[main]/Openldap::Configure/Exec[Add Sudo Other Parameters]/returns:
executed successfully
Notice: /Stage[main]/Openldap::Configure/Exec[Create OpenLDAP Account HomeDirectory]/
returns: executed successfully
Notice: /Stage[main]/Openldap::Configure/Exec[Add Sudo Configure]/returns: executed
successfully
Notice: Finished catalog run in 15.80 seconds
```

透過 puppet agent –t 可以詳細取得 agent 執行過程。日誌顯示，這和上一節所定義的資源完全吻合。此時用戶端是否可以透過 OpenLDAP 使用者登入系統呢？

3. 在另一節點測試，命令如下：

```
[root@mldap02 ~]# puppet agent -t
Notice: Ignoring --listen on onetime run
Info: Retrieving pluginfacts
Info: Retrieving plugin
Info: Caching catalog for mldap02.gdy.com
Info: Applying configuration version '1429370771'
Notice: Unable to complete the configuration, please contact the OpenLDAP
administrator.
Email-address: gdy@gdy.com
Notice: Finished catalog run in 0.04 seconds
```

註：Puppet master 接受 test02.gdy.com 用戶端請求後，驗證其身份並透過 site.pp 搜索 test02 節點的資源。因為發現 test02 不在設定範圍內，所以輸出預設定義的消息提示。

4. 透過以下命令在用戶端登入驗證。

```
[root@agent ~]# getent passwd dpcwc
dpcwc:x:11000:10000:system manager:/home/system:/bin/bash
[root@agent ~]# getent shadow dpcwc
dpcwc:*::0:999999:7:::0
```

在圖 17-5 所示畫面中，輸入密碼，登入用戶端。在圖 17-6 所示畫面中，使用 Xshell 命令進行登入驗證。

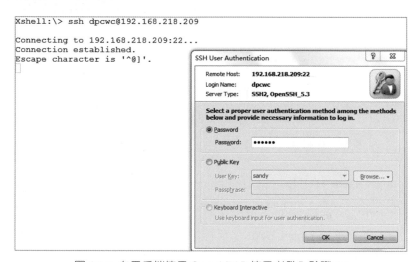

圖 17-5 在用戶端使用 OpenLDAP 使用者登入驗證 (1)

```
Type `help' to learn how to use Xshell prompt.
Xshell:\> ssh dpcwc@192.168.218.209

Connecting to 192.168.218.209:22...
Connection established.
Escape character is '^@]'.

Last login: Sat Apr 18 23:12:37 2015 from ████████5
[dpcwc@agent ~]$ whoami
dpcwc
[dpcwc@agent ~]$ pwd
/home/system
[dpcwc@agent ~]$
```

圖 17-6 在用戶端使用 OpenLDAP 使用者登入驗證 (2)

同樣可以透過 puppet kick 模組根據用戶端連接所提供的資訊將所符合的資源清單推送到用戶端本地並在本地執行，命令如下：

```
# puppet kick -p 10 --host agent.gdy.com
Warning: Puppet kick is deprecated. See http://links.puppetlabs.com/puppet-kick-
deprecation
```

```
Triggering agent.gdy.com
Getting status
status is success
agent.gdy.com finished with exit code 0
Finished
```

註：自動化部署 OpenLDAP 客戶單案例就介紹到這裡。筆者以 RHEL 6.5 為例部署 OpenLDAP 用戶端。藉由第 3 章瞭解，RHEL 5.x 和 RHEL 6.x 在部署上有一定的區別，例如前者直接透過 ldap.conf 設定所有參數，無須安裝 openldap-clients 以及 nss-pam-ldapd 套件。在 RHEL 5.x 和 RHEL 6、7 上如何實現部署呢？讀者可根據條件判斷並結合 facer –p 變數在不同版本上自動部署 OpenLDAP。或者可以透過定義多個範本來實現不同版本上的部署。在工作環境中，筆者建議結合條件判斷來實現。

17.7 | 本章總結

本章主要介紹了 Puppet 相關知識，如 Puppet 工作原理、Puppet 工作模型、Puppet 資源（模組、類別、資源）、Puppet 資源間的引用及應用鏈以及 puppet kick 推送功能等，並透過自動部署 OpenLDAP 用戶端作為最後的案例講解，筆者把所有的知識點融會貫通，實現了自動部署功能。

自動化維護是目前最熱門的議題。筆者相信，讀者透過本章的學習和實踐，完全可以熟練掌握 Puppet 在企業中的應用。如自動化部署 Lamp、Lnmp、Tomcat 以及透過 Puppet 完成日常系統變更等。更深入的 Puppet 應用議題，讀者可造訪 https://puppetlabs.com 進行瞭解。

Linux OpenLDAP 實戰指南

作　　者：郭大勇
譯　　者：劉勇炫
企劃編輯：莊吳行世
文字編輯：王雅雯
設計裝幀：張寶莉
發 行 人：廖文良

發 行 所：碁峰資訊股份有限公司
地　　址：台北市南港區三重路 66 號 7 樓之 6
電　　話：(02)2788-2408
傳　　真：(02)8192-4433
網　　站：www.gotop.com.tw
書　　號：ACA022400
版　　次：2016 年 09 月初版
建議售價：NT$480

國家圖書館出版品預行編目資料

Linux OpenLDAP 實戰指南 / 郭大勇原著；劉勇炫譯. -- 初版. --
　　臺北市：碁峰資訊, 2016.09
　　　面；　公分
　　ISBN 978-986-476-139-5(平裝)
　　1.作業系統
312.54　　　　　　　　　　　　　　　　105014127

讀者服務

● 感謝您購買碁峰圖書，如果您對本書的內容或表達上有不清楚的地方或其他建議，請至碁峰網站：「聯絡我們」\「圖書問題」留下您所購買之書籍及問題。(請註明購買書籍之書號及書名，以及問題頁數，以便能儘快為您處理)
http://www.gotop.com.tw

● 售後服務僅限書籍本身內容，若是軟、硬體問題，請您直接與軟體廠商聯絡。

● 若於購買書籍後發現有破損、缺頁、裝訂錯誤之問題，請直接將書寄回更換，並註明您的姓名、連絡電話及地址，將有專人與您連絡補寄商品。

● 歡迎至碁峰購物網
http://shopping.gotop.com.tw
選購所需產品。